ÉLÉMENTS

DE

GÉOMÉTRIE,

PAR S. F. LACROIX,

Membre de l'Institut.

DIX-SEPTIÈME ÉDITION

Rédigée conformément aux Programmes de l'enseignement scientifique des Lycées,

Par M. PROUHET,

Professeur de Mathématiques.

Ire PARTIE. — Géométrie plane (CLASSE DE TROISIÈME).
IIe PARTIE. — Géométrie dans l'espace (CLASSE DE SECONDE).
IIIe PARTIE. — Complément de Géométrie (CLASSE DE MATHÉMATIQUES SPÉCIALES).
IVe PARTIE. — Notions sur les courbes usuelles (CLASSE DE RHÉTORIQUE).

PARIS,

MALLET-BACHELIER, IMPRIMEUR-LIBRAIRE

DE L'ÉCOLE POLYTECHNIQUE ET DU BUREAU DES LONGITUDES,

Quai des Augustins, 55.

[illegible]

ÉLÉMENTS

DE

GÉOMÉTRIE.

Paris. — Imprimerie de MALLET-BACHELIER, rue du Jardinet, 12.

ÉLÉMENTS

DE

GÉOMÉTRIE,

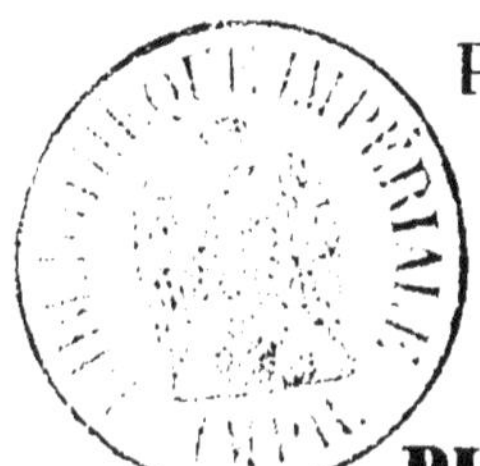

PAR S.-F. LACROIX,
Membre de l'Institut.

DIX-SEPTIÈME ÉDITION

Rédigée conformément aux Programmes de l'enseignement scientifique des Lycées,

Par M. PROUHET,
Professeur de Mathématiques.

Ire PARTIE. — Géométrie plane (CLASSE DE TROISIÈME).
IIe PARTIE. — Géométrie dans l'espace (CLASSE DE SECONDE).
IIIe PARTIE. — Complément de Géométrie (CLASSE DE MATHÉMATIQUES SPÉCIALES).
IVe PARTIE. — Notions sur les courbes usuelles (CLASSE DE RHÉTORIQUE).

PARIS,
MALLET-BACHELIER, IMPRIMEUR-LIBRAIRE
DE L'ÉCOLE POLYTECHNIQUE ET DU BUREAU DES LONGITUDES,
Quai des Augustins, 55.

1855

AVIS DU LIBRAIRE-ÉDITEUR.

Ce volume fait partie du *Cours élémentaire de Mathématiques pures* de S.-F. Lacroix, Cours qui comprend l'*Arithmétique,* l'*Algèbre,* la *Géométrie,* la *Trigonométrie rectiligne et sphérique*, ainsi que l'*Application de l'Algèbre à la Géométrie*. On trouvera dans les *Essais sur l'Enseignement,* du même auteur, l'analyse de chacune de ces parties, auxquelles font suite le *Complément des Éléments de Géométrie* (ou *Éléments de Géométrie descriptive*), le *Complément des Éléments d'Algèbre,* le *Traité élémentaire de Calcul différentiel et de Calcul intégral,* et le *Traité élémentaire du Calcul des Probabilités*.

L'auteur de ces *Éléments*, ayant réuni dans ses *Essais sur l'Enseignement en général et sur celui des Mathématiques en particulier,* tout ce qu'il avait écrit sur la métaphysique de ces sciences, a fait entrer dans ce dernier ouvrage, et avec des augmentations, les Discours qu'on trouvait à la tête du premier, sous le titre de *Réflexions sur l'ordre à suivre dans les Éléments de Géométrie, sur la manière de les écrire et sur la méthode en Mathématiques*. Ces divers morceaux font maintenant partie d'un corps complet de remarques sur toutes les branches de l'Enseignement des Mathématiques élémentaires.

On peut joindre aux *Éléments de Géométrie,* leur *Complément,* ayant aussi pour titre : *Essais de Géométrie sur les plans et les surfaces courbes* (ou *Éléments de Géométrie descriptive*), 6e édition, qui se trouve chez Mallet-Bachelier, libraire.

EXPLICATIONS PRÉLIMINAIRES.

Dans la forme de raisonnement adoptée pour l'exposition des Éléments de Géométrie :

Un *axiome* est une vérité évidente par elle-même ; — Un *théorème*, une proposition à démontrer ; — Un *corollaire*, une conséquence d'une proposition déjà démontrée ; — Un *problème*, une question à résoudre ; — Une proposition qui ne sert que de préparation à une autre se nomme aussi *lemme*.

Il est à propos d'observer qu'un théorème renferme deux parties, savoir : l'*hypothèse*, et la *conclusion* qui en est la conséquence. Il n'est pas toujours possible de renverser l'énoncé, c'est-à-dire qu'en prenant la conclusion pour hypothèse, on n'a pas toujours pour conclusion nécessaire l'hypothèse primitive ; et cela, parce que la conclusion primitive convient quelquefois à un plus grand nombre de cas que l'hypothèse. De là vient la nécessité de démontrer les propositions inverses ou *réciproques*, lorsqu'on veut en faire usage.

Les signes abréviatifs employés dans cet ouvrage sont les suivants :

$+$ *signifie* plus *ou* ajouté avec.

L'expression $A + B$ indique la somme qui résulte de la grandeur que représente la lettre A ajoutée avec celle que représente B, ou A *plus* B.

$-$ *signifie* moins.

$A - B$ indique ce qui reste quand on ôte de la grandeur que représente A celle que représente B, ou A *moins* B.

$\times$ *signifie* multiplié par.

$A \times B$ indique le produit de la grandeur que représente A multipliée par celle que représente B, ou A *multiplié par* B.

$\frac{A}{B}$ indique le quotient de la grandeur que représente A divisée par celle que représente B, ou A *divisé par* B.

$A = B$ *signifie* que la grandeur que représente A est égale à celle que représente B, ou A *égale* B.

$A > B$ *signifie* que la grandeur que représente A surpasse celle que représente B, ou A *plus grand que* B.

$A < B$ *signifie* que la grandeur représentée par A est moindre que celle qui est représentée par B, ou A *plus petit que* B.

$2A$, $3A$, etc., indiquent le *double*, le *triple*, etc., de la grandeur que représente A.

A^2 indique la seconde puissance ou le carré de A.

$\sqrt{A}$ indique la racine carrée de A ou le nombre qui, multiplié par lui-même produirait le nombre que représente A.

A^3, abréviation de $A \times A \times A$, indique la troisième puissance ou le cube de A.

$\sqrt[3]{A}$ indique la racine cubique de A ou le nombre qui, multiplié deux fois par lui-même, produirait le nombre A.

PRÉFACE.

En modifiant sur quelques points les *Éléments de Géométrie* de Lacroix, on s'est proposé de rendre cet ouvrage entièrement conforme au *Programme* et d'offrir aux élèves de nos lycées un livre où ils puissent retrouver les leçons de leurs professeurs, dans l'ordre même où elles leur sont données. On n'aurait atteint ce but que fort imparfaitement si l'on s'était borné à compléter par des notes le texte de l'auteur et à établir ensuite une concordance entre les articles du *Programme* et ceux de l'ouvrage. De nombreux renvois, les mêmes objets définis deux fois, quelques théories présentées d'une certaine manière dans le texte et d'une autre manière dans les notes, toute cette diversité, en un mot, aurait produit dans l'esprit des élèves une confusion regrettable ou même rendu l'ouvrage tout à fait impropre à son objet. Si l'unité de composition est nécessaire quelque part, il faut convenir que c'est surtout dans un livre destiné aux commençants.

Ces raisons suffisent sans doute pour justifier les changements que l'on a cru devoir apporter à un ouvrage justement estimé. On n'a fait au reste que les plus indispensables, c'est-à-dire ceux qui étaient indiqués, soit par le *Programme*, soit par l'*Instruction ministérielle* dont voici un extrait :

Extrait de l'Instruction générale sur l'exécution du plan d'études des Lycées; par M. FORTOUL, *Ministre de l'Instruction publique.*

ENSEIGNEMENT DE LA GÉOMÉTRIE.

Des notions de Géométrie sont, après la connaissance de l'Arithmétique, ce qu'il y a de plus indispensable à tous les hommes : et néanmoins on en rencontre fort peu qui en possèdent même les premiers éléments. L'immense majorité des élèves qui sortaient de nos lycées ignorait jusqu'ici la Géométrie aussi bien que l'Arithmétique.

Les objets dont on s'occupe dans le Cours de Géométrie étant placés sous les yeux des élèves au moyen de figures, il en résulte des facilités particulières pour les explications et les démonstrations; les élèves y retrouvent des éléments qu'ils ont fréquemment rencontrés sur le terrain, et que leur esprit s'est exercé involontairement à comparer, avant qu'on en fît pour eux l'objet d'une étude régulière. Or on ne tenait point assez de compte des notions naturelles acquises ainsi sur la ligne droite, les angles, les parallèles, le cercle. L'enseignement des premiers principes de la Géométrie était beaucoup trop lent, et l'on perdait inutilement le temps à donner une forme dogmatique à des vérités qui sont immédiatement saisies par l'esprit. On peut appliquer à cet enseignement de la Géométrie ce que disait l'illustre Clairaut dans la préface de son Traité :

« Quoique la Géométrie soit par elle-même abstraite, il faut avouer cependant que les difficultés qu'éprouvent ceux qui commencent à s'y appliquer viennent le plus souvent de la manière dont elle est enseignée dans les éléments ordinaires. On y débute toujours par un grand nombre de définitions, de demandes, d'axiomes et de principes préliminaires, qui semblent ne promettre rien que de sec au lecteur. Les propositions qui viennent ensuite ne fixant point l'esprit sur des objets plus intéressants, et étant d'ailleurs difficiles à concevoir, il arrive communément que les commençants se fatiguent et se rebutent avant que d'avoir une idée distincte de ce qu'on voulait leur enseigner.....

» On me reprochera peut-être, en quelques endroits de ces *Éléments*, de m'en rapporter trop au témoignage des yeux, et de ne m'attacher pas assez à l'exactitude rigoureuse des démonstrations. Je prie ceux qui pourraient me faire un pareil reproche d'observer que je ne passe légèrement que sur des propositions dont la vérité se découvre pour peu qu'on y fasse attention. J'en use de la sorte surtout dans les commencements, où il se rencontre des propositions de ce genre, parce que j'ai remarqué que ceux qui avaient de la disposition à la Géométrie se plaisaient à exercer un peu leur esprit, et qu'au contraire ils se rebutaient lorsqu'on les accablait de démonstrations pour ainsi dire inutiles.

» Qu'Euclide se donne la peine de démontrer que deux cercles qui se coupent n'ont pas le même centre; qu'un triangle renfermé dans un autre a la somme de ses côtés plus petite que celle des côtés du triangle dans lequel il est renfermé, on n'en sera pas surpris. Ce géomètre avait à convaincre des sophistes obstinés, qui se faisaient gloire de se refuser aux vérités les plus évidentes : il fallait donc qu'alors la Géométrie eût, comme la Logique, le secours des raisonnements en forme, pour fermer la bouche à la chicane; mais les choses ont changé de face. Tout raisonnement qui tombe sur ce que le bon sens seul décide d'avance est aujourd'hui en pure perte, et n'est propre qu'à obscurcir la vérité et à dégoûter les lecteurs.

» Un autre reproche qu'on pourrait me faire, ce serait d'avoir omis différentes propositions qui trouvent leur place dans les éléments ordinaires, et de me contenter, lorsque je traite des propositions, d'en don-

» ner seulement les principes fondamentaux. A cela, je réponds qu'on » trouve dans ce Traité tout ce qui peut servir à remplir mon projet; que » les propositions que je néglige sont celles qui ne peuvent être d'aucune » utilité par elles-mêmes, et qui d'ailleurs ne sauraient contribuer à faci- » liter l'intelligence de celles dont il importe d'être instruit. »

Bezout, à son tour, recommande de ne pas multiplier le nombre des théorèmes, des propositions, des corollaires. Il faut se défier de tout cet appareil qui éblouit les élèves et au milieu duquel ils se perdent. Tout ce qui résulte d'un principe doit être exprimé en langage naturel, autant que possible, et en évitant la forme dogmatique. Voici ce qu'en dit Bezout :

« Dois-je me justifier d'avoir négligé l'usage des mots *axiome, théorème,* » *lemme, corollaire, scolie,* etc...? Deux raisons m'ont déterminé : la pre- » mière est que l'usage de ces mots n'ajoute rien à la clarté des démons- » trations; la seconde est que cet appareil peut souvent faire prendre le » change à des commençants, en leur persuadant qu'une proposition » revêtue du nom de *théorème* doit être une proposition aussi éloignée » de leurs connaissances que le nom l'est de ceux qui leur sont familiers. » Cependant, afin que ceux de mes lecteurs qui ouvriront d'autres livres » de Géométrie ne s'imaginent pas qu'ils tombent dans un pays inconnu, » je crois devoir les avertir que : *axiome* signifie une proposition évidente » par elle-même ; *théorème,* une proposition, etc.

» S'il est un art auquel l'application des mathématiques soit utile plus » qu'à un autre, c'est la navigation..... Il ne faut pas en conclure, cepen- » dant, qu'un livre de Géométrie élémentaire, destiné à cet objet, doive » rassembler un grand nombre de propositions. S'il suffisait, pour bien » inculquer les principes d'une science, de donner ce qui est essentielle- » ment nécessaire au but qu'on se propose, ceux qui connaissent un peu » de Géométrie savent qu'on y satisferait en peu de mots. Mais l'expérience » démontre qu'un pareil livre serait utile seulement à ceux qui ont acquis » déjà des connaissances, et qu'il n'imprimerait que de faibles traces dans » l'esprit des commençants. D'un autre côté, il n'y a pas moins d'inconvé- » nients à trop multiplier les conséquences, surtout quand elles ne sont » (comme il arrive souvent) que de nouvelles traductions des principes. » Il n'est pas douteux que des éléments destinés à un grand nombre de » lecteurs doivent suppléer aux conséquences que plusieurs n'auront pas le » loisir et peut-être la faculté de tirer; mais il faut prendre garde aussi que » ceux pour qui cette attention est nécessaire sont le moins en état de » soutenir la multitude des propositions. Le seul parti qu'il y ait à prendre » est, ce me semble, d'aller un peu plus loin que les principes, de s'ar- » rêter aux conséquences utiles, et de fixer ces deux choses dans l'esprit » par des applications; c'est ce que j'ai tâché de faire. »

Gardons-nous d'ailleurs de croire que, dans ces ouvrages des grands maîtres, il y ait moins de généralité de vues, moins d'exactitude et de netteté de conception que dans les traités actuels; tout au contraire. Ainsi, cette définition de la ligne droite, qu'elle tend toujours vers un seul et même point, donnée par Bezout, et celle de la ligne courbe, qu'elle est la trace d'un point qui, dans son mouvement, se détourne infiniment peu à chaque pas, sont des plus fécondes en conséquences. Quand on définit la ligne courbe, *une ligne qui n'est ni droite ni composée de lignes droites,* on énonce deux négations qui ne peuvent mener à rien, et qui n'ont aucun rapport avec la nature intime de la ligne courbe. La définition donnée par Bezout entre, au contraire, dans la nature de l'objet à définir; elle saisit sa manière d'être, son caractère, et met immédiatement en la possession du lecteur l'idée générale dont on tire plus tard les propriétés des lignes courbes et la construction de leurs tangentes.

Ainsi encore, lorsque Bezout dit que, pour se former une idée exacte d'un angle, il faut considérer le mouvement d'une ligne qui tourne autour d'un de ses points, il donne une idée à la fois plus juste et plus complète que lorsqu'on se borne à dire que l'espace indéfini compris entre deux droites qui se coupent en un point, et qu'on peut concevoir prolongées autant qu'on le voudra, se nomme *angle :* définition qu'on ne comprend pas très-bien, et dont, en tout cas, on ne peut absolument rien tirer pour les explications ultérieures; tandis que, au contraire, la définition de Bezout est celle dont on tire un usage précieux.

Les Professeurs s'attacheront donc, dans les démonstrations, aux idées les plus simples qui sont aussi les plus générales; ils considéreront comme terminée et complète toute démonstration qui aura évidemment fait passer la vérité dans l'esprit de l'élève, et ils n'ajouteront rien de ce qui n'aurait pour but que de réduire au silence les sophistes dont parle Clairaut.

La *Géométrie* de Lacroix, étant celle dont les *Programmes* actuels se rapprochent le plus, sera mise entre les mains des élèves jusqu'à ce qu'un ouvrage complétement conforme au *Programme* ait pu être prescrit.

L'étude de la Géométrie constitue le véritable cours de logique scientifique : il est d'autant plus nécessaire d'imprimer à son enseignement la direction la plus propre à fortifier l'esprit, à le redresser au besoin, à y faire pénétrer la lumière de l'évidence. A cet égard, le choix des méthodes et des démonstrations est d'un haut intérêt. Si l'esprit de l'homme est borné, si le nombre des vérités qu'il perçoit directement est trop restreint, ce doit être une raison pour profiter dans l'enseignement de toutes les notions naturelles, loin de chercher à les obscurcir par des subtilités métaphysiques au moins inutiles. Bien plus, on doit s'efforcer de donner aux démonstrations cette tournure simple et naturelle qui, résultant immédiatement de la nature intime de la proposition à démontrer, fait acquérir à l'esprit la pleine évidence d'un nouveau principe dont la vérité lui avait d'abord échappé. La meilleure démonstration est celle qui, une fois donnée, disparaît, pour ainsi dire, laissant en relief la proposition démontrée avec un tel caractère de clarté, qu'elle prend rang parmi celles dont l'esprit perçoit immédiatement la vérité.

Sous ce rapport, on devra laisser de côté, d'une manière absolue, toute démonstration fondée sur ce qu'on appelait *la réduction à l'absurde.*

Lorsque, pour établir une proposition, on emploie cette tournure indirecte qui consiste à montrer qu'en partant d'une hypothèse contraire on serait conduit à une conséquence absurde, on nous place assurément dans la nécessité de ne pouvoir nier que le contraire de la proposition à démontrer ne soit une absurdité. Mais a-t-on fait comprendre à l'élève pourquoi la proposition est vraie en elle-même? A-t-on développé son intelligence, donné plus d'étendue à son esprit, et l'a-t-on ainsi préparé à faire de nouveaux pas dans l'étude de la science? En aucune façon. Assurément, si la réduction à l'absurde était nécessaire pour établir l'exactitude d'une proposition, il faudrait bien se résigner à l'emploi de cette voie, quelque peu satisfaisante qu'elle soit. Loin de là, cette méthode indirecte, lors même qu'il s'agit de la démonstration d'une proposition réciproque, n'est qu'une forme vicieuse qui ne simplifie pas le langage. On fera mieux sentir cette vérité par un exemple.

Ayant établi qu'une parallèle à la base d'un triangle divise les deux côtés en parties qui sont dans le même rapport, on demande de prouver, réciproquement, que toute ligne qui divise aux points A et B les côtés en parties proportionnelles est parallèle à la base. Cette proposition inverse résulte immédiatement de ce que le second côté ne pouvant être divisé qu'en un seul point B, comme le premier côté l'est en A, et la ligne menée parallèlement à la base par le point A, jouissant de la propriété de diviser ainsi le second côté, elle doit passer nécessairement par le point B. Sous cette forme simple et directe, l'élève saisira nettement qu'il existe entre la proposition et sa réciproque une dépendance intime qui fait que l'une entraîne nécessairement l'autre. C'est le résultat qu'on doit chercher à atteindre dans toutes les parties de l'enseignement.

Une autre simplification résultera de la suppression de l'emploi des proportions. Mais pour que cette simplification porte tous ses fruits, il est indispensable que, quelles que soient les habitudes antérieures à cet égard, les prescriptions du *Programme* soient franchement acceptées; qu'on ne commence pas par présenter aux élèves une démonstration sous la forme algorithmique des proportions, sauf à donner ensuite, pour obéir au règlement, une seconde démonstration d'où cette forme ait complétement disparu; car il est trop évident qu'au lieu d'apporter une simplification dans les études des élèves, on leur aurait créé de nouvelles difficultés. Le devoir de l'Administration est de veiller à ce que cette surcharge ne leur soit pas imposée.

La considération de l'égalité des rapports suffit à toutes les démonstrations avec une grande simplicité, surtout si, lorsque indiquant sur une figure que le rapport de deux lignes est égal à celui de deux autres, le professeur se garde bien d'écrire cette égalité sur le tableau. Cette habitude était passée dans l'enseignement à l'égard des proportions; on les écrivait toutes : les élèves prenaient naturellement modèle sur leurs maîtres, et lorsqu'ils arrivaient aux examens pour l'obtention des grades, ils ne pouvaient exposer la plus simple démonstration de Géométrie dans laquelle la considération des lignes proportionnelles était nécessaire sans perdre un temps considérable à couvrir le tableau de proportions. La patience des examinateurs était mise à l'épreuve : c'était le moindre mal ; ce qui était plus grave, c'est que pour la plupart du temps l'élève se perdait dans ces écritures, et qu'il échouait à cause d'elles dans une démonstration dont il comprenait le fond. En ayant soin de désigner dans deux figures semblables les lignes et les angles homologues par les mêmes lettres de l'alphabet accentuées dans l'une des figures, on retrouve toujours avec facilité les éléments qui sont dans le même rapport, et cela suffit.

A l'occasion de la mesure des angles au moyen des arcs, le *Programme* recommande expressément que la proposition étant démontrée pour le cas où il y a une commune mesure entre les arcs et les angles, quelque petite qu'elle soit, cette proposition soit pour cela même considérée comme générale. Lorsqu'on réfléchit en effet attentivement aux démonstrations relatives aux quantités incommensurables, on comprend bientôt qu'on ne se fait une idée d'un rapport incommensurable qu'en le considérant comme la limite du rapport de deux quantités commensurables, et dont la commune mesure peut être aussi petite qu'on le veut. Les quantités incommensurables étant définies de cette manière, il est sensible dès lors qu'elles jouissent nécessairement des mêmes propriétés que les quantités commensurables. Ce n'est même qu'ainsi que les propositions étendues aux incommensurables peuvent avoir un sens, et lorsqu'on examine encore la forme par réduction à l'absurde sous laquelle on a présenté quelquefois l'extension des propositions aux incommensurables, on est forcé de convenir que cette forme est plus spécieuse que solide, et que, s'il était vrai qu'il y eût une difficulté dans ces questions, elle serait masquée sous cette forme, et non résolue.

La proportionnalité des circonférences de cercles à leurs rayons sera conclue immédiatement de la proportionnalité des contours des polygones réguliers, d'un même nombre de côtés, à leurs apothèmes. Pareillement, de ce que l'aire d'un polygone régulier a pour mesure la moitié du produit de son contour par le rayon du cercle inscrit, on conclura immédiatement que l'aire d'un cercle a pour mesure la moitié du produit de la circonférence par le rayon. Pendant longtemps, on a démontré autrement ces propriétés du cercle, en prouvant, par exemple, avec Legendre, que la mesure du cercle ne pouvait être ni plus grande ni plus petite que celle qu'on vient d'énoncer, d'où il fallait bien conclure qu'elle lui était égale. Cette marche fut suivie jusqu'à l'époque où le Conseil de l'École Polytechnique décida qu'elle serait abandonnée, et prescrivit l'emploi de la méthode des limites. Cette décision fut un véritable progrès quant à l'esprit de l'enseignement ; si ce progrès n'a pas été aussi réel quant à la simplicité, c'est sans aucun doute parce que la volonté des illustres géomètres qui se trouvaient alors dans le Conseil de l'École Polytechnique a été méconnue.

Au lieu de considérer purement et simplement le cercle comme la limite d'une suite de polygones réguliers, dont le nombre des côtés augmente jusqu'à l'infini, et de regarder comme acquise au cercle toute propriété démontrée pour les polygones, on a inscrit et circonscrit au cercle deux polygones réguliers d'un même nombre de côtés; et l'on a prouvé que, par la multiplication du nombre des côtés de ces polygones, la différence de leurs aires pouvait devenir plus petite que toute quantité donnée. C'est-à-dire qu'on a enlevé à la méthode des limites tous ses avantages de simplicité en ne l'appliquant pas *franchement*, comme n'ont cessé de le demander en ces termes mêmes Prony et Poisson, conformément aux idées de Leibnitz, qui nous a donné, pour la recherche des propriétés des courbes et des surfaces, le principe suivant :

« Sentio autem et hanc et alias (methodos) hactenus adhibitas omnes » deduci posse ex generali quodam meo dimetiendorum curvilineorum » principio, quod figura curvilinea censenda sit æquipollere polygono infi- » nitorum laterum : unde sequitur, quidquid de tali polygono demonstrari » potest, sive ita, ut nullus habeatur ad numerum laterum respectus, » sive ita ut tanto magis verificetur, quanto major sumitur laterum nume- » rus, ita ut error tandem fiat quovis dato minor, id de curva posse pro- » nuntiari. »

C'est ce principe dont on doit faire l'application la plus simple dans les démonstrations relatives à la mesure du cercle et des corps ronds. Et parce qu'un polygone régulier a pour mesure la moitié du produit de son contour par le rayon du cercle inscrit, et qu'on le démontre *ita ut nullus habeatur ad numerum laterum respectus*, on doit conclure immédiatement, avec Leibnitz, que cette propriété peut être étendue au cercle, *id de curva posse pronuntiari.*

Les exercices numériques commenceront à l'occasion des relations qui existent entre les côtés d'un triangle et les segments formés par les perpendiculaires abaissées des sommets. On exercera les élèves à faire des applications des formules de ce genre chaque fois qu'il s'en présentera; c'est le seul moyen d'en faire bien comprendre le sens, de les fixer dans l'esprit des élèves tout en faisant acquérir l'habitude du calcul numérique. Lorsqu'on connaîtra les formules par lesquelles on détermine le rapport de la circonférence au diamètre, on fera exécuter le calcul de ce rapport de manière à en obtenir deux ou trois décimales exactes. Ce calcul, fait au moyen des logarithmes, sera l'objet d'une rédaction dans laquelle il sera disposé avec ordre.

Les énoncés relatifs à la mesure des aires et des volumes laissent trop souvent de l'incertitude dans l'esprit des élèves, sans doute à cause de leur forme. On les fera mieux saisir en insistant sur leurs applications par un grand nombre d'exemples : ce sera une occasion de revenir sur la partie du système métrique qui est relative à la mesure des surfaces et des capacités.

Le *Programme* détermine nettement les limites dans lesquelles on devra se renfermer à l'égard des polyèdres semblables. Il spécifie la définition qu'on en donnera et dont on conclura la décomposition en pyramides triangulaires semblables, pour arriver immédiatement au rapport des volumes.

Les aires et les volumes du cylindre, du cône et de la sphère devront être déduits des aires et des volumes du prisme, de la pyramide et du secteur polygonal avec la même simplicité exigée pour la mesure de la surface du cercle : c'est d'ailleurs le seul moyen d'étendre les propriétés des cylindres droits à base circulaire aux cylindres droits à base quelconque.

Les *notions sur quelques courbes usuelles*, attribuées à la classe de rhétorique, seront données par des considérations purement géométriques; et ces considérations elles-mêmes seront empreintes du même esprit de simplicité et de clarté recommandé pour toutes les parties de l'enseignement.

TABLE DES MATIÈRES.

ÉLÉMENTS DE GÉOMÉTRIE.

CLASSE DE TROISIÈME.

NOTIONS GÉNÉRALES SUR L'ÉTENDUE.

Ligne droite et plan. — Ligne brisée. — Ligne courbe.

PREMIÈRE PARTIE.

GÉOMÉTRIE PLANE.

SECTION I.

DES PROPRIÉTÉS DES LIGNES DROITES ET DES LIGNES CIRCULAIRES.

DÉFINITIONS ET NOTIONS PRÉLIMINAIRES.

Angles dont les côtés sont parallèles ou perpendiculaires. — Somme des angles d'un triangle et d'un polygone quelconque.

Décomposition d'un polygone en triangles semblables. — Rapport des périmètres.

Relations entre la perpendiculaire abaissée du sommet de l'angle droit d'un triangle rectangle sur l'hypoténuse, les segments de l'hypoténuse, l'hypoténuse elle-même et les côtés de l'angle droit.

Relations entre le carré du nombre qui exprime la longueur du côté d'un triangle opposé à un angle droit, aigu ou obtus, et les carrés des nombres qui expriment les longueurs des deux autres côtés.

SECTION II.

DE L'AIRE DES POLYGONES ET DE CELLE DU CERCLE.

De l'aire des polygones et de celle du cercle. — Mesure de l'aire du rectangle, du parallélogramme, du trapèze, d'un polygone quelconque. — Méthodes de la décomposition en triangles et en trapèzes rectangles.

DEUXIÈME PARTIE.

GÉOMÉTRIE DANS L'ESPACE.

(CLASSE DE SECONDE.)

SECTION I.

DES PLANS ET DES CORPS TERMINÉS PAR DES SURFACES PLANES.

Parallélisme des droites et des plans.

Angle dièdre. — Génération des angles dièdres par la rotation d'un plan autour d'une droite. — Angle dièdre droit. — Angle plan correspondant à l'angle dièdre. — Le rapport de deux angles dièdres est le même que celui de leurs angles plans.

SECTION II.

DES CORPS RONDS.

Cône droit à base circulaire. — Sections parallèles à la base. — Surface latérale du cône, du tronc de cône à bases parallèles. — Volume du cône, du tronc de cône à bases parallèles.

Cylindre droit à base circulaire. — Mesure de la surface et du volume. — Extension aux cylindres droits à base quelconque.

TROISIÈME PARTIE.

COMPLÉMENT DE GÉOMÉTRIE.

(CLASSE DE MATHÉMATIQUES SPÉCIALES.)

QUATRIÈME PARTIE.

NOTIONS SUR QUELQUES COURBES USUELLES.

(CLASSE DE RHÉTORIQUE.)

FIN DE LA TABLE DES MATIÈRES.

ÉLÉMENTS

DE

GÉOMÉTRIE.

NOTIONS GÉNÉRALES SUR L'ÉTENDUE.

Ligne droite et plan. — Ligne brisée. — Ligne courbe.

1. L'espace occupé par les corps a trois dimensions, que l'on désigne par les noms de *longueur, largeur* et *profondeur* ou *épaisseur*.

Un corps ne saurait être privé de l'une de ces dimensions sans cesser d'exister; les limites qui le terminent, sans lesquelles il ne peut être conçu et qui n'ont point d'épaisseur, sont des *surfaces*.

Quand un corps présente plusieurs faces, chacune a, dans le lieu où elle se joint à une autre, ses limites, qui n'ont ni épaisseur ni largeur, et qu'on nomme *lignes*.

Enfin ces dernières ont elles-mêmes, aux endroits où elles se rencontrent, leurs limites ou leurs extrémités, qui n'ont ni épaisseur, ni largeur, ni longueur, et qui s'appellent *points*.

L'existence de ces diverses espèces de limites ne peut être révoquée en doute, puisque ce n'est que par leur moyen que nous jugeons de la figure des corps. Nous les considérons, par la pensée, chacune en particulier, en faisant abstraction d'une ou de deux des dimensions du corps, qui d'ailleurs ne sauraient être anéanties; car nos opérations s'effectuent toujours sur des corps et jamais sur des surfaces, des lignes ou des points; mais leur résultat s'éloigne d'autant moins de celui du raisonnement, que nous apportons plus de soin à diminuer les dimensions étrangères à celles de la limite que nous avons considérée sur le corps. Par le raisonnement, nous atteignons cette limite; par le calcul, nous pouvons en approcher indéfiniment, tandis que l'exactitude des opérations mécaniques trouve ses bornes dans l'imperfection inévitable des instruments.

2. Parmi les lignes, celle qui s'offre la première est la ligne droite AB (*fig.* 1), dont on donne une idée nette dès qu'on énonce que c'est le plus court chemin pour aller d'un point à un autre.

Fig. 1.

C A B D

Dans cette idée se trouve aussi comprise la possibilité de prolonger la ligne droite indéfiniment au delà de chacun des termes A et B qu'on lui a d'abord assignés, et l'impossibilité de le faire de plusieurs manières.

Toute ligne droite peut être appliquée sur une autre ligne droite. Il suffit, pour cela, de transporter la première de manière que deux de ses points tombent sur la seconde : alors les deux droites coïncident et ne se distinguent plus l'une de l'autre.

Fig. 2.

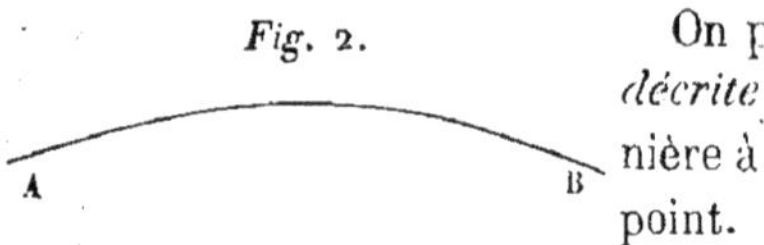

On peut concevoir la ligne droite comme *décrite* par un point qui serait mû de manière à tendre toujours vers un seul et même point.

Si l'on imagine, au contraire, un point qui, dans son mouvement, changerait à chaque instant de direction, par degrés insensibles, on aura l'idée d'une autre espèce de ligne, qu'on nomme *ligne courbe*. AB (*fig.* 2) est une ligne courbe.

Il est clair qu'on ne peut mener, entre deux points, qu'une seule ligne droite, mais qu'on peut faire passer par deux points une infinité de courbes différentes.

Fig. 3.

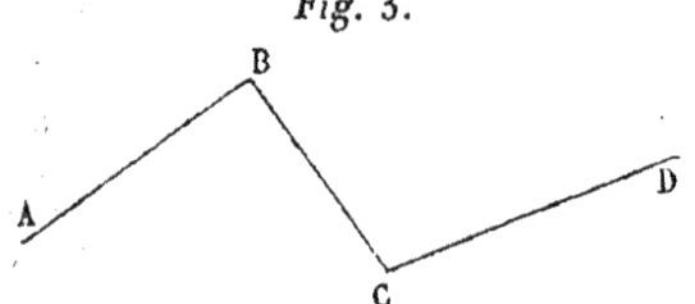

Une ligne *brisée* est une ligne composée de plusieurs lignes droites, telle que ABCD (*fig.* 3).

3. Parmi les différentes surfaces qui terminent les corps, on remarque d'abord le *plan* ou la surface plane qui diffère de toute autre en ce qu'on peut y appliquer exactement ou y tracer une ligne droite dans tous les sens ; il ne peut y avoir qu'une seule espèce de plan.

J'exposerai successivement les propriétés les plus remarquables des lignes, des surfaces et des corps, en me bornant à celles qu'il est indispensablement nécessaire de connaître pour étudier avec fruit les diverses branches des Mathématiques pures et appliquées.

PREMIÈRE PARTIE.

GÉOMÉTRIE PLANE.

SECTION PREMIÈRE.

DES PROPRIÉTÉS DES LIGNES DROITES ET DES LIGNES CIRCULAIRES.

N. B. — Pour toute cette première Partie, les lignes représentées dans les figures sont situées dans un même plan.

DÉFINITIONS ET NOTIONS PRÉLIMINAIRES.

4. Mesurer la distance de deux points ou la longueur d'une droite, c'est chercher le rapport de cette droite à une autre prise pour unité.

Deux droites sont dans le même rapport que deux nombres, 5 et 7 par exemple, lorsqu'une troisième droite est contenue 5 fois dans la première et 7 fois dans la seconde. La détermination du rapport de deux lignes exige donc que l'on cherche s'il n'y a pas une ligne plus petite qui soit contenue un nombre exact de fois dans l'une et dans l'autre, et qui, par conséquent, soit une commune mesure de toutes deux.

PROBLÈME.

5. *Deux droites étant données, trouver leur plus grande commune mesure, ou au moins le rapport approché de l'une à l'autre.*

Fig. 4.

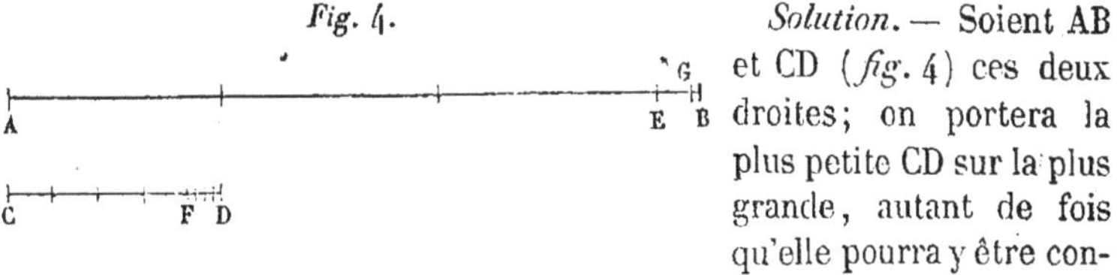

Solution. — Soient AB et CD (*fig.* 4) ces deux droites; on portera la plus petite CD sur la plus grande, autant de fois qu'elle pourra y être contenue; on trouvera qu'elle y est trois fois depuis A jusqu'en E, avec un reste EB; en sorte que l'on aura

$$AB = 3CD + EB.$$

On portera ensuite sur CD le reste EB, qui s'y trouvera contenu quatre fois avec un second reste FD, ce qui donnera

$$CD = 4EB + FD.$$

On portera ce second reste sur EB, et comme il sera contenu une fois de E en G, avec un troisième reste GB, on aura

$$EB = FD + GB.$$

Enfin, GB étant porté sur FD, et s'y trouvant quatre fois, il viendra, pour dernier résultat,

$$FD = 4\,GB.$$

En remontant de la valeur de FD à celle de EB, de celle-ci à celle de CD, et de cette dernière à celle de AB, on trouvera successivement

$$FD = 4\,GB, \quad EB = 5\,GB, \quad CD = 24\,GB, \quad AB = 77\,GB;$$

d'où l'on voit que le dernier reste GB est une commune mesure des droites AB et CD; et puisqu'il est 77 fois dans la première et 24 fois dans la seconde, il s'ensuit que ces droites sont entre elles dans le rapport de 77 à 24.

Le procédé que nous venons d'exposer est analogue à l'opération qui sert à trouver le plus grand commun diviseur de deux nombres, et se termine, comme celle-ci, quand on arrive à un reste nul. Un raisonnement tout à fait semblable à celui que l'on a fait en arithmétique, montrerait qu'on obtient, par là, non-seulement une commune mesure des deux droites, mais la plus grande de leurs communes mesures.

6. Deux droites sont dites *commensurables* entre elles, lorsqu'elles ont une commune mesure. Elles sont dites *incommensurables* dans le cas contraire.

Lorsque deux droites sont incommensurables, le procédé du n° 5 ne doit jamais conduire à un reste nul; mais comme les restes successifs vont en décroissant, ils finissent par arriver à un tel degré de petitesse, qu'ils échappent tout à fait aux sens et sont alors regardés comme nuls par l'opérateur. L'incommensurabilité de certaines lignes est donc un fait que la théorie nous révèle, mais qu'aucune opération mécanique ne peut rendre sensible.

7. Quoique le rapport de deux lignes incommensurables ne puisse être assigné exactement, il est toujours possible de l'exprimer avec autant d'approximation que l'on veut.

En effet, soient A et B les deux lignes données ou, plus généralement, deux grandeurs de même espèce. Imaginons que B soit divisée en un très-grand nombre de parties égales, par exemple en 1 000 parties. Cherchons ensuite combien de fois la millième partie de B est contenue dans A, et supposons qu'on l'y trouve 3257 fois avec un reste. La grandeur A sera comprise alors entre $\frac{B}{1\,000} \times 3257$ et $\frac{B}{1\,000} \times 3258$; ou, ce qui revient au même, entre $B \times 3{,}257$ et $B \times 3{,}258$. Les nombres 3,257 et 3,258 seront dits les valeurs approchées du rapport $\frac{A}{B}$, à moins de 0,001, le premier par défaut, le second par excès; de sorte que si l'on représente la grandeur B par 1, l'un ou l'autre de ces deux nombres représentera A, sinon exactement, du moins avec une erreur qui ne dépassera pas la millième partie de l'unité. Et il est clair que cette erreur peut être atténuée autant que l'on veut, du moins en théorie.

A la vérité, on ne saura pas toujours diviser la grandeur B en parties égales, et, en ce qui concerne la ligne droite, nous n'apprendrons à effectuer ce partage que beaucoup plus tard. Mais il nous suffit ici que le lecteur en conçoive la possibilité, notre principal but étant de faire comprendre comment, au moyen d'une unité, on peut représenter toutes les grandeurs de même espèce par des nombres, soit exactement, soit avec une approximation suffisante.

Définition et génération de l'angle. — Angle droit, aigu, obtus. — Par un point pris sur une droite, on ne peut mener qu'une seule perpendiculaire à cette droite.

8. Lorsque deux droites AB, AC (*fig.* 5) partent d'un même point A suivant des directions différentes, elles forment une figure qu'on nomme *angle*. Le point A est dit le *sommet* de l'angle, et les droites AB, AC, qu'on peut prendre de telle longueur qu'on voudra, en sont dites les *côtés*.

Fig. 5.

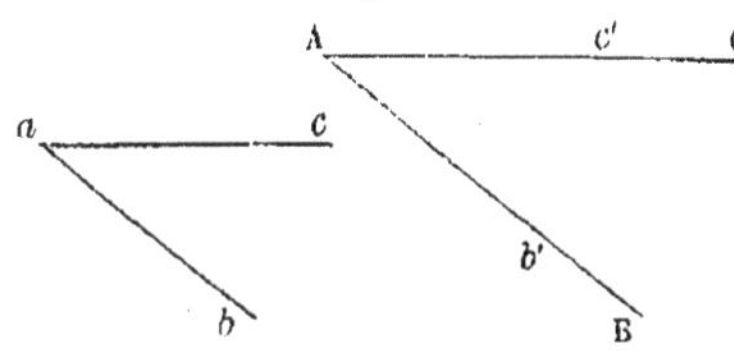

Pour se former une idée exacte d'un angle, il faut concevoir que la ligne AC était d'abord couchée sur AB et qu'on l'a fait tourner sur le point A (comme une branche de compas sur sa charnière) pour l'amener dans la position AC qu'elle a actuellement.

On désigne ordinairement un angle par trois lettres, en mettant au milieu celle qui occupe le sommet. L'angle formé par les droites AB et AC est l'angle BAC. Quand il n'y a qu'un seul angle dans un point, comme en *a* par exemple, on peut ne mettre que la lettre du sommet, et dire l'angle *a*.

9. Deux angles sont égaux lorsque, étant posés l'un sur l'autre, ils se recouvrent parfaitement. L'angle *bac* sera égal à l'angle BAC si, la droite *ab* étant posée sur AB de manière que le point *a* soit sur le point A, l'autre droite *ac* tombe sur AC. Il n'est pas nécessaire, pour que l'égalité ait lieu, que les longueurs des lignes AB et *ab*, AC et *ac* soient respectivement égales; car on sent parfaitement que si, dans les portions A*b'* et A*c'* de leurs longueurs, les droites AB et AC se confondent avec les droites *ab* et *ac*, il en sera de même dans tout le reste lorsqu'on prolongera celles-ci d'une quantité suffisante (2).

10. La position respective de deux droites dépend de l'angle qu'elles font entre elles. Parmi toutes les situations qu'une droite peut avoir à l'égard d'une autre qu'elle rencontre, la plus remarquable est la situation *perpendiculaire*. C'est par ce mot que l'on désigne le cas où une droite AC (*fig.* 6, page 6), tombant sur une autre AB, fait avec cette dernière, prolongée en deçà du point A, en AD, deux angles BAC et DAC égaux entre eux, c'est-à-dire qu'alors, si l'on plie la figure le long de la ligne AC, la portion AB de la droite BD doit se coucher sur l'autre portion AD.

Il est évident que, dans ce cas, la droite AC ne penche ni vers D ni vers B.

Fig. 6.

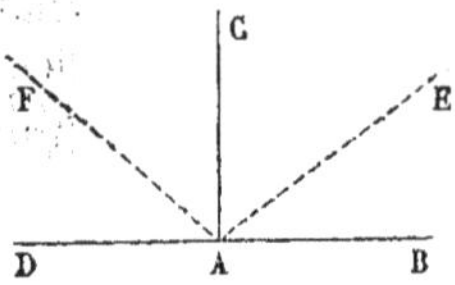

Les angles BAC et CAD sont nommés *angles droits*.

Tout angle moindre qu'un droit se nomme *angle aigu*. L'angle BAE est un angle aigu.

Tout angle plus grand qu'un droit se nomme *angle obtus*. L'angle BAF est un angle obtus.

Toute droite qui rencontre une autre droite et fait avec elle deux angles inégaux est *oblique* à cette dernière droite. Ainsi BE est oblique à AC.

11. *Par le point* A (fig. 6) *pris sur la droite* BD, *on peut toujours élever une perpendiculaire à cette droite, et l'on ne peut en élever qu'une.*

En effet, si l'on imagine qu'une droite, d'abord couchée sur AB, tourne autour du point A et vienne en AE, dans une position très-voisine de la première, il est clair que l'angle EAB sera très-petit et moindre que l'angle EAD. Si l'on continue ensuite la rotation dans le même sens, l'angle EAB ira en augmentant et l'angle EAD en diminuant. Il arrivera donc un moment où ces deux angles seront égaux, et où la ligne mobile sera, par conséquent, perpendiculaire à BD. Mais il est clair qu'une fois cette position atteinte, si le mouvement continue, l'égalité des deux angles cessera, et la droite mobile ne sera plus perpendiculaire à BD.

12. Il est visible qu'un angle droit doit en couvrir un autre; que l'angle droit A′B′D′ (*fig.* 7), par exemple, étant placé sur l'angle droit ABD, doit le couvrir exactement. En effet, si l'on prend AB = A′B′, et qu'on porte ensuite la figure A′C′D′ sur ACD, en faisant coïncider les points A′ et B′ avec les points A et B, les droites AC et A′C′ se couvriront parfaitement, puisqu'on n'en peut mener qu'une seule entre deux points donnés; et la ligne B′D′ tombera alors sur BD, puisque nous venons de voir qu'on ne pouvait mener en B qu'une seule perpendiculaire à AC.

Fig 7.

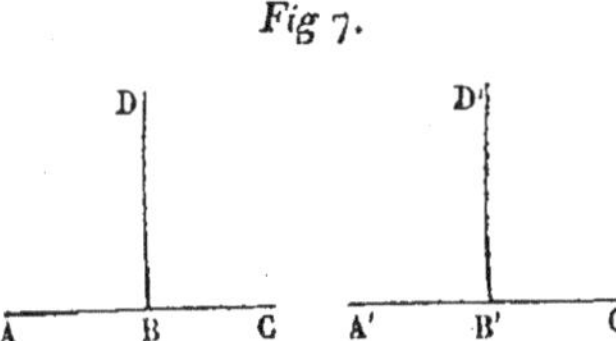

13. On voit, à l'inspection seule de la *fig.* 6, que *la somme de tous les angles* BAE, EAC, CAF, FAD, *qu'on peut faire du même côté d'une droite et autour d'un de ses points pris pour sommet, équivaut toujours à deux droits, en quelque nombre que soient ces angles.*

Angles adjacents. — Angles opposés par le sommet.

14. Lorsqu'une droite AE (*fig.* 8) tombe sur une autre droite DB prolongée de chaque côté du point de rencontre A, elle fait avec cette autre deux angles EAB et EAD qui, réunis ensemble, valent deux droits. Ces deux angles se nomment *adjacents*.

Fig. 8.

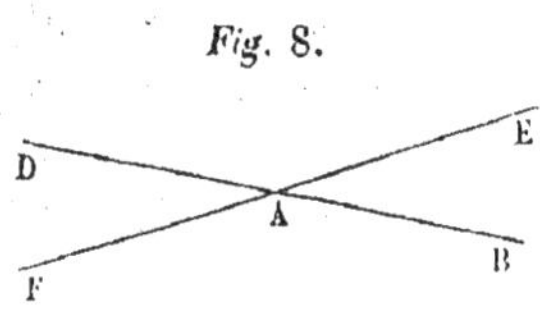

Deux droites BD et EF (*fig.* 8) qui se coupent, étant prolongées au delà de leur point de rencontre A, forment autour de ce point quatre angles qui sont *opposés par le sommet* deux à deux, savoir EAB à FAD, EAD à FAB.

THÉORÈME.

15. *Les angles opposés par le sommet que forment deux droites en se coupant, sont égaux.*

Démonstration. — En effet, il résulte du numéro précédent que la somme des angles BAE et DAE, placés du même côté de la droite DB, est égale à deux droits, et que celle des angles DAE et DAF, placés du même côté de la droite EF, est aussi égale à deux droits; ainsi, les angles BAE et DAE réunis équivalent aux angles DAE et DAF réunis. Retranchant de part et d'autre l'angle commun DAE, il restera l'angle BAE égal à l'angle DAF qui lui est opposé par le sommet.

On démontrerait de même que l'angle DAE est égal à BAF.

16. *Corollaire.* — Il suit de la proposition précédente, que si l'on continue au-dessous de AB (*fig.* 9) la droite AC, qui fait avec DB deux angles droits, CAB et CAD, son prolongement AE fera encore, de l'autre côté de AB, deux angles droits, BAE et DAE, puisque ces angles, étant opposés par le sommet aux angles CAD et CAB, qui sont supposés droits, seront eux-mêmes droits (15).

Fig. 9.

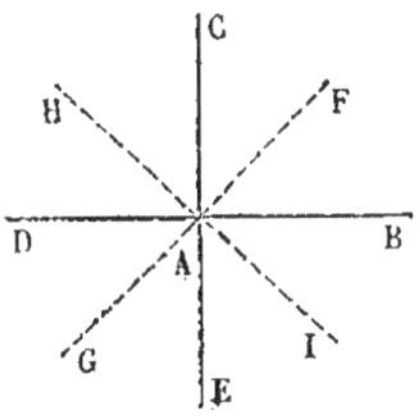

Il résulte encore de là que CE étant perpendiculaire sur DB, DB l'est aussi sur CE.

Si maintenant on mène par le point A tant de droites AF, AH, etc., qu'on voudra, il est visible que la somme de tous les angles BAF, FAC, CAH, HAD, DAG, GAE, EAI, IAB, que ces droites feront entre elles, ne composera jamais que quatre angles droits.

Triangles. — Cas d'égalité les plus simples.

17. On ne peut enfermer un espace par un nombre de droites moindre que trois. Cet espace se nomme *triangle*. Les lignes qui le terminent se coupent deux à deux, et forment trois angles; ABC (*fig.* 10) est un triangle dont les côtés sont AB, AC, BC, et les trois angles sont A, B, C.

Fig. 10.

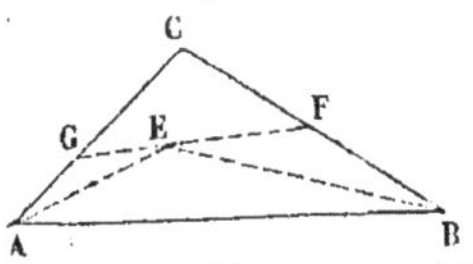

Les premières propriétés du triangle servent de base à tout ce qui regarde la situation respective des droites : il faut donc les faire connaître avant d'aller plus loin.

18. *Remarques.* — Puisque la ligne droite AB est le plus court chemin

pour aller du point A au point B, il s'ensuit que la somme des deux autres côtés AC et BC du triangle ABC surpasse AB. Ainsi *la somme de deux côtés quelconques d'un triangle surpasse toujours le troisième.*

Mais si l'on prend dans l'intérieur d'un triangle ABC un point quelconque E, et qu'on tire les droites AE et EB, la somme de ces droites sera moindre que celle des droites AC et BC qui les enveloppent. En effet, si l'on tire par le point E une droite GF qui coupe en même temps les deux droites AC et BC, on aura

$$GF < GC + CF;$$

d'où il suit que le contour AGFB sera moindre que la somme des droites AC et CB. Par la même raison,

$$AE < AG + GE, \quad EB < EF + FB;$$

donc

$$AE + EB < AG + GE + EF + FB,$$

ou plus petit que le contour AGFB, et, par conséquent, à plus forte raison, plus petit que la somme des droites AC et BC.

On distingue six choses dans un triangle, savoir : trois angles et trois côtés. Il y a entre ces six choses des relations nécessaires qui sont contenues dans les propositions suivantes.

THÉORÈME.

19. *Lorsque deux triangles ont un angle égal compris entre deux côtés égaux, chacun à chacun, ces triangles sont égaux dans toutes leurs parties.*

Fig. 11.

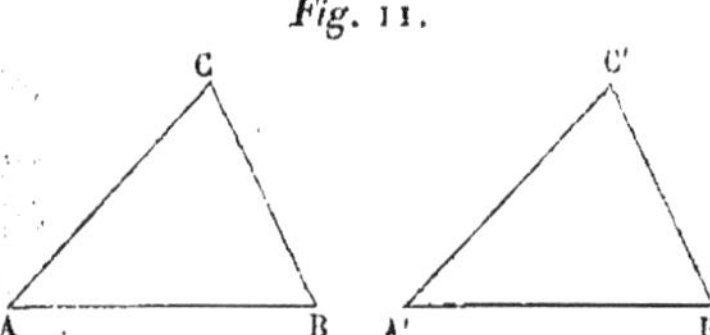

Si l'angle C du triangle ABC (*fig.* 11) est égal à l'angle C' du triangle A'B'C', et que les côtés AC et BC, qui comprennent le premier de ces angles, soient respectivement égaux aux côtés A'C' et B'C', qui comprennent le second, le triangle ABC sera égal au triangle A'B'C' dans toutes ses autres parties; c'est-à-dire que l'angle A sera égal à l'angle A', l'angle B à l'angle B', et le côté AB au côté A'B'.

Demonstration. — Si l'on porte le triangle A'C'B' sur le triangle ACB, de manière que le côté A'C' tombe sur AC, en mettant le point C' sur le point C, le point A' se trouvera sur le point A, puisque A'C' = AC; de plus, les angles ACB et A'C'B' étant égaux par l'hypothèse, se couvriront exactement, et le côté C'B' tombera, par conséquent, sur le côté CB; enfin, le point B' tombera sur le point B, puisque C'B' = CB. La droite A'B', ayant ses deux extrémités sur celles de la droite AB, se confondra avec elle : le triangle A'B'C' couvrira donc exactement le triangle ACB, et lui sera parfaitement égal.

Il est important de remarquer que les côtés égaux ou ceux qui se confondent lorsque les deux figures sont posées l'une sur l'autre, se trouvent opposés à des angles égaux dans chacun des triangles; ainsi A'B', qui se confond avec AB, est opposé à l'angle C' égal à l'angle C. Il en est de même dans les propositions suivantes.

20. *Corollaire.* — Un triangle est entièrement déterminé par l'un de ses angles et les deux côtés qui le comprennent, puisque, quand deux triangles sont égaux dans ces parties, ils le sont dans toutes les autres. On peut encore se convaincre de cette vérité, en observant que lorsque l'angle C est donné, la situation respective des côtés AC et CB l'est aussi; et si l'on a de plus leur longueur, qui fixe les points A et B, on ne peut joindre ces points que par la seule droite AB, et l'on n'obtient ainsi qu'un seul triangle ABC.

THÉORÈME.

21. *Lorsque deux triangles ont, chacun à chacun, un côté égal adjacent à deux angles égaux, ces triangles sont égaux dans toutes leurs parties.*

Si le côté AB du triangle ABC est égal au côté A'B' du triangle A'B'C', et que les angles CAB et CBA du premier triangle soient respectivement égaux aux angles C'A'B' et C'B'A' du second, ces deux triangles seront égaux en tout.

Démonstration. — Pour reconnaître la vérité de cette proposition, il faut concevoir que le triangle A'B'C' soit posé sur le triangle ABC, de manière que le côté A'B' soit placé sur son égal AB, savoir : le point A' sur le point A, et le point B' sur le point B. Il suit de l'égalité des angles CAB et C'A'B', que le côté A'C' doit tomber dans la direction du côté AC; de même, les angles CBA et C'B'A' étant égaux, le côté C'B' tombera dans la direction de CB, et le point C', commun aux deux côtés C'A' et C'B', se trouvera, par conséquent, sur le point C, commun aux deux côtés CA et CB: les deux triangles se couvriront parfaitement, et seront donc égaux dans toutes leurs parties.

THÉORÈME.

22. *Si les côtés* A'B' *et* A'C' *du triangle* A'B'C' (fig. 12) *sont respectivement égaux aux côtés* AB *et* AC *du triangle* ABC, *et que l'angle* A', *compris entre les deux premiers soit moindre que l'angle* A *compris entre les deux derniers, le côté* B'C' *opposé à l'angle* A' *dans le triangle* A'B'C' *sera moindre que le côté* BC *opposé à l'angle* A *dans le triangle* ABC.

Fig. 12.

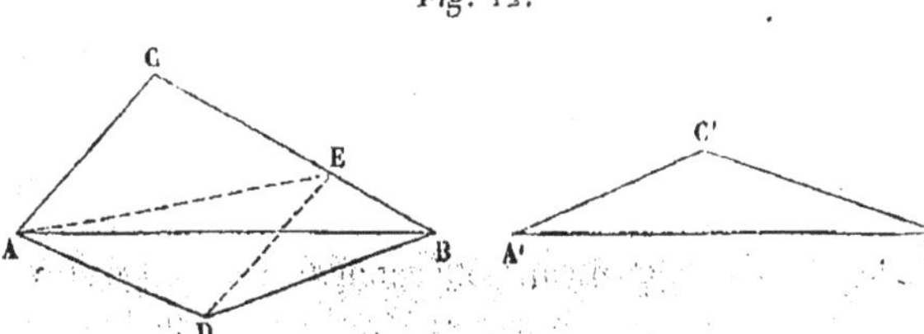

Démonstration. — Je transporte le triangle A'B'C' sur le triangle ABC, de manière que le côté A'B' coïncide avec son égal AB, et que le point C′ tombe en dehors du triangle ABC au point D.

Je partage l'angle CAD en deux parties égales par la ligne AE; l'angle CAB étant par hypothèse plus grand que l'angle BAD, qui n'est autre chose que l'angle A′, AE tombera dans l'angle CAD. Je joins ensuite les points D et E. Les triangles CAE, AED sont égaux comme ayant un angle égal compris entre deux côtés égaux chacun à chacun (19), savoir : l'angle CAE égal à l'angle EAD par construction, le côté AE commun, les côtés AC et AD égaux, puisque AD n'est autre chose que A′C′. De l'égalité de ces deux triangles, je conclus que CE = ED.

Maintenant, il est clair qu'on a

$$BD < BE + ED.$$

Mais

$$ED = EC;$$

donc

$$BD < BE + EC, \quad \text{ou} \quad BD < BC.$$

C. Q. F. D.

23. *Corollaire.* — Il suit de là que *deux triangles sont égaux dans toutes leurs parties quand les trois côtés de l'un sont égaux aux trois côtés de l'autre;* car si les côtés AB, AC, BC du triangle ABC (*fig.* 13) sont respectivement égaux aux côtés A′B′, A′C′ et B′C′ du triangle A′B′C′, l'angle compris entre deux côtés quelconques du premier sera égal à l'angle compris entre les deux côtés égaux à ceux-ci dans le second. Si, par exemple, l'un des deux angles B et B′ était moindre que l'autre, l'un des côtés opposés AC et A′C′ serait aussi moindre que l'autre (numéro précédent), ce qui est contre l'hypothèse : donc les triangles ABC et A′B′C′ ont en même temps leurs côtés et leurs angles égaux chacun à chacun, et sont, par conséquent, égaux en tout (19 ou 21).

Fig. 13.

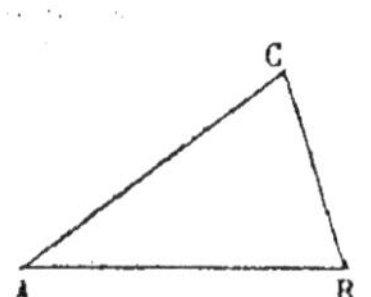

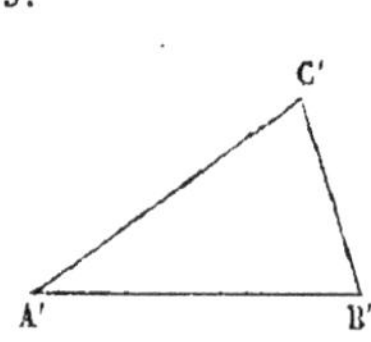

Propriétés du triangle isocèle.

24. Un triangle ABC (*fig.* 14) qui a deux côtés égaux AC, BC, est dit *isocèle.*

THÉORÈME.

25. *Dans un triangle isocèle* ABC (fig. 14), *les angles* A *et* B *opposés aux côtés égaux* BC *et* AC *sont égaux.*

Fig. 14.

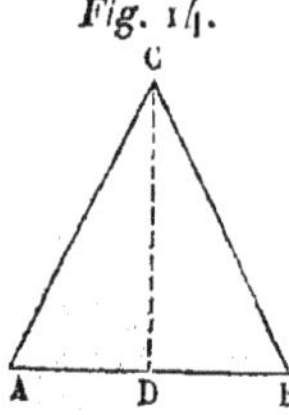

Démonstration. — Si l'on mène la droite CD au milieu du côté AB, le triangle proposé se trouvera décomposé en deux triangles CAD, CBD, égaux comme ayant les côtés respectivement égaux (23), savoir : AC = BC par hypothèse; AD = DB par construction et CD commun. Donc les angles A et B opposés au côté commun CD sont égaux.

C. Q. F. D.

26. *Corollaire.* — Un triangle qui a tous ses côtés égaux, et que, pour cette raison, on nomme *équilatéral,* a aussi tous ses angles égaux.

27. *Remarque.* — On conclut de l'égalité des deux triangles ACD, BCD que la droite CD est perpendiculaire sur AB, et partage l'angle ACB en deux parties égales.

THÉORÈME.

28. *Lorsque deux angles* A *et* B (fig. 15) *d'un triangle* ABC *sont égaux, les côtés* AC *et* BC *opposés à ces angles sont égaux et le triangle est isocèle.*

Fig. 15.

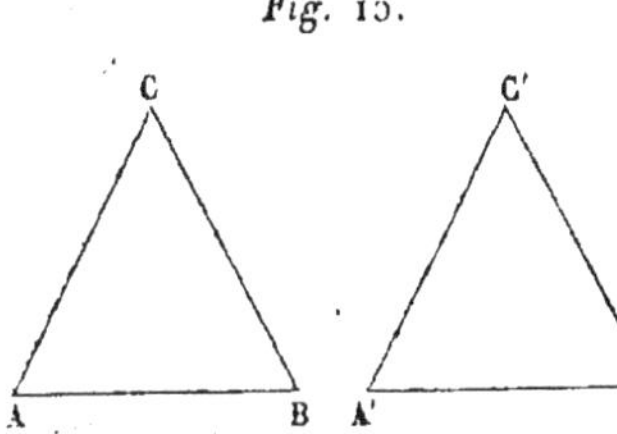

Démonstration. — J'imagine un second triangle A' B' C' égal au proposé, et dans lequel les mêmes lettres désignent les mêmes parties. Je transporte ensuite le triangle A' B' C', en le renversant, sur le triangle ABC, de telle sorte que le point A' vienne en B et le point B' en A, ce qui est possible puisque A'B' = AB. Alors B' étant égal à B, et, par conséquent, égal à A, le côté B'C' prendra la direction AC, et le point C' viendra tomber quelque part sur AC; par la même raison, C' devra se trouver sur la droite BC. Donc C' tombera en C; par conséquent, B'C' coïncidera avec AC. Mais B'C' = BC; donc AC = BC. C. Q. F. D.

29. *Remarque.* — Il résulte de là que si deux angles d'un triangle sont inégaux, les côtés opposés seront inégaux. Je dis, de plus, que *le côté opposé au plus grand de ces deux angles sera le plus grand.*

Fig. 16.

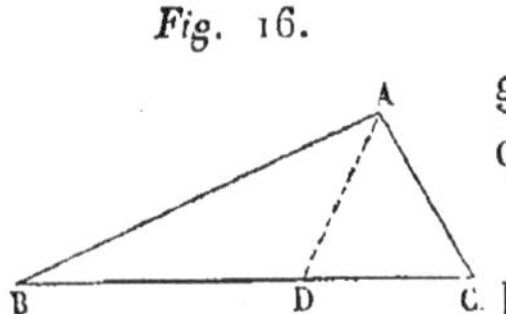

Supposons, en effet, l'angle BAC (*fig.* 16) plus grand que l'angle C, menons AD de telle sorte que

$$\text{angle DAC} = \text{angle C},$$

le triangle ADC sera isocèle et l'on aura

$$AD = DC.$$

Si maintenant on considère le triangle ABD, on aura

$$AB < AD + BD.$$

Mais

$$AD = DC;$$

donc

$$AB < BD + DC \text{ ou } BC;$$

C. Q. F. D.

30. En rapprochant les propositions 28 et 29, on conclut que, réciproquement, *si deux côtés d'un triangle sont inégaux, au plus grand de ces deux côtés sera opposé le plus grand angle.*

DES LIGNES PERPENDICULAIRES ET DES OBLIQUES.

Propriétés des perpendiculaires et des obliques. — Cas d'égalité des triangles rectangles.

THÉORÈME.

31. *Par un point* C *pris hors d'une droite* AB (fig. 17), *on peut abaisser une perpendiculaire sur* AB, *et l'on ne peut en abaisser qu'une.*

Fig. 17.

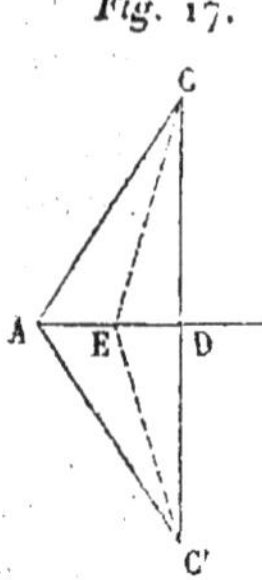

Démonstration.— Joignons le point C à un point quelconque A de la droite AB. Faisons de l'autre côté de AB l'angle C'AB égal à CAB, prenons AC' = AC. Je dis que CC' est perpendiculaire à AB.

En effet, soit D le point où CC' rencontre AB. Les deux triangles ACD, ADC' ont le côté AD commun, les côtés AC et AC' égaux par construction, et les angles DAC, DAC' aussi égaux par construction. Donc ces deux triangles sont égaux, et, par suite, les angles adjacents ADC, ADC' sont égaux. Donc CD est perpendiculaire à AB; ce qui prouve la première partie de la proposition.

Pour prouver la seconde partie, il faut faire voir que toute droite telle que CE, menée du point C à la droite AB, est oblique à cette dernière droite.

En effet, si l'on mène EC', on verra que les deux triangles ECD, EC'D sont égaux puisque le côté ED est commun, que CD = C'D par suite de l'égalité des triangles CAD et ADC', et qu'enfin les angles en D sont égaux comme droits. On en conclut

$$EC = EC', \quad CD = DC'.$$

Mais on a (18)

$$CE + EC' > CD + DC', \quad \text{ou} \quad 2CE > 2CD;$$

donc

$$CE > CD;$$

par conséquent (30),

$$\text{angle } CDE > \text{angle } CED.$$

L'angle CED est donc aigu, et, par suite, CE est oblique à AB.

32. *Corollaire.* — Il suit de là que deux droites DE et FG, perpendiculaires à une même droite AB (*fig.* 18) ne se rencontrent point, quelque prolongées qu'on les suppose, soit au-dessus, soit au-dessous de cette droite; car, si elles se rencontraient, on pourrait, du point où elles se coupent, abaisser deux perpendiculaires sur la droite AB, ce qui ne peut s'accorder avec le théorème précédent.

Fig. 18.

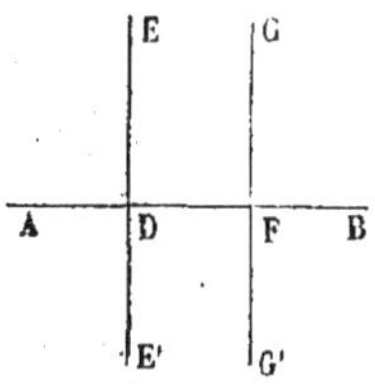

THÉORÈME.

33. *Les obliques* AC *et* CB (fig. 19), *qui partent d'un point quelconque* C *de la droite* CD, *perpendiculaire sur* AB, *et qui s'écartent également du pied* D *de cette perpendiculaire, sont égales, et celles qui s'en écartent le plus sont les plus longues.*

Fig. 19.

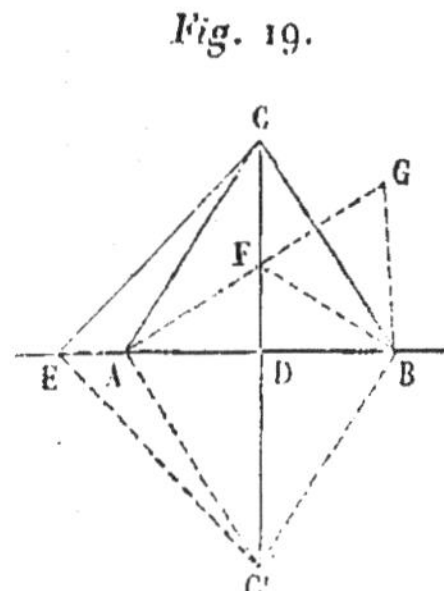

Démonstration. — Puisqu'on suppose que les distances AD et DB sont égales entre elles, que par la nature de la perpendiculaire les angles CDA et CDB sont égaux (10), et qu'enfin la ligne CD est commune aux deux triangles ACD et DCB, il s'ensuit que ces triangles ont un angle égal compris entre des côtés égaux chacun à chacun, et sont, par conséquent, égaux (19). Donc $BC = AC$; donc les lignes AC et BC, qui s'écartent également de la perpendiculaire CD, sont égales entre elles.

Si l'on tire par le point C la droite CE, qui s'écarte plus de CD que ne le fait CA, qu'on prolonge CD au-dessous de AB d'une quantité $C'D = CD$, et qu'on tire les droites AC' et C'E, on aura (18)

$$CE + C'E > CA + C'A.$$

Mais considérées par rapport à ED, perpendiculaire à CC', CA et AC' sont des obliques qui s'écartent également du pied D de cette perpendiculaire, ce que l'on peut dire aussi de CE et de EC'; on aura donc

$$CA = C'A, \quad CE = C'E,$$

et, par suite, l'inégalité précédente revient à

$$2CE > 2CA, \quad \text{ou} \quad CE > CA,$$

ce qui montre que les lignes qui s'écartent le plus de la perpendiculaire sont les plus longues.

34. Ier *Corollaire.* — *Deux obliques égales ne tombent pas du même côté de la perpendiculaire, mais s'écartent également de chaque côté de son pied.*

35. IIe *Corollaire.* — Il suit de là, 1° que *la perpendiculaire* CD *est la plus courte de toutes les lignes que l'on peut mener du point* C *sur la droite* AB, et est, par conséquent, la mesure naturelle de la distance entre ce point et cette droite; 2° que *d'un point à une droite on ne peut mener trois droites égales.*

THÉORÈME.

36. *Tout point de la perpendiculaire* CD *élevée par le milieu de la droite* AB (fig. 19) *est également distant des points* A *et* B, *et, réciproquement, tout point qui jouit de cette propriété appartient à la perpendiculaire* CD.

Démonstration. — Si l'on joint le point F aux points A et B, FA et FB seront égales comme obliques également écartées du pied de la perpendiculaire, ce qui démontre la première partie de l'énoncé.

Pour démontrer la réciproque, il suffit de faire voir que tout point G situé hors de la perpendiculaire CD est inégalement distant de A et de B. En effet, soit F le point ou GA rencontre CD, on aura

$$FB = FA.$$

Mais on a, dans le triangle GFB,

$$GB < GF + FB,$$

ou

$$GB < GF + FA \text{ ou } GA.$$

Remarque. — On énonce encore ce théorème en disant que *la perpendiculaire élevée par le milieu d'une droite est le* LIEU GÉOMÉTRIQUE *de tous les points situés à égale distance des extrémités de la droite.*

37. On appelle *triangle rectangle* un triangle tel que ABC qui a un angle droit. Le côté opposé à l'angle droit s'appelle l'*hypoténuse* du triangle.

THÉORÈME.

38. *Deux triangles rectangles* ABC, A'B'C' (fig. 20) *sont égaux lorsqu'ils ont leurs hypoténuses* BC *et* B'C' *égales, et les angles aigus* B *et* B' *égaux.*

Fig. 20.

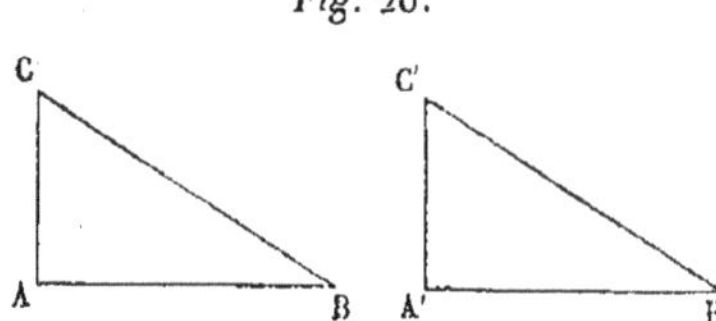

En effet, si l'on porte le triangle A'B'C' sur le triangle ABC, en plaçant l'angle B' sur l'angle B, le côté B'C' couvrira exactement son correspondant BC; le côté A'B' tombera dans la direction de AB; et le côté A'C', dont l'extrémité C' se trouve sur le point C, s'appliquera exactement sur AC, puisque l'on ne peut abaisser du point C qu'une perpendiculaire sur AB, confondue maintenant avec A'B', quant à sa direction.

THÉORÈME.

39. *Deux triangles rectangles* ABC, A'B'C' (fig. 20) *sont égaux lorsqu'ils ont leurs hypoténuses* BC *et* B'C' *égales, et les côtés de l'angle droit* AC *et* A'C' *égaux.*

Démonstration. — En posant un de ces triangles sur l'autre, de manière que A'C' soit sur AC, le côté A'B' tombera sur AB, parce que les angles BAC et B'A'C' sont égaux comme droits; alors les côtés BC et B'C' devenant des obliques égales placées d'un même côté de la perpendiculaire AC, s'en écarteront également et tomberont, par conséquent, l'un sur l'autre.

DES LIGNES PARALLÈLES.

Droites parallèles. — Lorsque deux parallèles sont rencontrées par une sécante, les quatre angles aigus qui en résultent sont égaux entre eux ainsi que les quatre angles obtus. — Réciproques.

40. Deux droites qui, quoique situées dans le même plan, ne se rencontrent pas, sont dites *parallèles* entre elles.

Fig. 21.

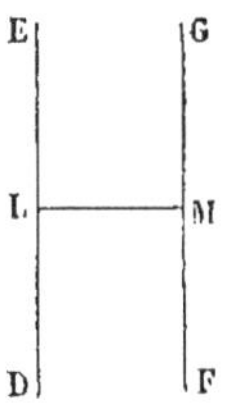

Deux droites DE et FG (*fig.* 21), perpendiculaires à une même droite AB, sont donc parallèles entre elles (32).

Il résulte de là que *par un point* L (fig. 21) *pris hors de la droite* FG *on peut mener une parallèle à cette droite;* car si l'on mène LM perpendiculaire à FG et ED perpendiculaire à LM, ED et GF seront perpendiculaires à la même droite LM.

41. Nous regarderons comme un axiome dont l'évidence semble tenir à la notion que nous avons de la ligne droite, que *par un point* L *pris hors d'une droite* FG, *on ne peut mener à* FG *qu'une seule parallèle*. Par conséquent, la droite DE ayant été construite comme nous venons de le dire, toute autre droite menée par le point L viendrait rencontrer la droite FG, ce qui nous conduit à cette proposition, l'un des fondements de la théorie des parallèles: *Une droite qui est perpendiculaire à une autre est rencontrée par toutes celles qui sont obliques à cette autre.*

THÉORÈME.

42. *Lorsque deux droites* DE *et* FG (fig. 21) *sont parallèles, toutes les droites telles que* LM, *qui sont perpendiculaires sur l'une, le sont en même temps sur l'autre.*

Démonstration.— Supposons que LM soit perpendiculaire en M sur FG. Si LM n'était pas perpendiculaire à DE, DE serait oblique à LM, et, par suite, irait rencontrer FG (article précédent), ce qui est contraire à l'hypothèse. Ainsi LM est perpendiculaire à la fois sur DE et sur FG.

43. *Corollaire.*— Il suit du théorème précédent, que *deux droites parallèles à une troisième sont aussi parallèles entre elles.* En effet, toute ligne perpendiculaire sur celle-ci le sera aussi sur les deux premières, qui, se trouvant par là perpendiculaires à une même droite, ne pourront se rencontrer, et seront, par conséquent, parallèles entre elles.

THÉORÈME.

44. *Lorsque deux droites* DE *et* FG, *parallèles entre elles* (fig. 22), *sont coupées par une droite quelconque* IH, *les angles* ELI *et* GMI, *qu'elles font avec cette dernière, d'un même côté, l'un en dedans, l'autre en dehors, sont égaux entre eux.*

Fig. 22.

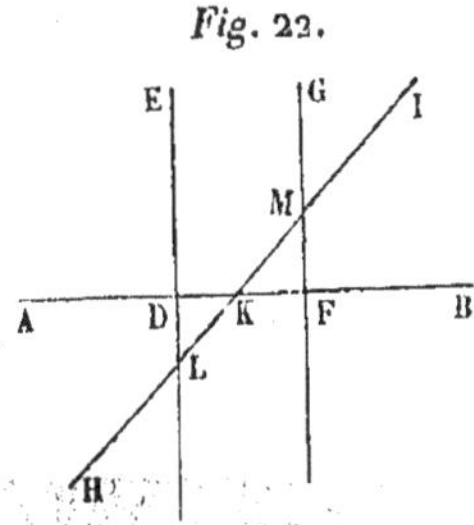

Démonstration. — Si du point K, au milieu de LM, on abaisse sur l'une des droites DE, FG, la perpendiculaire DF, cette ligne sera en même temps perpendiculaire sur l'autre (42). Les triangles rectangles DLK, KFM seront égaux (38), parce que les hypoténuses LK et KM sont égales par construction, et que, de plus, les angles DKL et MKF sont égaux, comme étant opposés par le sommet: donc l'angle DLK ou ELI est égal à KMF, et, par conséquent, à GMI, opposé par le sommet à ce dernier.

THÉORÈME.

45. *Si deux droites* DE *et* FG *font avec une troisième* IH, *et du même côté par rapport à celle-ci, des angles égaux* ELI, GMI, *l'un en dedans, l'autre en dehors, ces deux droites seront parallèles entre elles.*

Démonstration. — Si du point K, milieu de LM, on abaisse sur DE la perpendiculaire DF, on formera les triangles DLK et MKF égaux entre eux (21), parce que, d'après l'hypothèse, l'angle DLK ou ELI est égal à l'angle KMF, opposé par le sommet à GMI; l'angle DKL est égal à MKF, comme opposé par le sommet; et, enfin, le côté LK est égal à KM, par construction. L'angle KFM sera donc égal à LDK, et droit, par conséquent. Ainsi les deux droites DE et FG, étant perpendiculaires l'une et l'autre à la même droite DF, seront parallèles entre elles.

46. *Remarques.* — Le fréquent usage que l'on fait des propriétés des parallèles a porté les géomètres à désigner par des noms particuliers les différents angles qu'elles forment avec les droites qui les coupent, droites que, pour cette raison, on appelle *sécantes.*

Fig. 23.

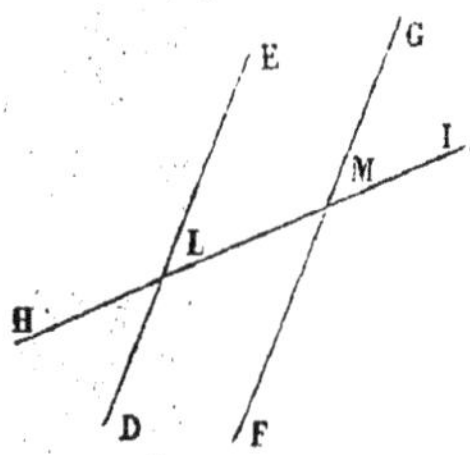

Les angles tels que ELI, GMI (*fig.* 23) situés du même côté de la sécante IH, et dont l'ouverture est tournée du même côté, se nomment *angles correspondants.*

Les angles DLM, FMI sont aussi des angles correspondants.

Tous les angles dont l'ouverture est entre les parallèles sont compris dans la dénomination générale d'*angles internes*, et tous ceux dont l'ouverture est en dehors s'appellent *angles externes.*

On distingue ensuite ces mêmes angles par leur position relativement à la *sécante.* Ceux qui sont du même côté, par rapport à cette droite, sont des *angles internes* ou des *angles externes du même côté.*

ELM, GML sont deux angles internes du même côté.

HLD, IMF sont deux angles externes du même côté.

Les angles qui sont dans une situation opposée, tant par rapport à la sécante que par rapport aux parallèles, se nomment *angles alternes.* Il y a des *angles alternes-internes*, comme ELM et FML, ou DLM et GML; et des *angles alternes-externes,* comme HLD et GMI, ou HLE et FMI.

THÉORÈME.

47. *Lorsque deux parallèles* DE *et* FG *sont coupées par une troisième ligne* IH,

1°. *Les angles correspondants sont égaux;*

2°. *Les angles alternes-internes sont égaux;*

3°. *Les angles alternes-externes sont égaux;*

4°. *Les angles internes du même côté, réunis, forment deux angles droits;*

5°. *Les angles externes du même côté, réunis, forment deux angles droits.*

Réciproquement, *si l'une quelconque de ces propriétés a lieu, les droites* DE *et* FG *sont nécessairement parallèles.*

Démonstration. — 1°. L'égalité des *angles correspondants* n'est autre chose que le théorème du n° 44, puisque les angles ELI et GMI (*fig.* 22 ou 23) sont évidemment des *angles correspondants*, d'après le sens attaché à ce mot. L'égalité de ces deux-là étant prouvée, celle de tous les autres angles correspondants s'en déduit sur-le-champ. Pour les angles DLM et FMI, par exemple (*fig.* 23), on remarquera que la somme des angles DLM et ELI, qui reposent sur la même droite DE, est égale à deux droits (14); que, par la même raison, la somme des angles FMI et GMI est aussi égale à deux droits. Retranchant de ces sommes égales les angles égaux ELI et GMI, les angles restants DLM et FMI seront nécessairement égaux.

2°. L'égalité des *angles alternes-internes*, celle de ELI, FMH par exemple a lieu, parce que FMH est égal à GMI, son opposé par le sommet, et que celui-ci est égal à ELI comme correspondant : les deux angles ELI et FMH étant égaux à un troisième GMI, sont donc aussi égaux entre eux. En raisonnant d'une manière semblable, on reconnaîtrait l'égalité des angles DLI et GMH.

3°. L'égalité des *angles alternes-externes*, celle de DLH et GMI par exemple, a lieu, parce que GMI étant opposé par le sommet à FMH lui est égal, et que ce dernier angle est égal à DLH comme correspondant : les deux angles DLH et GMI étant donc égaux à un troisième FMH, sont égaux entre eux. C'est ainsi qu'on démontrerait l'égalité des deux angles ELH et FMI.

4°. Les *angles internes du même côté*, ELI, GMH par exemple, pris ensemble, valent deux droits, parce que ELI et GMI sont égaux comme correspondants, et que la somme des angles GMI et GMH, qui reposent sur la même droite HI, étant égale à deux droits (14), si l'on substitue à GMI son égal ELI, la somme des angles ELI et GMH demeurera la même que celle des angles GMI et GMH, et sera, par conséquent, égale à deux droits.

5°. Les *angles externes du même côté*, ELH et GMI par exemple, pris ensemble, valent deux droits, parce que les angles GMI et ELM sont égaux comme correspondants, et que la somme des angles ELM et ELH, qui reposent sur la même droite IH, étant égale à deux droits (14), si l'on substitue à l'angle ELM son égal GMI, la somme des angles GMI et ELH sera la même que la précédente, et, par conséquent, encore égale à deux angles droits.

Réciproquement, si l'une quelconque de ces propriétés a lieu, les droites DE et FG sont parallèles, parce que si c'est l'égalité des angles correspondants que l'on remarque d'abord, il suit du n° 45 que cette égalité entraîne nécessairement le parallélisme; et quant aux quatre autres propriétés, il suffit d'observer que l'on conclut de chacune d'elles l'égalité des angles correspondants.

En effet, les angles alternes-internes ELI et FMH ne peuvent être égaux sans que l'angle GMI, égal à FMH comme son opposé par le sommet, ne le soit, par conséquent, à ELI : donc, dans ce cas, les angles correspondants ELI et GMI sont égaux.

Il en est de même des angles alternes-externes ELH et FMI, puisque FMI et GMH étant égaux comme opposés par le sommet, GMH se trouve égal aussi à son correspondant ELH.

Quand on sait que la somme des angles internes ou externes du même côté est égale à deux droits, on s'assure, ainsi qu'il suit, que les angles correspondants sont égaux. Si, par exemple, la somme des angles ELI et GMH est égale à deux droits, l'angle ELI sera égal à deux angles droits, moins l'angle GMH; mais parce que les deux angles GMH et GMI, qui reposent sur une même droite, valent ensemble deux droits, l'angle GMI sera aussi égal à deux angles droits, moins l'angle GMH, et, par conséquent, égal à son correspondant ELI, qui a la même valeur. On raisonnerait de la même manière pour les angles externes du même côté.

48. *Corollaire.* — Puisque deux lignes parallèles jouissent toujours des propriétés précédentes, et que, lorsque ces propriétés ont lieu par rapport à deux droites, celles-ci sont parallèles, il s'ensuit que les droites pour lesquelles ces propriétés n'ont pas lieu ne sont point parallèles.

Fig. 24.

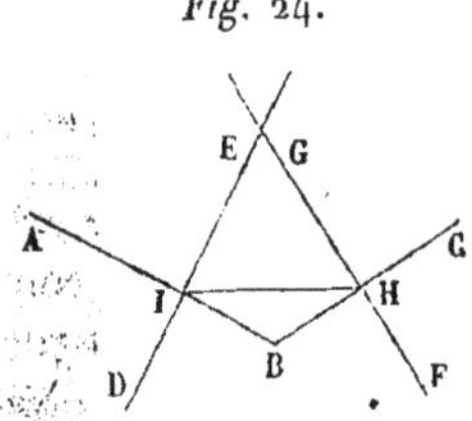

Par exemple, *deux droites* DE *et* FG (fig. 24) *perpendiculaires à deux droites* AB *et* BC, *qui se coupent, ne sont point parallèles;* car si l'on tire la sécante IH, il est visible que la somme des angles EIH et GHI, intérieurs du même côté, est moindre que celle des deux angles droits EIB, GHB.

THÉORÈME.

49. *Les parties* AC et BD (fig. 25) *de deux droites parallèles, interceptées entre deux droites parallèles, sont égales entre elles.*

Fig. 25.

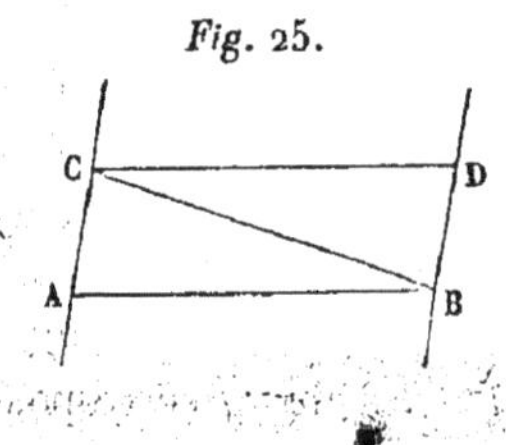

Démonstration. — Si l'on tire la droite BC, on formera deux triangles ABC et BCD qui seront égaux; car, en prenant BC pour sécante des parallèles AB et CD, on verra que les angles BCD et ABC sont égaux comme alternes-internes (47); regardant ensuite la même droite comme sécante des parallèles AC et BD, on reconnaîtra que les angles ACB et DBC sont égaux par la même raison : de plus, le côté BC étant commun aux deux triangles ABC et BCD, ces triangles seront égaux (21); les côtés AC et BD, opposés à des angles égaux ABC et BCD, seront donc égaux, ce qui fait le sujet de la proposition. Il en sera de même des côtés AB et CD.

50. *Corollaire.* — La proposition précédente ne cesserait pas d'être vraie, quand même les droites AC et BD seraient perpendiculaires sur AB et CD, puisqu'elles seraient toujours parallèles entre elles; mais alors les parties AC et BD mesurant la distance des deux droites AB et CD, il s'ensuit que *deux parallèles sont partout également éloignées l'une de l'autre.*

Angles dont les côtés sont respectivement parallèles ou perpendiculaires. — Somme des angles d'un triangle et d'un polygone quelconque.

THÉORÈME.

51. *Les angles* ABC, DEF (fig. 26), *qui ont les côtés parallèles et dirigés dans le même sens, sont égaux.*

Fig. 26.

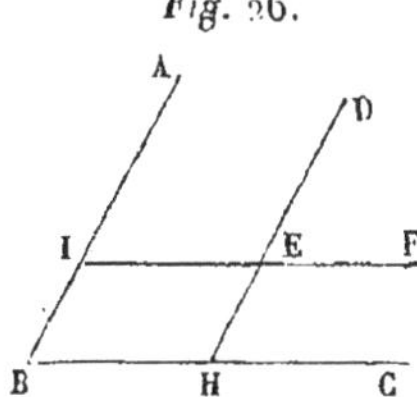

Démonstration. — Si l'on prolonge un côté quelconque du second angle, DE par exemple, jusqu'à ce qu'il rencontre un de ceux du premier, en considérant les parallèles EF et CH par rapport à la sécante DH, on reconnaîtra que les angles DEF et DHC sont égaux comme correspondants (47); puis, en considérant les parallèles AB et DH par rapport à la sécante BC, on reconnaîtra que les angles ABC et DHC sont égaux comme correspondants : les deux angles DEF et ABC, étant égaux à un troisième DHC, seront, par conséquent, égaux entre eux.

52. Ier *Corollaire.* — *Les angles* IEH *et* ABC *qui ont les côtés respectivement parallèles et dirigés en sens contraires sont égaux.* Car IEH est égal à DEF, comme opposé par le sommet, et DEF est égal à ABC (51).

53. IIe *Corollaire.* — *Les angles* IED *et* ABC *qui ont les côtés respectivement parallèles, mais dirigés, deux,* BA *et* ED, *dans le même sens, et les deux autres,* BC *et* EI, *en sens contraires, valent, réunis, deux angles droits.* Car les angles adjacents IED et DEF valent deux droits (14), et leur somme ne changera pas si l'on remplace DEF par son égal ABC (51).

Ainsi, en résumé, deux angles qui ont leurs côtés respectivement parallèles sont égaux, ou bien leur somme vaut deux angles droits.

54. IIIe *Corollaire.* — Si deux angles ont leurs côtés respectivement perpendiculaires, et que l'on fasse tourner simultanément d'un angle droit et dans le même sens, les deux côtés du premier angle autour de son sommet, cet angle ne changera pas de grandeur, mais ses côtés deviendront

alors parallèles à ceux du second; donc : *Deux angles qui ont les côtés respectivement perpendiculaires sont égaux ou bien leur somme vaut deux angles droits.*

THÉORÈME.

55. *Les trois angles d'un triangle, réunis, valent toujours deux angles droits.*

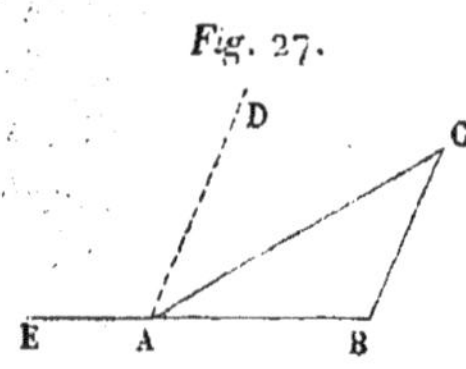

Fig. 27.

Démonstration. — Si l'on mène par l'angle A du triangle quelconque ABC (*fig.* 27) une droite AD parallèle au côté opposé BC, les angles ABC et EAD, formés sur la sécante AB, seront égaux comme correspondants (47); les angles DAC et ACB, alternes-internes par rapport à la sécante AC, seront aussi égaux (47) : donc l'angle EAC, composé des angles EAD et DAC, sera égal à la somme des angles ABC et ACB du triangle proposé; et en joignant à l'angle EAC le troisième angle CAB, on aura, autour du point A et sur la droite EB, trois angles EAD, DAC, CAB équivalents à ceux du triangle ABC, et égaux à deux droits (13).

N. B. — Il peut être utile de se rappeler que l'angle EAC se nomme *angle extérieur* du triangle ABC, et qu'il vaut à lui seul les deux intérieurs opposés ABC, ACB.

56. *Corollaire.* — Il suit du théorème ci-dessus, que *quand deux angles d'un triangle sont respectivement égaux à deux angles d'un autre triangle, le troisième angle de l'un est aussi égal au troisième angle de l'autre*, puisque ce dernier angle, réuni aux deux premiers dans chaque triangle, compose, de part et d'autre, une somme égale.

On voit encore par là qu'*un triangle ne peut avoir qu'un seul angle droit*, et, à plus forte raison, *qu'un seul angle obtus*.

DES POLYGONES.

57. Les surfaces planes terminées par un assemblage quelconque de lignes droites se nomment *polygones*. Le plus simple de tous est le *triangle*. Les polygones de quatre côtés se nomment, en général, *quadrilatères*; de cinq, *pentagones*; de six, *hexagones*; de sept, *heptagones*; de huit, *octogones*; de neuf, *ennéagones*; de dix, *décagones*, etc.

On ne pousse guère cette nomenclature au delà du polygone de dix côtés que pour le *dodécagone*, polygone de douze côtés, et le *pentédécagone*, qui en a quinze.

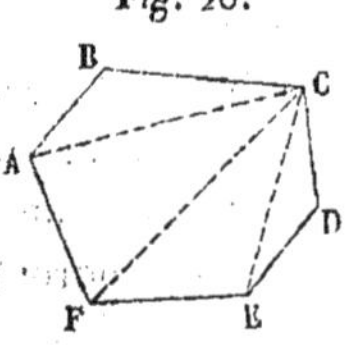

Fig. 28.

Dans la *fig.* 28, ABCDEF représente un polygone de six côtés ou un *hexagone*. Tous les angles de la première figure, ayant leur ouverture en dedans du polygone, sont des angles *saillants*; l'angle DEF (*fig.* 29) est un angle *rentrant*, parce qu'il a son ouverture en dehors du polygone.

Fig. 29.

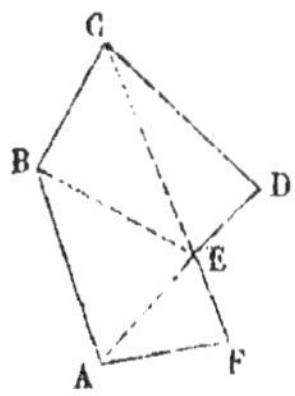

Les lignes telles que CA, CF, etc., tirées entre des angles du polygone qui ne sont pas adjacents au même côté, se nomment *diagonales*.

Un polygone qui n'a que des angles saillants est appelé *polygone convexe*. Dans une pareille figure, les prolongements d'un côté ne rencontrent pas le *périmètre*, c'est-à-dire la ligne brisée qui termine le polygone.

THÉORÈME.

58. *En joignant l'un des angles d'un polygone à tous les autres, on partage ce polygone en un nombre de triangles égal à celui de ses côtés, diminué de deux unités.*

Démonstration. — Cette proposition est presque évidente par l'inspection de la *fig.* 28, où l'on voit que les diagonales CA, CF, CE, menées de l'angle C aux angles A, F et E, partagent le polygone ABCDEF, de six côtés, en quatre triangles, ACB, ACF, FCE, ECD. On se convaincra qu'elle convient à un polygone d'un nombre quelconque de côtés, en observant que les deux triangles extrêmes, tels que ACB, ECD, entre lesquels seront compris tous ceux que peut renfermer le polygone proposé, contiendront chacun deux de ses côtés, tandis que tous les autres n'en contiendront qu'un seul : il y aura donc dans ces deux triangles quatre côtés du polygone. Le nombre des triangles intermédiaires sera, par conséquent, égal à celui des côtés du polygone, diminué de quatre; et le nombre total des triangles sera, comme le porte l'énoncé, égal à celui des côtés du polygone, diminué de deux unités.

59. *Corollaire.* — Il suit de là que *la somme de tous les angles intérieurs* ABC, BCD, CDE, DEF, EFA, FAB *d'un polygone vaut autant de fois deux droits qu'il y a de côtés moins deux,* puisque cette somme se compose de celles des angles de tous les triangles ACB, ACF, FCE, ECD, qui valent chacune deux droits, et que le polygone contient un nombre de ces triangles égal à celui de ses côtés, diminué de deux unités.

Dans la *fig.* 29, l'angle rentrant DEF est extérieur, et non pas intérieur. En faisant partir les diagonales du sommet E de cet angle, on voit évidemment qu'il est remplacé dans la somme des angles intérieurs par celle des angles DEC, CEB, BEA, AEF, et que, réuni à cette dernière, il forme quatre droits (16).

Exemple. — Pour trouver la somme des angles d'un polygone de 100 côtés, j'ôte 2 de 100 : il reste 98; je double 98, ce qui me donne 196. La somme des angles d'un polygone de 100 côtés vaut donc 196 angles droits.

Formule. — Si l'on désigne par S le nombre des angles droits compris dans la somme des angles d'un polygone de n côtés, on aura

$$S = 2(n - 2),$$

ou encore

$$S = 2n - 4.$$

THÉORÈME.

60. *Si l'on prolonge dans le même sens tous les côtés d'un polygone* (fig. 30) *qui n'a point d'angles rentrants, la somme des angles extérieurs formés par chaque côté et par le prolongement de celui qui lui est contigu, est égale à quatre droits, quel que soit d'ailleurs le nombre des côtés du polygone.*

Fig. 30.

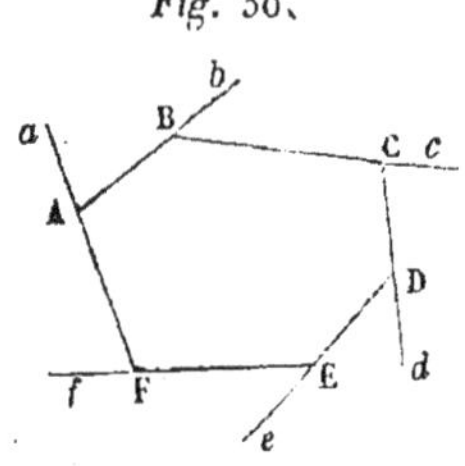

Démonstration. — Chaque angle extérieur, comme *a*AB, réuni avec l'intérieur BAF auquel il est adjacent, forme une somme égale à deux droits, et qui se trouve répétée, pour tout le polygone, autant de fois qu'il a de côtés ou d'angles : la somme des angles, tant extérieurs qu'intérieurs, vaudra donc autant de fois deux droits que le polygone a de côtés. Retranchant de cette somme celle des angles intérieurs, égale à autant de fois deux droits que le même polygone a de côtés moins deux, il restera deux fois deux droits ou quatre droits pour la somme des angles extérieurs.

61. *Remarque.* — Deux polygones sont égaux lorsqu'ils sont composés d'un même nombre de triangles égaux et semblablement disposés ou assemblés de la même manière, car il est évident que, placés l'un sur l'autre, ces polygones se couvriront parfaitement.

Des parallélogrammes. — Propriétés de leurs angles, de leurs côtés et de leurs diagonales.

Fig. 31.

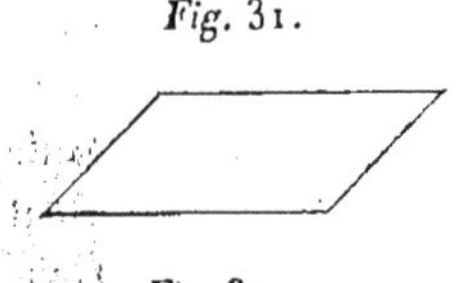

62. Parmi les quadrilatères ou polygones de quatre côtés, on désigne particulièrement sous le nom de *parallélogramme* celui dont les côtés opposés sont parallèles (*fig.* 31).

Fig. 32.

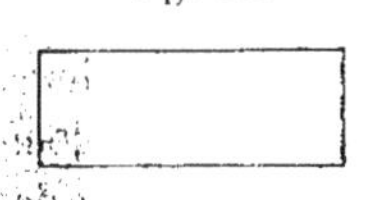

On nomme *parallélogramme rectangle* ou simplement *rectangle* celui dont tous les angles sont droits (*fig.* 32).

Fig. 33.

On nomme *carré* le rectangle dont les côtés sont égaux (*fig.* 33).

Fig. 34.

Un *losange* est un quadrilatère dont les côtés sont égaux, mais dont les angles sont inégaux (*fig.* 34).

63. Les propriétés des parallèles mettent d'abord en évidence les propriétés suivantes des parallélogrammes.

1°. *Les angles opposés sont égaux*, car ils ont les côtés égaux et dirigés en sens contraire (52);

2°. *Les côtés opposés sont égaux*, comme parallèles comprises entre parallèles (49);

3°. *La diagonale d'un parallélogramme le partage en deux triangles égaux*. Cela a été démontré au n° 49, où ABCD (*fig.* 25, page 18) est un parallélogramme.

64. Réciproquement,

1°. *Tout quadrilatère dont les angles opposés sont égaux est un parallélogramme.*

Car si l'on a, dans le quadrilatère ABCD (*fig.* 35),

$$A = C, \quad B = D,$$

on en conclura

$$A + B = C + D.$$

Les angles A et B valent donc la demi-somme des angles du quadrilatère, c'est-à-dire deux angles droits (59). Mais ces angles ont la position d'internes du même côté de la sécante AB; donc (47) les droites AD et BC sont parallèles. On démontrerait de même que les droites AB et CD sont parallèles. La figure est donc un parallélogramme.

2°. *Tout quadrilatère dont les côtés opposés sont égaux est un parallélogramme.*

Car si l'on a (*fig.* 35)

$$AB = CD, \quad AC = BD,$$

les deux triangles ABC, ACD, qui ont d'ailleurs un côté commun AC, seront égaux comme ayant leurs côtés respectivement égaux. Les angles opposés ABC et ACD seront donc égaux, et il en serait de même des angles DAB et BCD. La figure est donc un parallélogramme (1°).

Il en résulte qu'un losange est aussi un parallélogramme.

3°. *Tout quadrilatère dont deux côtés sont égaux et parallèles est un parallélogramme.*

Si AB est égal et parallèle à CD, les deux triangles ABC, BCD seront égaux comme ayant, chacun à chacun, un angle égal compris entre deux côtés égaux, et la démonstration s'achèvera comme dans le cas précédent.

THÉORÈME.

65. *Les deux diagonales* AC *et* BD (fig. 35) *d'un parallélogramme se coupent mutuellement en deux parties égales.*

Fig. 35.

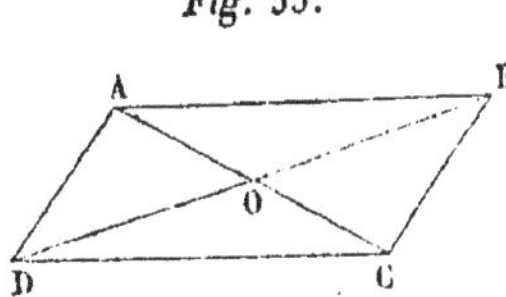

Démonstration. — Les triangles AOD et BOC sont égaux (19); car les côtés AD et BC sont égaux par l'hypothèse, les angles DAO, OCB sont égaux comme alternes-internes par rapport à la sécante AC et aux parallèles AD, BC, et les angles ADO et OBC le sont aussi comme alternes-internes par rapport à la sécante BD : donc

$$AO = OC, \quad DO = OB.$$

Remarque. — On peut encore faire voir que *les diagonales d'un rectangle sont égales* et que *les diagonales d'un losange se coupent à angle droit;* mais après ce que nous venons de dire, la démonstration de ces théorèmes ne peut offrir aucune difficulté.

DE LA LIGNE DROITE ET DU CERCLE.

De la circonférence du cercle. — Dépendance mutuelle des cordes et des arcs.

66. On ne considère, dans les éléments de Géométrie, que deux espèces de lignes, savoir : la *ligne droite* et la *circonférence du cercle,* ou la *ligne circulaire,* dont tous les points, situés sur le même plan, sont également éloignés d'un autre point pris dans ce plan, et qu'on nomme le *centre.*

Fig. 36.

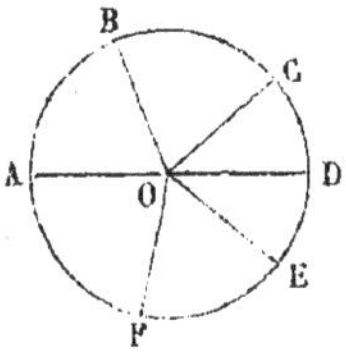

ABEA (*fig.* 36) est une circonférence de cercle dont le centre est en O. Les droites AO, BO, CO, etc., qui mesurent la distance des points A, B, C, etc., de cette ligne au centre O, et qui sont toutes égales, se nomment les *rayons* du cercle; une partie quelconque de sa circonférence se nomme *arc;* enfin on entend par le *cercle* la portion du plan terminée de toutes parts par la ligne circulaire.

Il est visible que pour trouver tous les points qui sont à une distance donnée du point O, il suffit de décrire de ce point comme centre, et avec un rayon égal à cette distance, une circonférence de cercle.

67. On a vu dans le n° 35 que l'on ne pouvait mener d'un même point à une droite donnée trois droites égales; il résulte évidemment de là qu'une droite et un cercle ne peuvent se couper en plus de deux points.

Fig. 37.

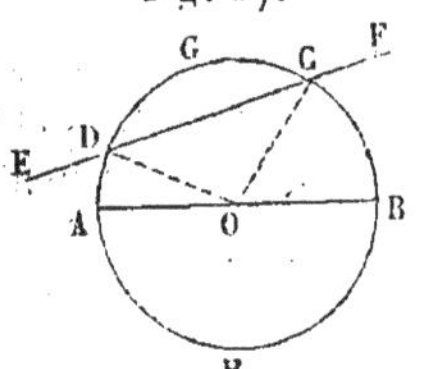

Toute droite qui coupe la circonférence du cercle et qui est prolongée en dehors, se nomme *sécante.* EF (*fig.* 37) est une sécante.

La partie CD de cette droite, comprise dans le cercle, se nomme *corde.*

68. On dit que la corde CD qui passe par les extrémités d'un arc quelconque du cercle CGD *sous-tend* cet arc; mais il faut observer que la même droite est aussi la corde de l'arc CHD qui, joint à CGD, compose la circonférence entière. Lors donc que le premier arc sera moindre que la demi-circonférence, le second sera nécessairement plus grand.

69. Lorsqu'une corde passe par le centre du cercle, on lui donne le nom de *diamètre.* La droite AB, qui passe par le point O, est un diamètre.

Tous les diamètres du cercle sont égaux, puisqu'ils sont composés de deux rayons, et que tous les rayons sont égaux.

Il est visible que le diamètre est la plus grande des droites que l'on peut tirer dans la circonférence du cercle, puisque toute autre corde CD est moindre que la somme des deux rayons menés par ses extrémités (18).

70. Le diamètre AB partage la circonférence en deux parties égales; car si l'on plie la figure le long de la droite AB, la partie AGB de la circonférence doit se confondre avec la partie AHB, sans quoi tous les points de l'une ou de l'autre ne seraient pas également éloignés du centre O.

Le même raisonnement prouve aussi que deux cercles décrits du même rayon sont égaux; car il en résulte que si l'on place le centre de l'un de ces cercles sur celui de l'autre, leurs circonférences doivent se confondre.

THÉORÈME.

71. *Si l'on porte un arc quelconque de cercle sur un autre arc du même cercle ou d'un cercle décrit du même rayon que le premier, de manière que deux points quelconques de l'un des arcs tombent sur l'autre, et que les convexités soient tournées du même côté, le plus petit de ces arcs se confondra dans toute son étendue avec le plus grand.*

Fig. 38.

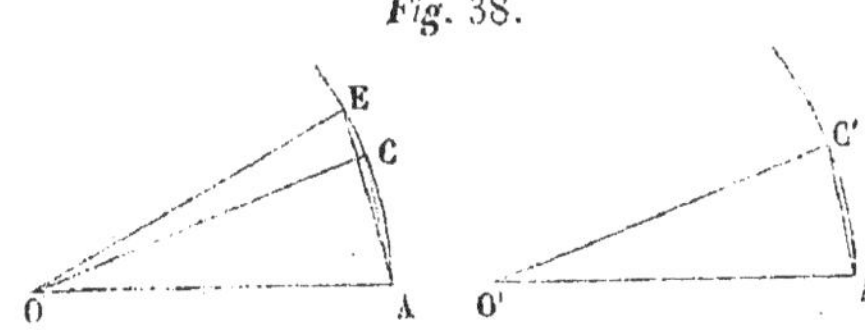

Démonstration. — En effet, si l'on porte l'arc A'C' (*fig.* 38) sur AC, en mettant le point A' sur le point A, et que le point C' tombe en C, la corde A'C' couvrira exactement AC; et comme les rayons O'A' et O'C' sont égaux aux rayons OA et OC, le point O' se trouvera sur le point O (23); dès lors, tous les points de l'arc A'C' doivent tomber sur ceux de l'arc AC, puisque les uns sont autant éloignés du centre O' que les autres le sont du centre O : donc l'arc A'C' se confondra avec l'arc AC (*).

72. *Corollaire.* — Il suit de là que, *dans le même cercle ou dans deux cercles décrits du même rayon, les arcs dont les cordes sont égales, sont égaux,* pourvu toutefois qu'ils soient de même espèce, c'est-à-dire qu'ils soient tous moindres que la demi-circonférence ou tous plus grands. En effet, lorsque les cordes sont placées l'une sur l'autre, comme dans le cas précédent, les arcs se couvrent exactement.

La proposition réciproque est également vraie, c'est-à-dire que *quand les arcs sont égaux* (dans un même cercle ou dans les cercles décrits du

(*) La propriété de la circonférence du cercle, démontrée ci-dessus, est d'autant plus remarquable qu'elle n'appartient qu'à cette courbe et à la ligne droite, et qu'elle rend évidente la similitude de toutes les parties de la circonférence du cercle ou l'uniformité de sa courbure. Telle est la raison qui m'a engagé à donner à cette proposition un énoncé différent de celui qu'on trouve dans la plupart des livres élémentaires, et qui fait l'objet du corollaire suivant.

même rayon), *les cordes sont égales;* car les arcs étant posés l'un sur l'autre et se couvrant exactement, les extrémités du premier se confondent avec celles du second. Ainsi, l'arc A′C′ étant placé sur l'arc AC, de manière que le point A′ soit sur A, le point C′ soit sur C, les droites AC et A′C′ se couvrent exactement et sont égales.

THÉORÈME.

73. *Dans un même cercle ou dans des cercles égaux, le plus grand arc est sous-tendu par la plus grande corde, et réciproquement, pourvu toutefois que les arcs que l'on compare soient moindres que la demi-circonférence.*

Démonstration. — 1°. L'arc AE (*fig.* 38, p. 25) étant plus grand que l'arc AC, l'angle AOE sera visiblement plus grand que l'angle AOC, et, par le n° 22, le côté AE du triangle AOE sera plus grand que le côté AC du triangle AOC, puisque ces triangles ont, chacun à chacun, deux côtés égaux.

2°. La corde AE étant plus grande que la corde AC, l'angle AOE sera plus grand que l'angle AOC : l'arc AE surpassera donc l'arc AC.

PROBLÈME.

74. *Deux arcs du même cercle ou de cercles égaux étant donnés, trouver le rapport de leurs longueurs.*

Fig. 39.

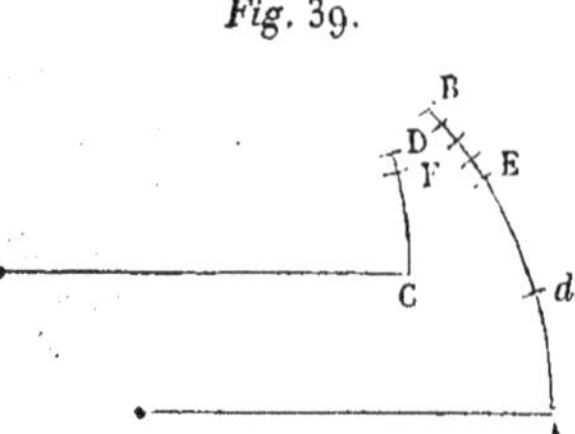

Solution. — Il est évident que la question proposée se résoudrait comme celle du n° 5 si l'on pouvait porter les arcs de cercle l'un sur l'autre, comme on le fait pour des droites; mais une pareille superposition ne pouvant avoir lieu dans la pratique, on y supplée par celle des cordes qui, lorsqu'elles sont égales, correspondent à des arcs égaux. La corde de l'arc CD (*fig.* 39) pourra être portée deux fois sur l'arc AB, de A en E; et l'arc AE, déterminé ainsi, sera composé de deux parties Ad et dE, égales chacune à CD : on aura donc

$$AB = 2CD + EB.$$

On prendra la corde du reste EB pour la porter sur l'arc CD, de C en F, ce qui s'effectuera une fois et laissera pour reste l'arc FD; d'où il suit

$$CD = EB + FD.$$

Enfin, la corde du second reste FD pouvant se porter 4 fois sur le premier EB, on aura

$$EB = 4FD.$$

En remontant de cette dernière valeur à celle des arcs précédents, on obtiendra

$$EB = 4FD, \quad CD = 5FD, \quad AB = 14FD;$$

l'arc FD, commune mesure des arcs AB et CD, étant contenu 14 fois dans l'un et 5 fois dans l'autre, on en conclura que les arcs proposés sont entre eux comme les nombres 14 et 5.

L'opération se termine ici, comme pour les lignes droites, lorsqu'on trouve un reste qui est contenu exactement dans le précédent, ou qui est tel, que le reste suivant échappe aux sens par sa petitesse; dans ce dernier cas, on n'obtient que le rapport approché des deux arcs (*).

Le rayon perpendiculaire à une corde divise cette corde et l'arc sous-tendu chacun en deux parties égales.

THÉORÈME.

75. *Toute droite* CD (fig. 40), *élevée perpendiculairement sur le milieu d'une corde* AB, *passe par le centre* O *du cercle et par le milieu* C *de l'arc sous-tendu par cette corde.*

Fig. 40.

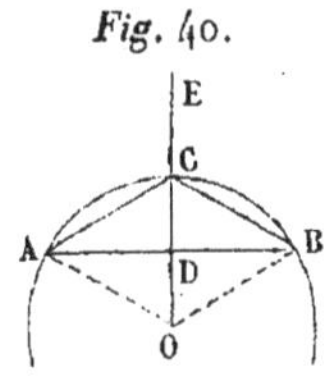

Démonstration. — Puisque CD est, par l'hypothèse, perpendiculaire sur le milieu de AB, elle doit passer par tous les points également éloignés des points A et B (36). Or le centre O est un de ces points, car il est à égale distance des extrémités A et B qui sont sur la circonférence ACB. Le point C, où la perpendiculaire CD rencontre la circonférence, étant également éloigné des extrémités A et B de l'arc ACB, les cordes AC et BC seront nécessairement égales; les arcs sous-tendus par ces cordes seront donc égaux (72) et le point C sera le milieu de l'arc ACB : donc la droite CD passera par le centre O et par le milieu de l'arc sous-tendu par la corde AB.

76. *Corollaires.* — 1°. Puisque deux points suffisent pour déterminer la position d'une droite (2), et que le milieu d'une corde, le centre du cercle et le milieu de l'arc sous-tendu par la corde sont toujours sur la même droite, il s'ensuit que lorsqu'on sait qu'une droite donnée passe par deux de ces points, on en doit conclure qu'elle passe nécessairement par le troisième.

2°. Comme on ne peut, d'un point donné, abaisser sur une droite qu'une seule perpendiculaire (31), il est encore évident, par ce qui précède, que *toute perpendiculaire abaissée du centre ou du milieu de l'arc sur la corde tombera sur le milieu de cette droite.*

(*) Cette manière de déterminer le rapport de deux arcs de cercle a été donnée par de Lagny dans les *Mémoires de l'Académie des Sciences*, année 1724, page 250.

On peut aussi comparer un arc quelconque à la circonférence entière, en portant la corde de l'arc, toujours dans le même sens, jusqu'à ce qu'on retombe sur le point d'où l'on est parti, et notant le nombre de fois qu'on a parcouru la circonférence. Si, par cet exemple, cet arc répété 8 fois remplit 3 fois la circonférence, il en sera évidemment les $\frac{3}{8}$.

Dépendance mutuelle des longueurs des cordes et de leurs distances au centre. — Condition pour qu'une droite soit tangente à une circonférence. — Arcs interceptés par des cordes parallèles.

THÉORÈME.

77. *Deux cordes égales* AB *et* CD (fig. 41) *sont également éloignées du centre; et, de deux cordes inégales* AC *et* CD, *la plus petite* AC *est la plus éloignée du centre.*

Fig. 41.

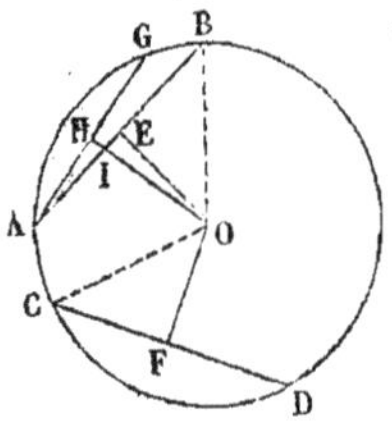

Démonstration. — 1°. Du centre O j'abaisse sur AB et sur CD les perpendiculaires OE et OF. Je mène ensuite les rayons OB, OC. Les deux triangles rectangles OFC, OEB ont BO = OC comme rayons et BE = CF comme moitiés de cordes égales (76, 2°) : donc ils sont égaux (39), et, par suite, OE = OF.

2°. La distance d'une corde au centre ne dépendant pas de la position qu'elle occupe, je puis supposer que les deux cordes proposées ont une extrémité commune A. Alors, AG étant la plus petite et sous-tendant par conséquent le plus petit arc, le point G tombe nécessairement entre A et B. Il en résulte que la perpendiculaire OH abaissée sur AG rencontrera AB. Soit I le point de rencontre, on a (33)

$$OI > OE;$$

donc, à plus forte raison,

$$OI + IH \text{ ou } OH > OE;$$

donc la plus petite corde est la plus éloignée du centre.

78. *Corollaire.* — Réciproquement : *Deux cordes également éloignées du centre sont égales, et, de deux cordes inégalement éloignées du centre, la plus éloignée est la plus petite.*

79. *Remarque.* — Si l'on conçoit qu'une droite AB (*fig.* 42), qui coupe le cercle en deux points A et B, tourne autour de l'un de ces points, de A par exemple, et qu'en tendant à sortir du cercle elle prenne des positions telles que AB', on voit que les points d'intersection de la droite et du cercle se rapprochent sans cesse, et qu'enfin il y a une dernière position AC dans laquelle ces deux points étant réunis en un seul, la droite n'a plus qu'un point de commun avec le cercle, ou ne fait que le toucher. Dans cette position, la droite AC est *tangente* au cercle.

Fig. 42.

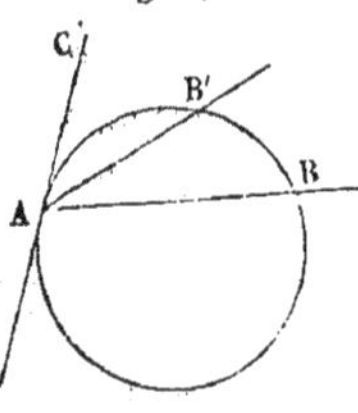

THÉORÈME.

80. *La perpendiculaire menée par un point de la circonférence du cercle, sur le rayon qui passe par ce point, est tangente au cercle; et,*

réciproquement, la tangente à un point quelconque de la circonférence est perpendiculaire à l'extrémité du rayon mené par ce point.

Fig. 43.

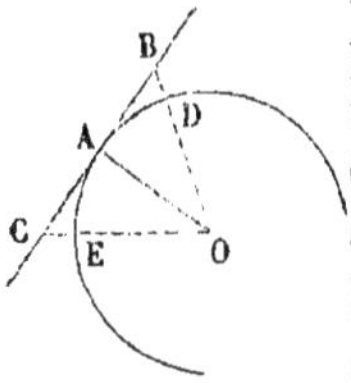

Démonstration. — La ligne AB (*fig.* 43), perpendiculaire sur le rayon AO, au point A, a tous ses autres points plus éloignés du centre O que ne l'est le point A, puisque toutes les droites menées d'un côté ou de l'autre, comme OB et OC, sont des obliques nécessairement plus longues que AO (33). Les points C et B sont, par conséquent, hors du cercle, et la ligne AB, n'ayant qu'un seul point A de commun avec la circonférence DA, est tangente.

Il est aussi facile de voir que la tangente au point A ne peut être que la droite AB perpendiculaire sur AO; car cette tangente n'ayant de commun avec la circonférence que le point de *contact* A, et tous ses autres points étant plus éloignés du centre que celui-ci, il s'ensuit que le rayon AO est la plus courte ligne qu'on puisse mener du centre sur la tangente, et que, par conséquent, il est perpendiculaire sur cette tangente.

THÉORÈME.

81. *Les arcs interceptés dans un même cercle, entre deux cordes parallèles ou entre une tangente et une corde parallèle, sont égaux.*

Fig. 44.

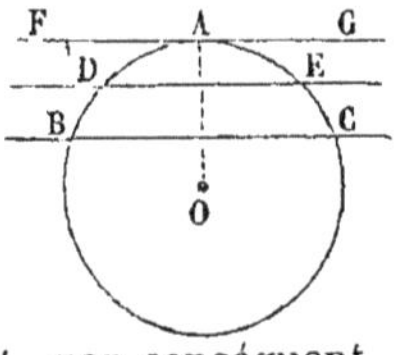

Démonstration. — Si les cordes BC, DE et la tangente FG (*fig.* 44) sont parallèles, et que l'on joigne le centre O et le point de contact A par un rayon, ce rayon, étant perpendiculaire sur la tangente FG (80), le sera aussi sur les cordes BC et DE (42); il divisera en deux parties égales les arcs BAC et DAE; et, par conséquent, si des arcs AB et AC, égaux comme moitiés de l'arc BAC, on retranche les arcs AD et AE, égaux comme moitiés de l'arc DAE, les restes BD et EC seront égaux, ce qui est la première partie de l'énoncé du théorème : l'égalité des arcs AB et AC prouve la seconde.

Conditions du contact et de l'intersection de deux cercles.

THÉORÈME.

82. *Par trois points* A, B, C (fig. 45), *qui ne sont pas en ligne droite, on peut toujours faire passer une circonférence, et l'on ne peut en faire passer qu'une.*

Fig. 45.

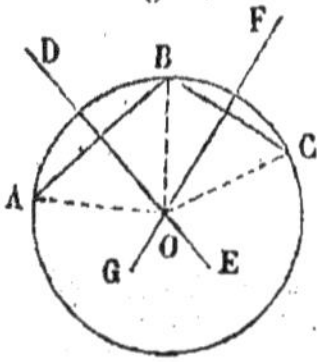

Démonstration. — Je trace les deux droites AB, BC. Je mène DE perpendiculaire au milieu de AB, et FG perpendiculaire au milieu de BC. Ces deux droites se rencontrent en un point O (48). Tous les points de la droite OD étant également éloignés des points A et B (36), on aura

$$OA = OB.$$

Par la même raison, on aura

$$OB = BC;$$

donc

$$OA = OB = OC.$$

Donc si du point O comme centre, avec le rayon OA, on décrit une circonférence, elle passera par les points A, B et C.

Pour démontrer la seconde partie de l'énoncé, remarquons que toute circonférence qui passe par les trois points donnés doit avoir son centre sur DE, lieu de tous les points également éloignés de A et de B (36). De même, son centre doit être sur BC; elle doit donc avoir pour centre le point O, et, par conséquent, OA pour rayon. Donc elle se confond avec la première circonférence.

83. *Corollaire.* — Deux circonférences ne peuvent avoir trois points communs sans se confondre; par suite, deux circonférences distinctes ne peuvent avoir plus de deux points communs.

On nomme *sécantes* les circonférences qui se coupent en deux points, et *tangentes* celles qui n'ont qu'un point commun.

THÉORÈME.

84. *La corde commune à deux circonférences qui se coupent, est perpendiculaire à la ligne des centres et est divisée par cette droite en deux parties égales.*

Démonstration. — Car la perpendiculaire menée par le milieu de la corde commune passe par le centre de chaque cercle (75) et se confond, par conséquent, avec la ligne des centres.

85. *Corollaire.* — *Lorsque deux circonférences sont tangentes, le point de contact est situé sur la ligne des centres.* Car deux circonférences tangentes peuvent être regardées comme limites de deux circonférences d'abord sécantes, que l'on aurait fait mouvoir jusqu'à ce que leurs points d'intersection se fussent réduits à un seul. Or, comme ces points sont constamment à la même distance de la ligne des centres, il est clair qu'ils ne peuvent se réunir que sur cette ligne.

86. Deux cercles situés dans le même plan peuvent occuper, l'un relativement à l'autre, cinq positions distinctes. Ils peuvent être :

1°. *Extérieurs l'un à l'autre* (fig. 46); 2°. *Tangents extérieurement* (fig. 47); 3°. *Sécants* (fig. 48); 4°. *Tangents intérieurement* (fig. 49); 5°. *Intérieurs l'un à l'autre* (fig. 50).

La ligne des centres jouit, dans ces diverses positions, des propriétés suivantes :

Fig. 46.

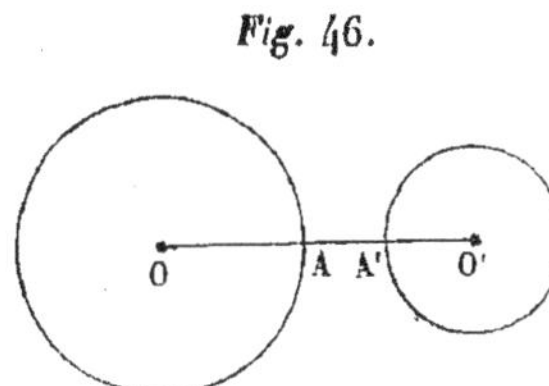

(*Fig.* 46.) 1°. *Lorsque deux cercles sont extérieurs l'un à l'autre, la ligne des centres est plus grande que la somme des rayons*, car il est clair qu'elle se compose des rayons OA, O'A' et de la partie AA' comprise entre les deux circonférences.

Fig. 47.

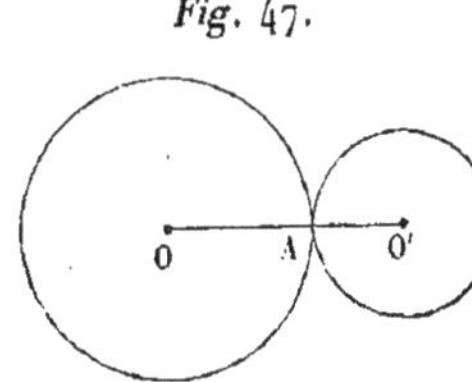

(*Fig.* 47.) 2°. *Lorsque deux cercles se touchent extérieurement, la ligne des centres est égale à la somme des rayons*, car cette ligne passant par le point de contact A (85), on a évidemment

$$OO' = OA + O'A.$$

Fig. 48.

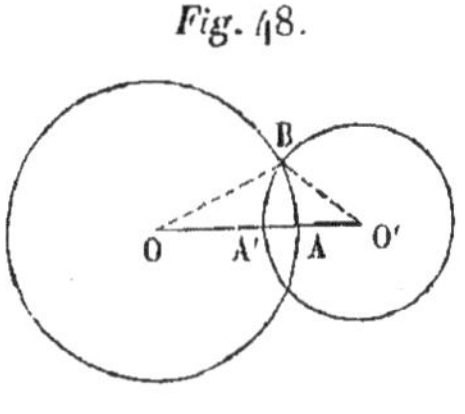

(*Fig.* 48.) 3°. *Lorsque deux cercles se coupent, la ligne des centres est plus petite que la somme des rayons et plus grande que leur différence.* En effet, les trois points O, O' et B n'étant pas en ligne droite, on a (18)

$$OO' < OB + O'B.$$

On aura aussi

$$OO' + O'B > OB;$$

et, par conséquent,

$$OO' > OB - O'B.$$

Fig. 49.

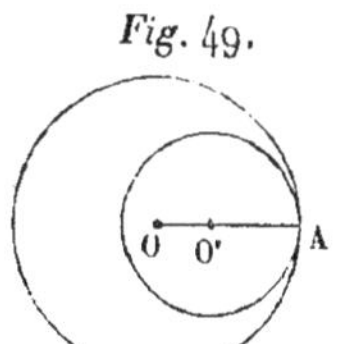

(*Fig.* 49.) 4°. *Lorsque deux cercles se touchent intérieurement, la ligne des centres est égale à la différence des rayons.* En effet, la ligne des centres prolongée passe par le point de contact A (85), et l'on a

$$OO' = OA - O'A.$$

Fig. 50.

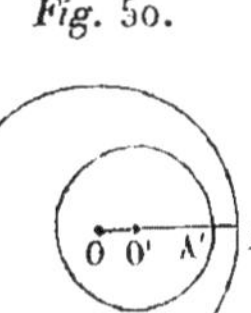

(*Fig.* 50.) 5°. *Lorsque deux cercles sont intérieurs l'un à l'autre, la ligne des centres est moindre que la différence des rayons.* On a, en effet, dans ce cas,

$$OO' + AA' = AO - A'O';$$

OO' n'est donc qu'une partie de la différence des deux rayons.

Les réciproques de toutes ces propositions sont évidentes, puisqu'il résulte du rapprochement de ces divers énoncés que la ligne des centres ne surpasse la somme des rayons que dans le cas où les cercles sont extérieurs, n'est égale à cette somme que dans le cas où ils se touchent extérieurement, etc.

MESURE DES ANGLES.

Si des sommets de deux angles on décrit deux arcs de cercle de même rayon, le rapport des angles sera égal à celui des arcs compris entre leurs côtés. — Angle inscrit. — Évaluation des angles en degrés, minutes et secondes.

THÉORÈME.

87. *Si des sommets* O *et* O′ *de deux angles* AOC *et* A′O′C′ (fig. 51) *on décrit deux arcs de cercle du même rayon, le rapport des arcs compris entre les côtés de chaque angle sera le même que celui de ces angles.*

Fig. 51.

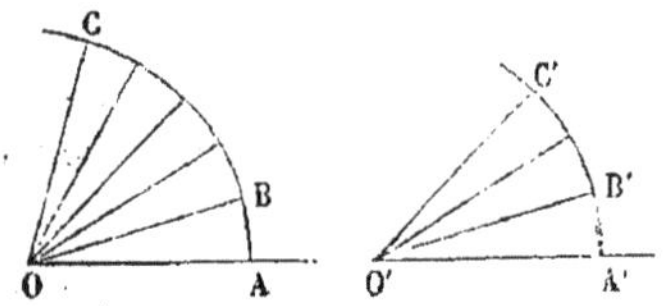

Démonstration. — 1° Si les arcs AC et A′C′ ont une commune mesure AB=A′B′, en portant cette commune mesure sur chacun autant de fois qu'elle y est contenue, on les divisera tous deux en parties égales ; et si l'on joint les différents points de division avec le sommet de l'angle correspondant par des droites comme OB et O′B′, on partagera les angles AOC et A′O′C′ en autant de parties égales que les arcs AC et A′C′ en contiennent.

En effet, les cordes AB et A′B′ étant égales, les triangles AOB et A′O′B′ seront égaux comme ayant tous leurs côtés égaux chacun à chacun (21), puisque d'ailleurs les droites OA, OB, O′A′ et O′B′ sont égales comme rayons de cercles égaux : l'angle AOB sera donc égal à l'angle A′O′B′. Cela posé, les angles AOC et A′O′C′, comprenant chacun autant d'angles égaux à AOB que les arcs AC et A′C′ contiennent de parties égales à AB, seront évidemment dans le même rapport que ces arcs, et auront pour commune mesure l'angle AOB.

2°. Si les arcs AC et A′C′ n'ont pas de commune mesure, on partagera l'arc AC en un certain nombre de parties égales, par exemple en mille, dont chacune correspondra à la millième partie de l'angle A′O′C′.

Si l'on porte ensuite une division de l'arc A′C′ sur l'arc AC, il est visible que l'angle AOC contiendra autant de fois la millième parte de l'angle A′O′C′, que l'arc AC contiendra de fois la millième partie de l'arc A′C′. Le rapport approché des deux arcs, à un millième près, sera donc aussi le rapport approché des deux angles, à un millième près.

Et ce que nous disons du nombre mille pouvant se dire de tout autre nombre, on voit que toute valeur approchée de l'un des rapports est une valeur approchée de l'autre, au même degré et dans le même sens. Ces deux rapports doivent donc être regardés comme égaux.

88. Ier *Corollaire.* — Le rapport des arcs AC et A′C′ étant le même que celui des angles AOC et A′O′C′, il en résulte que, si l'on prend A′C′ pour unité d'arc et A′O′C′ pour unité d'angle, l'angle AOC contiendra autant

d'unités d'angles que l'arc AC contient d'unités d'arcs, en sorte qu'il suffira de connaître la mesure de l'une de ces grandeurs pour en déduire celle de l'autre. D'après ces notions, on dit que *la mesure d'un angle est l'arc de cercle compris entre ses côtés et décrit de son sommet comme centre.* Cette expression paraît d'abord obscure, car on ne peut mesurer des grandeurs que par d'autres grandeurs de la même espèce. L'arc de cercle, étant une ligne, est hétérogène avec l'angle, qui est l'écartement de deux droites (8); mais il faut observer que l'on sous-entend ici l'arc pris pour unité et l'angle qui correspond à cet arc, et que l'énoncé ci-dessus revient à celui-ci :

Tout angle contient autant de fois un certain angle arbitraire, pris pour unité ou pour terme de comparaison, que l'arc compris entre ses côtés, et décrit de son sommet comme centre, contient l'arc du même cercle compris entre les côtés de ce second angle et décrit de son sommet comme centre.

Ainsi, pour trouver le rapport numérique de deux angles quelconques, il faudra chercher, par le procédé du n° 74, celui de deux arcs décrits de leurs sommets comme centres, avec un rayon arbitraire, mais le même pour tous deux.

Il suit de là que les arcs de cercle sont introduits dans la question comme des quantités auxiliaires destinées à éviter la comparaison *directe* des angles. On comprend, en effet, qu'il serait possible de trouver le rapport de deux angles en portant sur l'un et l'autre une mesure commune. Mais cette opération, qui s'exécuterait à l'aide d'une règle de forme convenable, ne serait ni simple ni rapide, et n'offrirait d'ailleurs aucune précision.

La suite de cet ouvrage fournira de nombreux exemples de grandeurs dont la mesure se ramène à celle d'autres grandeurs. Comme les théorèmes qui se rapportent à cet objet sont d'un usage très-fréquent et doivent être souvent rappelés dans le discours, on les énonce en termes extrêmement concis et qui pourraient induire en erreur si l'on n'expliquait d'avance le sens qu'on leur attribue.

89. L'angle qui paraît le plus propre à servir d'unité est l'angle droit. Cet angle comprend entre ses côtés le quart de la circonférence, puisque deux diamètres perpendiculaires entre eux déterminent quatre angles égaux qui doivent intercepter sur la circonférence des arcs égaux.

On aura donc la mesure d'un angle en comparant l'arc compris entre ses côtés avec celui qu'intercepte, sur la même circonférence, l'angle droit ayant son sommet au centre.

Cette manière d'évaluer les angles est cependant moins usitée que la suivante. On partage la circonférence entière en 360 parties qu'on nomme *degrés*, chaque degré en 60 parties nommées *minutes*, chaque minute en 60 *secondes*. L'angle s'évalue alors par le nombre de degrés, minutes et secondes compris dans l'arc intercepté par ses côtés. Les mots degrés, minutes, secondes s'appliquent indifféremment aux arcs ou aux angles qui leur correspondent.

Le degré se désigne ordinairement par le signe °, la minute par ′, la seconde par ″. Ainsi

$$24° 34' 28''$$

désignent 24 degrés 34 minutes 28 secondes.

Applications numériques. — *Evaluer en degrés la somme des angles d'un polygone de 100 côtés.*

Solution. — On a vu (59) que la somme des angles de ce polygone vaut 196 angles droits ; or un angle droit vaut le quart de 360° ou 90° : le nombre cherché est donc

$$90° \times 196 \quad \text{ou} \quad 17640°.$$

Si tous les angles du polygone étaient égaux, chacun d'eux vaudrait

$$176°,40 \quad \text{ou} \quad 176° 24'.$$

Deux angles A *et* B *d'un triangle ont respectivement pour valeur*

$$A = 18° 34' 17'',$$
$$B = 79° 45' 58''.$$

Quelle est la valeur du troisième angle, C?

Solution. — Les trois angles valent deux droits ou 180°. Il faut donc, pour trouver C, retrancher A + B de 180°. En faisant le calcul d'après les règles connues, on trouve :

$$A + B = 98° 20' 15''$$
$$C = 81° 39' 45''.$$

Preuve : $A + B + C = 180° 00' 00''.$

THÉORÈME.

90. *Lorsqu'un angle a son sommet placé sur la circonférence d'un cercle, il a pour mesure la moitié de l'arc compris entre ses côtés.*

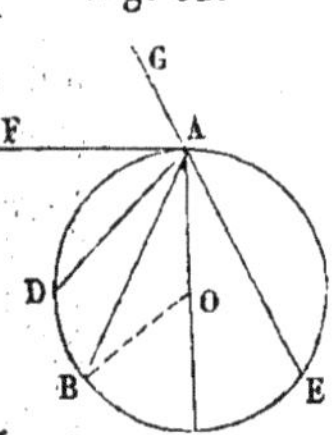

Fig. 52.

Démonstration. — 1°. Je suppose que l'angle proposé soit BAC, dont l'un des côtés AC passe par le centre O du cercle (*fig.* 52). Je mène le rayon OB. L'angle BOC étant extérieur au triangle ABO, on a (55)

$$BOC = BAO + OBA;$$

mais le triangle ABO étant isocèle, on a

$$BAO = ABO,$$

et, par suite,

$$BOC = 2\,BAO;$$

donc

$$BAO \quad \text{ou} \quad BAC = \frac{1}{2} BOC,$$

et puisque l'angle BOC a pour mesure BC, l'angle BAC, qui en est la moitié, aura pour mesure la moitié de BC.

2°. Soit maintenant l'angle BAE comprenant le centre entre ses côtés. Cet angle, étant composé des angles BAC et CAE, aura pour mesure la somme des arcs qui mesurent ces derniers ; mais comme ils ont chacun un côté qui passe par le centre, leurs mesures respectives seront la moitié de BC et la moitié de CE, arcs dont la somme compose la moitié de l'arc BE égal à BC + CE : l'angle BAE aura donc pour mesure la moitié de l'arc compris entre ses côtés.

3°. L'angle DAB, qui ne comprend point le centre entre ses cotés, étant la différence des angles DAC et BAC, aura pour mesure la différence des arcs qui mesurent ces derniers; mais comme leur côté commun AC passe par le centre, leurs mesures respectives sont les moitiés de DC et de BC; la différence de ces mesures composant la moitié de l'arc DB, égal à DC — BC, l'angle DAB aura donc pour mesure la moitié de l'arc compris entre ses côtés.

4°. L'angle FAE formé par une tangente et par une corde a aussi pour mesure la moitié de l'arc compris entre ses côtés. En effet, FAE est ce que deviendrait BAE si, le côté AE restant fixe, le côté AB tournait autour du point A et venait se confondre avec la tangente AF. Or l'angle variable ayant toujours pour mesure la moitié de l'arc compris entre ses côtés, quelque près que AB soit de AF, jouira encore de cette propriété lorsque son côté mobile AB aura pris la position AF.

91. *Corollaires.* — Tous les angles qui, comme DEF, EGF, EHF, EIF (*fig.* 53), ont leur sommet placé à la circonférence et s'appuient sur le même arc, sont égaux, puisqu'ils ont pour mesure la moitié du même arc EAF compris entre leurs côtés.

Fig. 53.

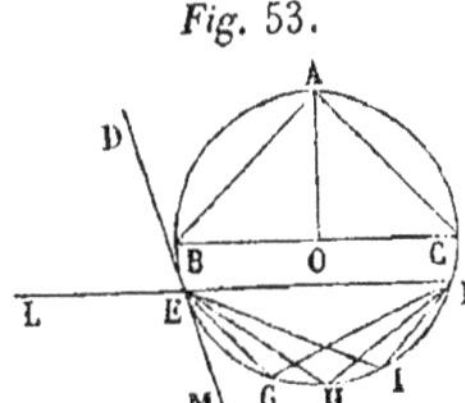

L'angle BAC, dont le sommet est sur la circonférence et dont les côtés AB et AC passent par les extrémités d'un diamètre BC, est droit, puisqu'il a pour mesure la moitié de la demi-circonférence BGC comprise entre ses côtés, ou le quart de la circonférence entière (89).

Les angles G, H, I sont dits *inscrits dans le segment* (ou portion de cercle) FHE. Les deux corollaires précédents peuvent donc s'énoncer en disant que *tous les angles inscrits dans le même segment sont égaux* et que *tout angle inscrit dans un demi-cercle est droit.*

THÉORÈME.

92. *L'angle* BAC (fig. 54) *dont le sommet est placé dans le cercle, entre le centre et la circonférence, a pour mesure la moitié de l'arc* BC *compris entre ses côtés, plus la moitié de l'arc* ED *compris entre leurs prolongements.*

Fig. 54.

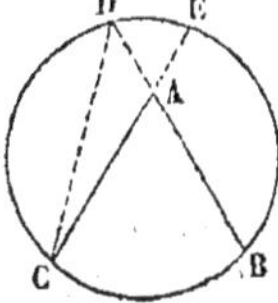

Démonstration. — Si l'on mène DC, on aura (55) :

$$BAC = C + D;$$

mais D et C ont pour mesure, le premier $\frac{BC}{2}$, le second $\frac{DE}{2}$ (90) : donc BAC aura pour mesure $\frac{BC + DE}{2}$.

THÉORÈME.

93. *L'angle* BAC (fig. 55) *dont le sommet est placé hors du cercle, a pour mesure la moitié de la différence des arcs* BC *et* DE *compris entre ses côtés, arcs dont l'un tourne sa concavité vers le sommet, et l'autre sa convexité.*

Fig. 55.

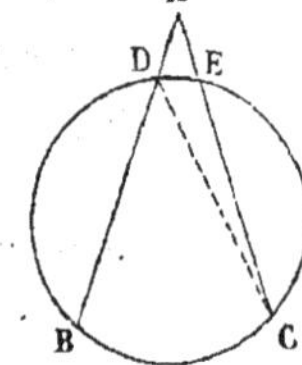

Démonstration. — Si l'on mène DC, on aura (55) :

$$A = BDC - C;$$

mais BDC et C ont pour mesure, l'un $\frac{BC}{2}$, l'autre $\frac{DE}{2}$: donc l'angle A aura pour mesure $\frac{BC - DE}{2}$.

Application numérique. — *Un angle* A *dont le sommet est extérieur, intercepte sur la circonférence les deux arcs suivants :*

$$28^\circ\, 34'\, 18'',$$
$$12^\circ\, 48'\, 30''.$$

Quelle est sa valeur ?

Solution. — Il faut calculer la différence de ces deux arcs, ce qui donne :

$$15^\circ\, 45'\, 48'',$$

et en prendre la moitié, savoir :

$$7^\circ\, 52'\, 54''.$$

Telle est la valeur de l'angle cherché.

DES PROBLÈMES.

Usage de la règle et du compas dans les constructions sur le papier. — Vérification de la règle.

94. Les figures qui servent à la démonstration des théorèmes n'ont pas besoin d'être exécutées avec le plus grand soin. Il suffit qu'elles représentent à peu près le sujet de chaque proposition et les diverses lignes que l'on imagine pour le besoin de la démonstration. Dans ce cas, la figure n'est tracée que pour aider l'esprit à bien suivre les raisonnements, lesquels portent uniquement sur les relations supposées dans l'énoncé. Il n'en est pas de même lorsqu'on se propose de résoudre un *problème graphique*, c'est-à-dire de construire certaines figures qui doivent satisfaire à des conditions déterminées. On comprend que la solution du problème ne sera obtenue que si l'on trace les diverses lignes de la question avec une exactitude parfaite.

95. Outre les problèmes graphiques, on peut encore avoir à résoudre en géométrie des *problèmes numériques*, c'est-à-dire des questions dans lesquelles il s'agit de trouver les valeurs numériques des éléments (angles ou côtés) de certaines figures, d'après la connaissance d'autres éléments de ces figures. Nous en avons déjà donné des exemples aux n°s 59, 88 et 93. Ces

problèmes sont du ressort de l'Arithmétique, et la Géométrie n'y intervient qu'en faisant connaître les relations qui lient les inconnues aux données, ainsi que les procédés à l'aide desquels on trouve le rapport de ces dernières à l'unité de leur espèce. Il faudra donc, si l'on veut savoir ce que l'on fait, s'enquérir des erreurs que l'on peut commettre dans la mesure des données, et en tenir compte d'après les règles de l'Arithmétique, afin de ne pas prendre la peine de calculer des chiffres tout à fait incertains (*).

96. Revenons maintenant aux problèmes graphiques qui doivent être exécutés sur le papier. Il faudra d'abord se procurer une planchette bien dressée et y coller le papier sur lequel on devra tracer la figure; et comme les lignes droites et les cercles se décrivent avec la règle et le compas, la première chose à faire sera d'examiner si ces deux instruments ont toute l'exactitude désirable.

Fig. 56.

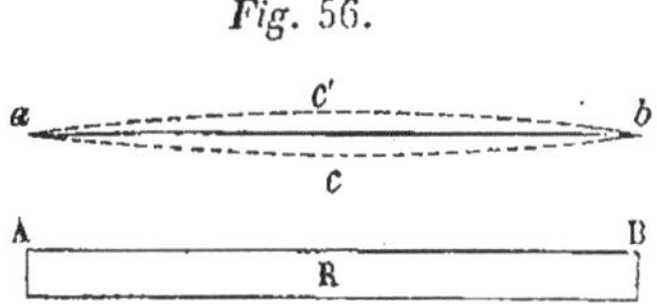

Pour vérifier une *règle* R (*fig.* 56), on commencera par tracer, le long de son bord AB, une droite *ab*, en ayant soin de maintenir la pointe du crayon ou l'extrémité du tire-ligne au contact du bord de la règle ou, du moins, toujours à la même distance. Retournant ensuite la règle, sans changer la face qui touche au papier, on amènera l'extrémité B en *a* et l'extrémité A en *b*. Si, après cette opération, le bord de la règle coïncide avec la ligne déjà tracée *ab*, on en conclura que cette ligne est bien droite et, par conséquent, que la règle est bonne, ou du moins présente une exactitude suffisante. Il est clair que si le bord de la règle était courbe, au lieu de tracer une droite *ab*, on tracerait une courbe *acb* qui, après le retournement, viendrait en *ac'b* de l'autre côté de *ab*, position distincte de la première.

A l'égard du *compas*, il faudra que ses pointes soient bien affilées et que ses deux branches se meuvent à frottement dur autour de la charnière. Pour que l'on puisse remplir cette dernière condition, la tête du compas est munie d'une vis que l'on peut faire tourner à l'aide d'un tournevis, de manière à presser l'une des branches sur l'autre et à les maintenir dans un écartement donné.

On se sert du compas à *pointes sèches*, c'est-à-dire de celui dont les deux branches sont terminées par deux pointes affilées, pour relever une distance. Quand on veut tracer une circonférence de cercle, on substitue à l'une des branches un crayon ou un tire-ligne.

(*) Les applications numériques que l'on trouvera de temps en temps dans cet ouvrage, ayant pour but principal d'éclaircir le sens des formules et d'enseigner leur usage, porteront sur des nombres très-simples. La marche des opérations étant bien comprise, le lecteur pourra se proposer lui-même des questions plus compliquées et où les difficultés de calcul et d'approximation soient plus grandes.

97. Une cause d'erreur, dans les constructions géométriques, résulte de ce que les lignes qu'on y trace ne sont pas entièrement dénuées de largeur : d'où il suit que leur intersection n'est pas un point mathématique, mais une sorte de petite surface au milieu de laquelle est situé le point qu'il s'agit de déterminer. On atténuera cette erreur si l'on opère au crayon en affilant le plus possible sa pointe ; et, si l'on se sert d'un tire-ligne, en rapprochant autant qu'on le pourra les deux becs de cet instrument à l'aide de la vis qui s'y trouve adaptée. Il faudra, en outre, éviter de déterminer la position d'un point par l'intersection de lignes qui se coupent sous un angle trop aigu, parce que ces lignes paraissent coïncider dans une étendue plus ou moins grande, en sorte qu'il y a incertitude sur le lieu précis où elles se rencontrent.

L'opération graphique du n° 5 et celle du n° 74 peuvent s'exécuter indifféremment à l'aide de la règle ou du compas, et l'on voit facilement que les erreurs dont les résultats seront entachés proviendront, soit de ce qu'en portant plusieurs fois bout à bout une longueur sur une droite ou sur un arc de cercle on n'aura pas fait arriver la première extrémité de la règle juste au point où se trouvait d'abord la seconde, soit que, négligeant la petite largeur de la pointe d'un compas, on aura porté sur la ligne à mesurer une longueur différente de celle qu'on avait prise pour unité.

Ces préliminaires posés, nous passons à la solution de quelques problèmes graphiques fort simples et auxquels on ramène la plupart des problèmes de géométrie.

Problèmes élémentaires sur la construction des angles et des triangles.

PROBLÈME.

98. *Construire un angle égal à un angle donné* A (*fig.* 57).

Fig. 57.

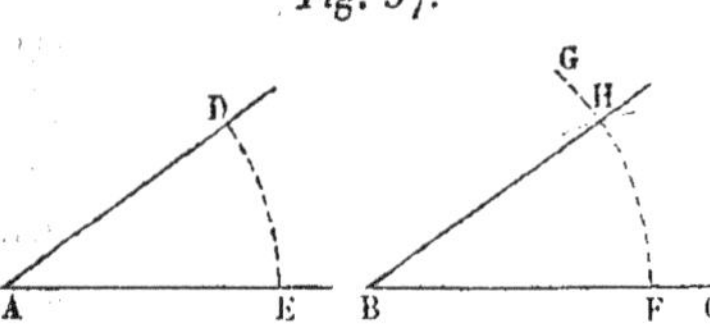

Solution. — Du point A comme centre, je décris entre les côtés de l'angle donné un arc DE. Ayant ensuite tracé une droite BC, je décris du point B comme centre, avec le rayon AD, un arc de cercle FG, qui coupe la ligne BC en F. Du point F comme centre, et avec la corde ED comme rayon, je décris un second arc de cercle qui coupe le premier en H. Je mène BH, et je dis que l'angle B ainsi obtenu est égal à l'angle A. En effet, les arcs FH et DE, décrits avec le même rayon, sont égaux, puisque les cordes DE et FH sont égales par construction. Donc les angles B et A sont égaux comme interceptant, sur des circonférences égales, des arcs égaux (87).

PROBLÈME.

99. *Construire un triangle dont on connaît un angle et les deux côtés qui le comprennent.*

Fig. 58.

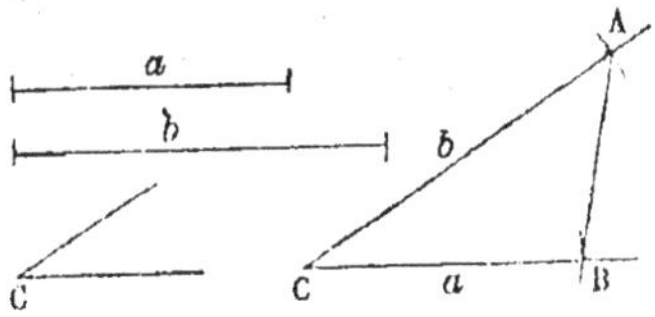

Solution. — Si cet angle et ces côtés sont l'angle C et les droites a et b (*fig.* 58), on fera sur une droite CB égale à a un angle égal à C ; puis on prendra sur le côté CA à partir du point C, une distance égale à b, qui déterminera le point A ; en joignant A et B par une droite, on formera le triangle ACB, qui remplit les conditions demandées.

PROBLÈME.

100. *Construire un triangle dont on connaît un côté et les deux angles adjacents.*

Fig. 59.

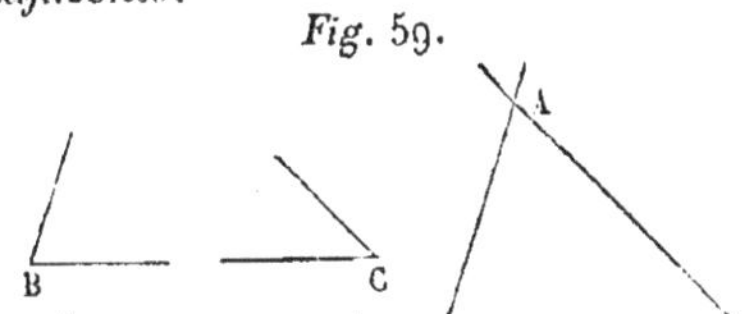

Solution.—a étant ce côté (*fig.* 59), B et C les angles adjacents, on prendra sur la droite BC une partie égale à a, aux extrémités de laquelle on fera des angles respectivement égaux aux angles B et C. Ayant ainsi la direction des deux autres côtés, en les prolongeant jusqu'à ce qu'ils se rencontrent en A, on formera le triangle demandé.

PROBLÈME.

101. *Les trois côtés d'un triangle étant donnés séparément, décrire ce triangle.*

Fig. 60.

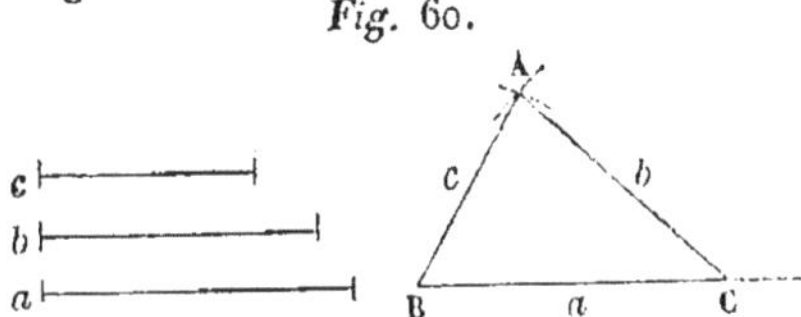

Solution. — Soient a, b, c, (*fig.* 60) les trois lignes données ; ayant pris la première, a, pour former le côté BC, on décrira du point C comme centre, et d'un rayon égal à la seconde, b, un arc de cercle ; puis, du point B comme centre, et d'un rayon égal à la troisième, c, un autre arc de cercle. Ces deux arcs se couperont en un point A. En joignant ce point avec les extrémités de la ligne AB, on formera un triangle qui satisfera à la question, puisqu'il aura ses côtés respectivement égaux aux trois lignes données.

102. *Remarques.* — Si l'on prenait trois lignes au hasard, il pourrait arriver que les circonférences des deux cercles décrits ne se rencontrassent pas. Cette circonstance aurait lieu, 1° dans le cas où $b+c$ serait moindre que a : en effet, deux cercles ne peuvent se couper qu'autant que la distance de leurs centres est moindre que la somme de leurs rayons ; 2° dans le cas où l'un des cercles embrasserait l'autre, c'est-à-dire où $a+c$ serait moindre que b (86, 3°).

Ces deux cas sont compris dans la condition générale que la somme de deux côtés quelconques d'un triangle est toujours plus grande que le troisième, et qu'on peut simplifier en l'énonçant ainsi :

La somme des deux plus petits côtés d'un triangle est toujours plus grande que le troisième.

PROBLÈME.

103. *Construire un triangle dont on connaît deux côtés ainsi que l'angle opposé à l'un d'eux.*

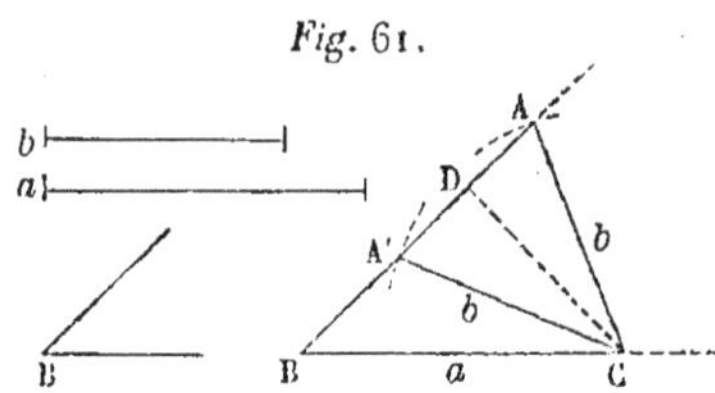

Fig. 61.

Soient a et b (*fig.* 61) les côtés donnés, B l'angle donné que nous supposerons opposé au côté b. Je prends $BC = a$; au point B, je construis un angle égal à l'angle donné B. Du point C comme centre, avec b comme rayon, je décris un arc de cercle qui rencontre en A la seconde ligne menée par le point B, et le triangle ABC remplit évidemment les conditions demandées.

104. *Remarque.* — Le problème proposé n'est pas toujours possible, puisque l'arc décrit du point C pourrait ne pas rencontrer la droite BD. Il faut en effet, pour qu'il y ait rencontre, que la perpendiculaire CD, abaissée du point C sur AB, soit moindre que b.

En second lieu, le problème, quand il est possible, peut admettre deux solutions. En effet, si l'on suppose l'angle B aigu, $b > CD$ et $< a$, l'arc dont on vient de parler rencontre la droite BD en un second point A', et le triangle A'BC remplit encore les conditions demandées. Cette seconde solution ne différerait pas de la première si l'on avait $b = CD$, parce que les deux points A et A' se confondraient alors avec le point D.

Si l'on avait $b = a$, le triangle BA'C disparaîtrait. Si l'on avait $b > a$, le point A' s'abaisserait au-dessous de AB, et le triangle A'BC cesserait de résoudre la question, puisque l'angle opposé au côté b ne serait plus égal à B, mais à $180° - B$.

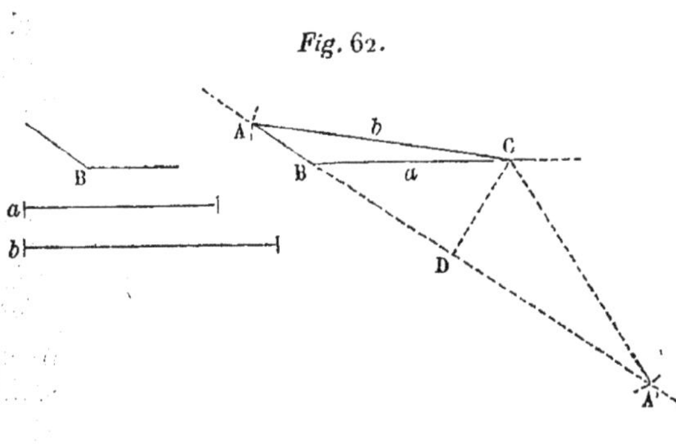

Fig. 62.

Dans le cas où l'angle B est droit, b, qui est l'hypoténuse, doit être plus grand que a; mais alors il n'y a qu'une solution, puisqu'on ne peut construire qu'un triangle rectangle dont l'hypoténuse et un côté de l'angle droit sont connus (39).

Dans le cas où l'angle B est obtus (*fig.* 62), le côté b doit être le plus grand côté, et dès lors la seconde intersection avec BD se trouve nécessairement au-dessous du point B. Il n'y a donc qu'une seule solution.

105. *Remarque.* — Examiner les diverses solutions dont un problème est susceptible et rechercher les limites entre lesquelles elles sont possibles, est ce qu'on appelle *discuter* le problème. La discussion précédente peut se résumer comme il suit :

$$B < 90^\circ \quad \begin{cases} b < CD, & \text{aucune solution,} \\ b = CD, & \text{une solution,} \\ b > CD \text{ et } < a, & \text{deux solutions,} \\ b > a, & \text{une solution.} \end{cases}$$

$$B = 90^\circ \quad \begin{cases} b < a, & \text{aucune solution,} \\ b > a, & \text{une solution.} \end{cases}$$

$$B > 90^\circ \quad \begin{cases} b < a, & \text{aucune solution,} \\ b > a, & \text{une solution.} \end{cases}$$

Tracé des perpendiculaires et des parallèles. — Abréviation des constructions au moyen de l'équerre et du rapporteur. — Vérification de l'équerre.

PROBLÈME.

106. *Par un point donné* C (fig. 63), *sur une droite* AB, *élever une perpendiculaire à cette droite.*

Fig. 63.

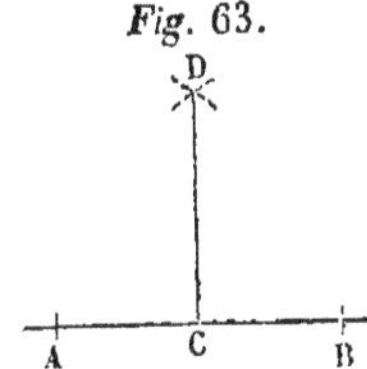

Solution. — De part et d'autre du point C de la ligne AB, par lequel on veut élever la perpendiculaire, on prendra des distances égales, AC et BC. Des points A et B, avec des rayons égaux plus grands que la moitié de AB, on décrira deux arcs de cercles qui se couperont au point D. Ce point étant joint avec le point C, la ligne CD sera perpendiculaire sur AB. En effet, les droites AD et DB étant égales, ainsi que les parties AC et BC, les deux points C et D appartiennent à la perpendiculaire élevée sur le milieu de AB et la déterminent complétement (36).

Remarques. — La construction sera d'autant plus exacte, que le point D sera plus éloigné de C; car on sent qu'une droite est mal déterminée par deux points trop rapprochés, et qu'une erreur très-petite dans la position de l'un de ces points produirait une erreur très-grande dans la direction de la droite.

A l'aide de la même ouverture de compas qui a servi à déterminer le point D, on pourra déterminer, de l'autre côté de AB, un troisième point de la perpendiculaire cherchée. Ce dernier point servira de *vérification* à la construction, car s'il n'était pas en ligne droite avec les deux autres, on serait averti, par là, de l'inexactitude de la figure.

Si par une cause quelconque on ne pouvait pas prolonger AB à droite du

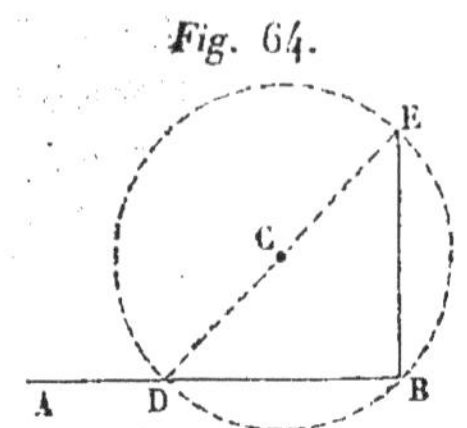

Fig. 64.

point B et que l'on proposât d'élever une perpendiculaire par ce point, on emploiera la construction suivante :

On prendra hors de la ligne AB (*fig.* 64) un point quelconque C, duquel, comme centre et avec un rayon égal à CB, on décrira une circonférence de cercle; par le point D, où elle rencontrera la droite AB, et par le centre C on tirera le diamètre DCE, qui déterminera sur la circonférence un point E : la droite BE, qui joint ce point à l'extrémité B de la droite AB, sera la perpendiculaire demandée, puisque l'angle DBE sera droit (91).

PROBLÈME.

107. *Par un point donné* C (fig. 65), *pris hors d'une droite* AB, *abaisser une perpendiculaire sur cette droite.*

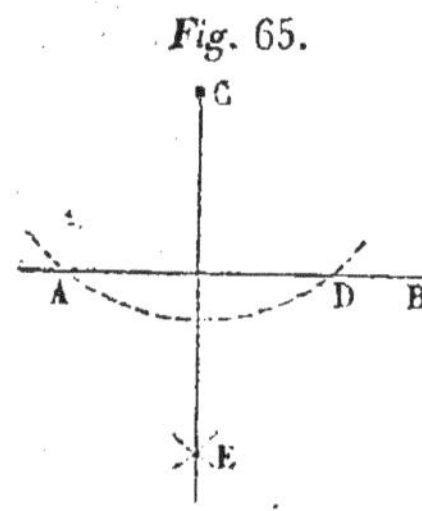

Fig. 65.

Solution. — Du point C comme centre, et d'un rayon pris à volonté, mais cependant plus grand que la plus courte distance du point C à la droite AB, on décrira un arc de cercle qui coupera AB aux points A et D. On prendra ensuite ces points pour centres, et avec le même rayon on décrira deux arcs de cercles qui, se coupant en E, détermineront un second point de la perpendiculaire demandée CE. En effet, les points C et E étant, par construction, également éloignés des extrémités de AD, CE est perpendiculaire sur AB (36).

PROBLÈME.

108. *Par un point donné* A (fig. 66), *mener une droite parallèle à la droite donnée* BC.

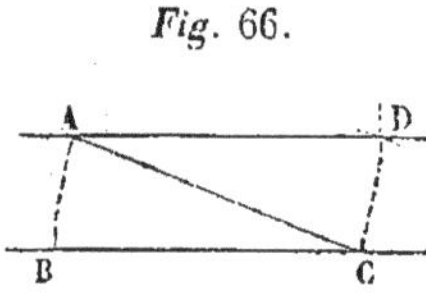

Fig. 66.

Solution. — Par le point A, on mènera une droite quelconque AC rencontrant BC; puis on fera au point A, sur AC, l'angle CAD égal à l'angle ACB (98). La droite AD, obtenue par ce procédé, sera la parallèle demandée, puisqu'elle passera par le point A, et qu'en considérant AC comme sécante, les angles alternes-internes BCA et CAD seront égaux par construction (47).

109. Les constructions qui précèdent peuvent être abrégées à l'aide de deux instruments que l'on nomme l'équerre et le rapporteur.

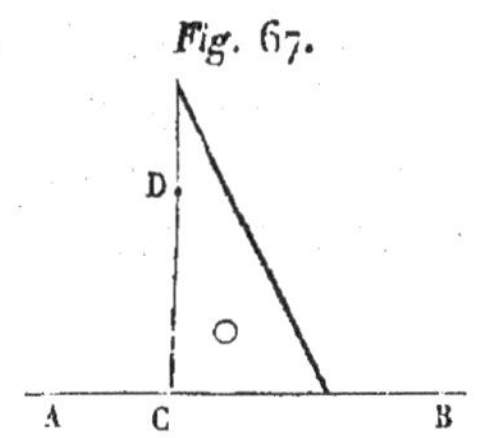

Fig. 67.

L'*équerre* est une règle de forme triangulaire (*fig.* 67) dont deux bords sont à angle droit. On voit comment on doit se servir de cet instrument pour mener une perpendiculaire à une droite donnée. Plaçant l'un des côtés de l'angle droit sur la ligne, on fera glisser l'équerre sur cette ligne jusqu'à ce que l'autre côté de l'angle droit passe par le point donné, et il ne restera plus qu'à tracer une droite le long de ce côté.

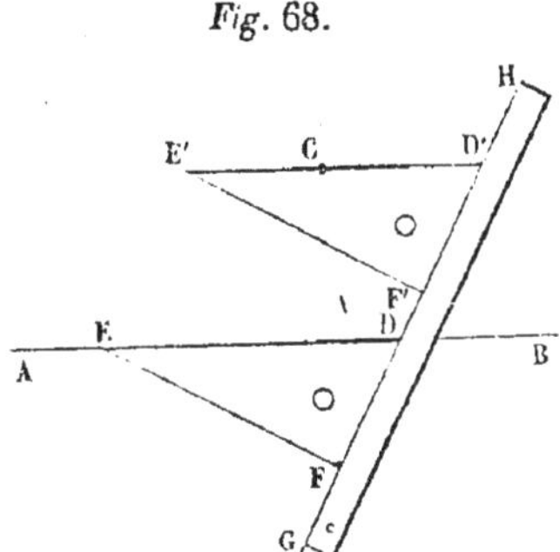

Fig. 68.

Ce procédé n'est pas aussi satisfaisant que ceux des nos 106 et 107. Mais l'équerre peut servir à mener une parallèle à une droite donnée, et cela très-exactement. Soit, en effet (*fig.* 68), à mener une parallèle à la droite AB par un point C. On placera l'équerre DEF de manière qu'un de ses côtés, n'importe lequel, coïncide avec AB : supposons que ce soit DE. On appliquera ensuite sur DF une règle GH; puis faisant glisser l'équerre le long de la règle jusqu'à ce que DE vienne passer par le point C, et menant la droite D'E', on aura résolu le problème. En effet, les angles F'D'E' et FDE étant égaux, puisque ce n'est que le même angle qui a été placé successivement dans deux positions différentes, les droites DE et D'E' font, avec la sécante GH, des angles correspondants égaux. Ces lignes sont donc parallèles (47).

110. Le *rapporteur* (*fig.* 69) consiste en un demi-cercle, ordinairement en corne ou en métal, dont le bord circulaire ou *limbe* est divisé en degrés et demi-degrés. Le centre du cercle est en O, et AB en est le diamètre.

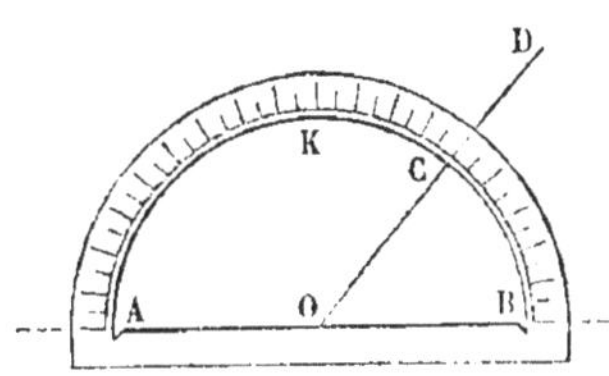

Fig. 69.

Cet instrument sert à mesurer les angles. Si l'on porte le centre O au sommet de l'angle, et que l'on dirige la base OB sur un des côtés, le point du limbe où viendra aboutir l'autre côté de l'angle indiquera, par le numéro le plus voisin, le nombre de degrés et de demi-degrés contenus dans cet angle. Rien de plus facile ensuite que de transporter ou rapporter cet angle partout où l'on voudra, et par suite de résoudre avec cet instrument les problèmes des nos 106, 107 et 108, qui tous reviennent, en définitive, à construire un angle égal à un angle donné.

111. L'équerre se vérifie de la manière suivante. S'étant d'abord assuré, comme on l'a fait pour la règle (96), que les bords sont des lignes

Fig. 70.

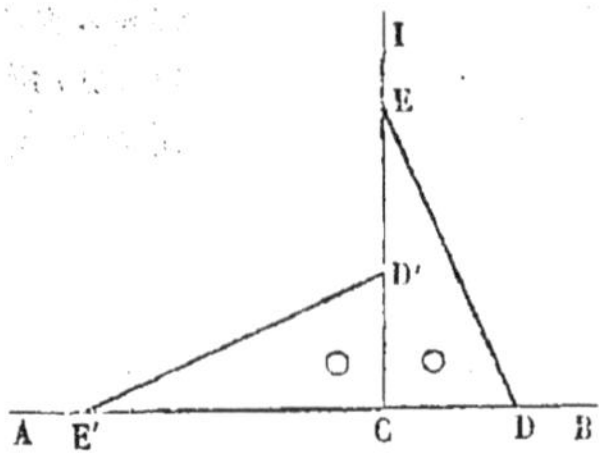

droites, on élèvera, à l'aide de l'équerre placée en DCE (*fig.* 70), une perpendiculaire CI à la droite AB. Faisant ensuite tourner l'équerre autour du point C, on amènera CE en CE' sur le prolongement de DC, CD tombera alors en CD'; et si CD' coïncide avec CI, on en conclura que l'équerre est exacte, car les deux angles adjacents ICB, ICA étant égaux seront nécessairement droits. Si l'angle de l'équerre n'était pas droit, il est clair que les côtés CE et CD' s'écarteraient de part et d'autre de la perpendiculaire, et que par suite CD' ne coïnciderait pas avec CI.

Division d'une droite et d'un arc en deux parties égales. — Décrire une circonférence qui passe par trois points donnés. — D'un point pris hors d'un cercle, mener une tangente à ce cercle. — Mener une tangente commune à deux cercles. — Décrire sur une ligne donnée un segment capable d'un angle donné.

PROBLÈME.

112. *Diviser une droite* AB (fig. 71) *en deux parties égales.*

Fig. 71.

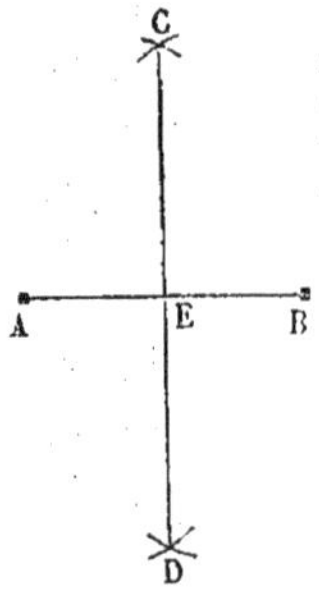

Solution. — Des points A et B, pris successivement pour centre, et avec une ouverture de compas plus grande que la moitié de AB, on décrira deux arcs de cercle qui se couperont en un point C. La droite CD menée de ce point à un autre point D, obtenu de la même manière au-dessous de AB, divisera AB en deux parties égales. En effet, les points C et D étant également distants chacun des points A et B, la droite qui les joint doit se confondre avec la perpendiculaire menée par le milieu de AB (36).

PROBLÈME.

113. *Partager un angle ou un arc en deux parties égales.*

Fig. 72.

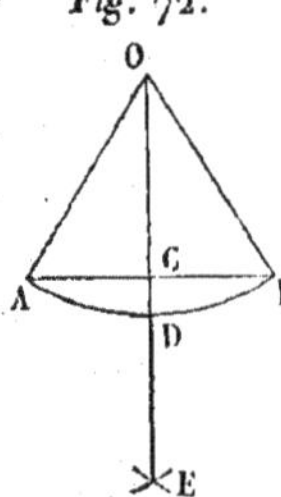

Solution. — Si l'on veut partager l'angle AOB (*fig.* 72) en deux parties égales, on décrira du point O, comme centre, un arc quelconque AB terminé à ses côtés, et la perpendiculaire OE, abaissée du point O sur la droite AB, résoudra le problème. L'arc AB sera aussi divisé en deux parties égales (75).

Remarques. — En appliquant cette construction aux deux moitiés de l'angle ou de l'arc, on les partagera chacune en deux parties égales. L'angle AOB et l'arc AB seront donc partagés en quatre parties égales : on pourrait de même les diviser en 8, 16, 32, etc., et généralement en un nombre de parties marqué par une puissance de 2.

La droite OE qui partage l'angle AOB en deux parties égales se nomme la *bissectrice* de cet angle.

PROBLÈME.

114. *Par trois points* A, B, C (fig. 73), *qui ne sont pas en ligne droite, faire passer une circonférence de cercle.*

Fig 73.

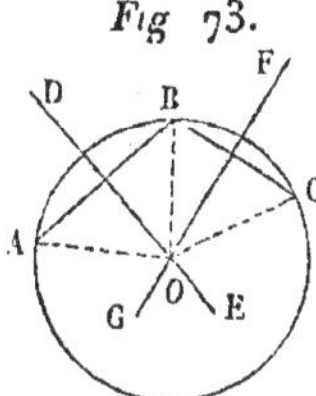

Solution. — Si l'on joint les trois points A, B, C par deux lignes droites AB et BC, ces droites seront des cordes du cercle qui passe par les points proposés. Élevant sur le milieu de AB la perpendiculaire DE, et sur le milieu de BC la perpendiculaire FG, le centre O, qui doit être en même temps sur l'une et sur l'autre de ces perpendiculaires (76), ne pourra se trouver qu'à leur intersection, qui aura nécessairement lieu (48).

Remarque. — On aura une vérification en élevant une perpendiculaire par le milieu de AC. Il est clair que cette perpendiculaire devra passer par le point O.

La même construction servira à trouver le centre d'une circonférence déjà tracée.

PROBLÈME.

115. *D'un point donné* A, *hors d'un cercle* (fig. 74), *mener une tangente à ce cercle.*

Fig. 74.

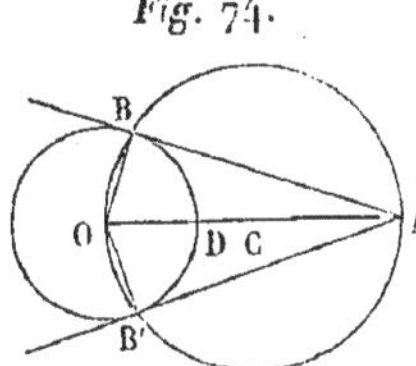

Solution.—On joindra le point A avec le point O, centre du cercle donné, et l'on décrira sur AO, comme diamètre, une circonférence de cercle qui rencontrera le cercle BDB' en deux points B et B': les droites BA et B'A, qui joindront ces points avec le point donné A, seront tangentes au cercle BDB'.

En effet, si l'on tire dans ce cercle les rayons BO et B'O qui dans le cercle BB'A seront des cordes, les angles OBA et OB'A seront droits, puisque leur sommet est sur la circonférence de ce dernier, et que leurs côtés passent par les extrémités de l'un de ses diamètres (91) : donc les droites AB et AB' seront tangentes au cercle BDB' (80).

PROBLÈME.

116. *Mener une tangente commune à deux cercles.*

Solution. — Une tangente commune peut, comme AA' (*fig.* 75, p. 46), rencontrer la ligne des centres sur le prolongement de cette ligne, ou, comme EE' (*fig.* 76, p. 46), rencontrer cette ligne entre les deux centres : nous dirons, dans le premier cas, qu'elle est *extérieure;* et, dans le second, qu'elle est *intérieure.* Examinons successivement ces deux cas.

1°. Supposons le problème résolu, et soit AA′ (*fig.* 75) une tangente commune extérieure à deux cercles O et O′, menons OA et O′A. Ces droites seront perpendiculaires à AA′, et par conséquent parallèles entre elles. Si donc on mène O′B parallèle à AA′ et terminé sur OA, ABO′A′ sera un rectangle, et l'on aura

$$AB = O'A', \quad \text{d'où} \quad OB = OA - O'A'.$$

De plus, puisque l'angle OBO′ est droit, OB est tangente à la circonférence décrite du centre O avec OB comme rayon. Or ce rayon nous est connu, puisqu'il est la différence des deux rayons proposés. Par suite, nous pourrons obtenir le point B, puisqu'il suffira de mener par O une tangente à ce nouveau cercle, ce que nous savons faire (115). De là la construction suivante.

Fig. 75.

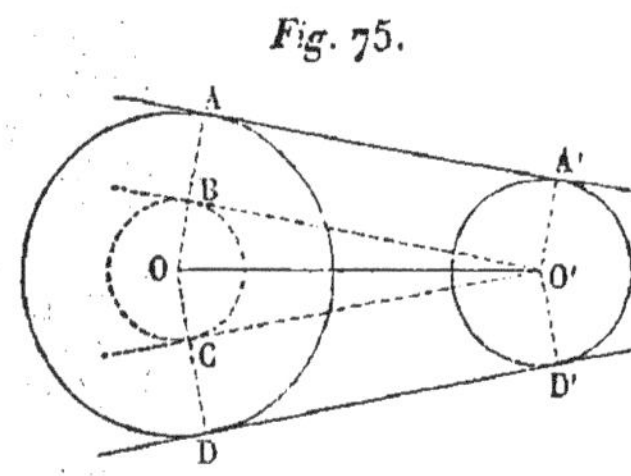

Du centre O de l'un des cercles et d'un rayon égal à la différence des rayons donnés, décrivez une circonférence. Par le point O′ menez O′B tangente en B à ce nouveau cercle. Par le point A, où OB prolongé rencontre la circonférence O, menez AA′ parallèle à O′B : AA′ sera la tangente demandée.

Comme on peut mener par le point O′ deux tangentes au cercle OB, on voit que la construction donnera deux tangentes extérieures, ce qui est d'ailleurs évident.

2°. Une construction analogue et le même raisonnement conduiront à la règle suivante pour le cas d'une tangente intérieure.

Fig. 76.

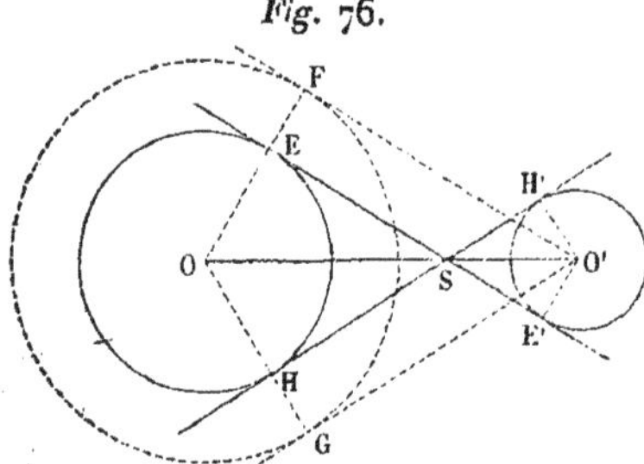

Du centre O (*fig.* 76) décrivez un cercle qui ait pour rayon la somme des rayons donnés. Menez O′F tangente à cette circonférence; joignez OF, et par le point E, où OF rencontre la première circonférence, menez EE′ parallèle à O′F : EE′ sera une tangente intérieure. La même construction en donnera une seconde.

Discussion. — Nous avons considéré deux cercles extérieurs et nous avons trouvé quatre tangentes communes. Il n'en serait pas de même dans toutes les situations relatives que les deux cercles peuvent présenter. Nous engageons le lecteur à examiner lui-même ces différents cas et à voir ce que deviennent alors les constructions précédentes.

117. *Remarque.* — La manière dont nous avons résolu ce problème doit être remarquée, parce qu'elle tient à une méthode que l'on emploie dans toutes les questions où la solution ne s'aperçoit pas immédiatement. On suppose le problème résolu, et l'on trace une figure où les conditions imposées se trouvent à peu près remplies. L'étude de cette figure et les théorèmes connus sug-

gèrent alors les moyens de résoudre effectivement la question. Il n'est pas besoin de dire que cette figure n'est que provisoire et sert uniquement à faire trouver une construction que l'on exécutera ensuite avec tout le soin possible.

PROBLÈME.

118. *Décrire sur une ligne donnée* AB (fig. 77) *un segment de cercle capable d'un angle donné,* c'est-à-dire *tel, que tous les angles inscrits dans ce segment soient égaux à un angle donné.*

Fig. 77.

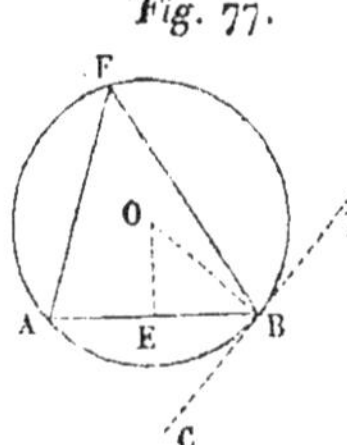

Solution. — Je mène par le point B la droite DC, faisant avec AB un angle ABC égal à l'angle donné. J'élève ensuite par le point B une perpendiculaire à CD, et par le milieu E de AB une perpendiculaire à AB. Du point O, où ces deux perpendiculaires se rencontrent, avec OB comme rayon, je décris le cercle BAF qui est le cercle demandé. En effet, l'angle ABC, étant formé par une corde et une tangente, a pour mesure la moitié de l'arc AB. L'angle AFB a aussi pour mesure la moitié de l'arc AB. On a donc AFB = ABC.

DES LIGNES PROPORTIONNELLES.

Lignes proportionnelles. — Toute parallèle à l'un des côtés d'un triangle divise les deux autres côtés en parties proportionnelles. — Réciproque. — Propriétés de la bissectrice de l'angle d'un triangle.

119. On dit que deux quantités A et B sont proportionnelles à deux autres quantités C et D lorsque le rapport des deux premières est égal au rapport des deux autres, c'est-à-dire lorsqu'on a

$$\frac{A}{B} = \frac{C}{D} \ (*).$$

Ordinairement, les lettres A, B, etc., désignent, non les grandeurs elles-mêmes, mais leur rapport à une certaine unité. Elles représentent donc de véritables nombres, et l'égalité précédente peut être traitée par les règles relatives aux égalités en général. Ainsi, en chassant les dénomi-

(*) Cette égalité se nomme *proportion* et chacune des quantités qui la composent est dite une *quatrième proportionnelle* aux trois autres.

Lorsque C = B, l'égalité devient

$$\frac{A}{B} = \frac{B}{D}.$$

On dit alors que la quantité B est une *moyenne proportionnelle* entre les quantités A et D.

nateurs, on a

$$A \times D = B \times C,$$

et, lorsque $C = B$,

$$B^2 = A \times D.$$

120. Ce que je viens de dire suffit pour faire comprendre le sens des énoncés de Géométrie dans lesquels les mots *proportion, quatrième proportionnelle, etc.*, sont encore employés.

Je me dispenserai de rappeler les diverses transformations auxquelles peut donner lieu l'égalité de rapport, parce qu'elles sont, en général, fort simples, et ne pourront arrêter le lecteur. Je me contenterai de citer le principe suivant, à cause de son fréquent usage :

Dans une suite de rapports égaux, la somme des numérateurs et celle des dénominateurs forment un rapport égal aux premiers.

121. Il sera souvent question dans ce qui suit du *produit de deux lignes.* J'entends par là le produit des nombres qui expriment les rapports de ces lignes à une certaine ligne prise pour unité.

En général, l'étroite correspondance qui existe entre une grandeur et son expression numérique fait qu'on les désigne souvent par la même lettre. Le sens du discours suffira toujours au lecteur intelligent pour éviter toute confusion d'idées. Ainsi, $a + b$ indiquera soit le résultat de l'opération mécanique par laquelle on réunit deux lignes bout à bout à la suite l'une de l'autre, soit l'expression numérique de la somme, si a et b sont les expressions numériques des lignes composantes; ab, $a^2 b$, $a^3 bc$, ne pourront jamais désigner que des nombres.

122. Une droite AB est dite partagée par un point M dans le rapport de deux lignes ou de deux nombres a et b, lorsqu'on a

$$\frac{MA}{MB} = \frac{a}{b},$$

ou

$$\frac{MA}{a} = \frac{MB}{b}.$$

On peut toujours trouver sur une droite AB *un point* M *dont les distances aux points* A *et* B *soient dans un rapport donné* $\frac{a}{b}$ *et l'on ne peut en trouver qu'un seul.*

Fig. 78.

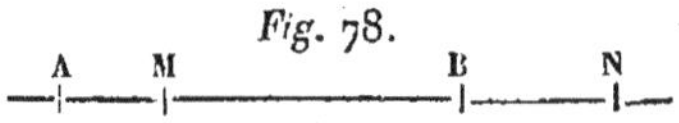

A M B N

En effet, le rapport de MA à MB peut être rendu aussi petit ou aussi grand que l'on veut en prenant le point M suffisamment rapproché du point A, ou du point B, et si l'on fait mouvoir M de A vers B, il augmente constamment, puisque le numérateur MA *augmente* et que le dénominateur MB *diminue*. Ce rapport, qui commence par être moindre que $\frac{a}{b}$ et finit par être plus grand, et qui d'ailleurs varie d'une manière continue, passera donc nécessairement, et une seule fois, par la valeur $\frac{a}{b}$.

De même *il n'existe sur les prolongements de* AB *qu'un seul point* N *dont les distances aux points* A *et* B *soient dans le rapport de* a *à* b. En effet, si l'on a $a > b$, on devra avoir NA > NB et le point N ne pourra être situé qu'à droite du point B. Or, quand le point N est très-près de B, le rapport de NA à NB est très-grand, et quand on s'éloigne de B ce rapport va en diminuant d'une manière continue et se rapproche indéfiniment de l'unité, puisque ses deux termes, lorsque N passe d'une position à une autre, augmentent de la même quantité. Ce rapport, d'abord plus grand que $\frac{a}{b}$ et ensuite moindre, passera donc nécessairement, et une seule fois, par la valeur $\frac{a}{b}$.

Le cas où b serait plus grand que a donnerait lieu à une démonstration analogue.

Application numérique. — Nous verrons plus tard comment on peut déterminer les points M et N par une opération graphique; mais si AB, a, b sont donnés en nombres, les valeurs numériques des distances MA, MB, NA et NB seront faciles à calculer. Par exemple, soient

$$AB = 20, \quad a = 7, \quad b = 5,$$

on aura

$$\frac{MA}{7} = \frac{MB}{5} = \frac{MA + MB}{12} = \frac{24}{12} = 2,$$

d'où

$$MA = 2 \times 7 = 14, \quad MB = 2 \times 5 = 10,$$

et ensuite

$$\frac{NA}{7} = \frac{NB}{5} = \frac{NA - NB}{2} = \frac{24}{2} = 12;$$

d'où

$$NA = 12 \times 7 = 84, \quad NB = 12 \times 5 = 60.$$

THÉORÈME.

123. *Si deux droites* AF *et* GM (fig. 79, p. 50) *sont coupées par un nombre quelconque de parallèles,* AG, BH, CI, *etc., menées par des points pris à des distances égales sur la première, les parties* GH, HI, IK, *etc., de la seconde seront aussi égales entre elles.*

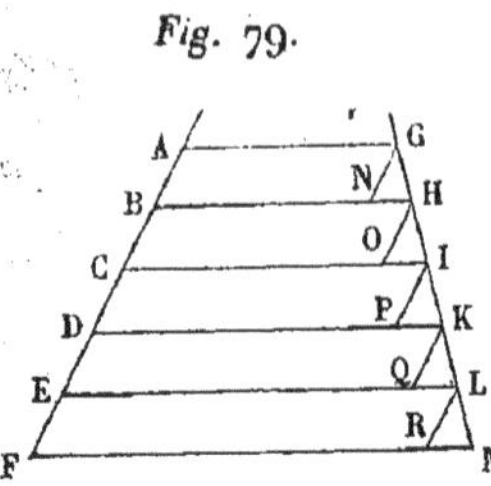

Fig. 79.

Démonstration. — En menant par les points G, H, I, etc., les droites GN, HO, IP, etc., parallèles à AF, on forme les triangles GNH, HOI, IPK, etc., dans lesquels les côtés NG, OH, IP, etc., étant respectivement égaux à AB, BC, CD, etc., comme parallèles comprises entre parallèles (49), sont égaux entre eux. Les angles NGH, OHI, PIK, etc., sont égaux comme correspondants, par rapport à la sécante GM; et enfin les angles GNH, HOI, IPK, etc., sont égaux, parce qu'ils ont les côtés parallèles et dirigés dans le même sens (51). Ces triangles ayant donc, chacun à chacun, un côté égal, adjacent à deux angles égaux, sont égaux (21); d'où il suit que les côtés GH, HI, IK, etc., le sont aussi.

THÉORÈME.

124. *Trois parallèles*, AG, DK, FM (fig. 80), *coupent toujours deux droites quelconques*, AF *et* GM, *en parties proportionnelles.*

Fig. 80.

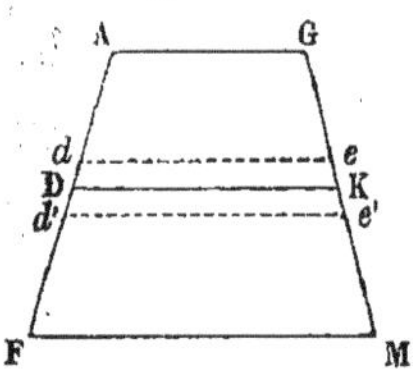

Démonstration. — Si AD est commensurable avec AF, et que l'on ait, par exemple,

$$\frac{AF}{AD} = \frac{47}{25};$$

la droite AF étant divisée en 47 parties égales, AD en contiendra 25, et DF 22. Menant ensuite par toutes les divisions des parallèles à FM, on divisera la droite GM en 47 parties égales, dont 25 composeront GK, et 22 composeront KM; on aura donc

$$\frac{AD}{DF} = \frac{25}{22}, \qquad \frac{GK}{KM} = \frac{25}{22};$$

d'où il suit

$$\frac{AD}{DF} = \frac{GK}{KM}.$$

Si AF et AD sont incommensurables, on prouvera, comme on l'a fait au n° 87, que toute valeur approchée de $\frac{AD}{DF}$ est aussi, au même degré d'approximation, une valeur approchée de $\frac{GK}{KM}$, ce qui démontre l'égalité de ces deux rapports.

125. Ier *Corollaire.* — La proposition étant vraie quelle que soit la distance

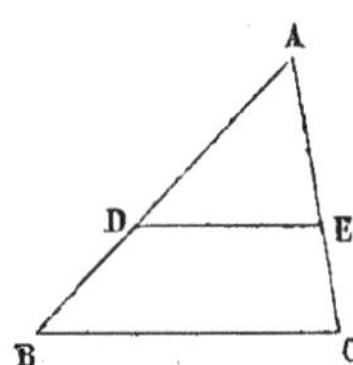

Fig. 81.

AG, sera encore vraie si le point G se réunit au point A. Donc :

Si l'on mène dans un triangle ABC (fig. 81), DE *parallèle à l'un des côtés* BC, *les deux autres côtés seront coupés en parties proportionnelles par cette droite.*

126. IIe *Corollaire.* — Réciproquement, *une droite* DE *qui coupe en parties proportionnelles les deux côtés* AB *et* AC *d'un triangle* ABC, *est parallèle au troisième côté* BC.

En effet, une parallèle à BC menée par le point D devant couper AC en parties proportionnelles à AD et à DB, passera par le point E (122); elle se confondra donc avec DE.

THÉORÈME.

127. *La droite* BD (fig. 82), *bissectrice de l'angle* B *d'un triangle quelconque* ABC, *coupe le côté opposé* AC *en un point dont les distances aux points* A *et* C *sont proportionnelles aux côtés adjacents, c'est-à-dire qu'on aura*

Fig. 82.

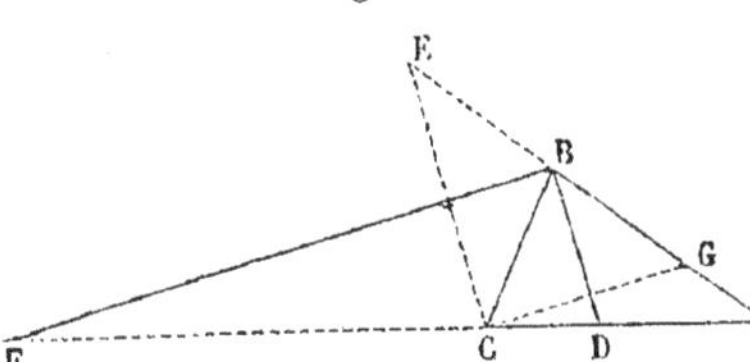

$$\frac{AD}{DC} = \frac{AB}{BC}.$$

Démonstration. — Si l'on mène CE parallèle à BD, on aura (125)

$$\frac{AD}{DC} = \frac{AB}{BE};$$

de plus, le triangle CBE est isocèle; car l'angle BCE est égal à CBD, comme alternes-internes par rapport à la sécante BC; l'angle BEC est égal à l'angle ABD, comme correspondant par rapport à la sécante AE, et les angles ABD et CBD sont égaux comme moitiés du même angle ABC: donc les angles BCE et BEC le sont aussi; donc BE est égal à BC (25); donc, enfin,

$$\frac{AD}{DC} = \frac{AB}{BC}.$$

128. *Remarques.* — 1°. Comme il n'y a qu'un point situé sur AC et dont les distances aux points A et C soient dans le rapport de BA à BC (122), il en résulte que réciproquement *toute droite qui passe par le sommet d'un triangle, et qui partage le côté opposé en parties proportionnelles aux côtés adjacents, est la bissectrice de l'angle par le sommet duquel on l'a menée.*

2°. *La bissectrice de l'angle extérieur* CBE *coupe le prolongement du côté* AC *en un point* F *dont les distances aux points* A *et* C *sont proportionnelles aux côtés adjacents, c'est-à-dire qu'on aura*

$$\frac{FA}{FC} = \frac{BA}{BC}.$$

Ce théorème est analogue au précédent (127) et se démontre de la même manière : c'est pourquoi je ne m'y arrête pas ; mais voici une conséquence qu'il est bon de remarquer : comme l'angle FBD est la moitié de l'angle EBC, et CBD la moitié de CBA, il en résulte

$$FBD = \frac{EBC + CBA}{2} = \text{un angle droit.}$$

Donc le triangle FBD est rectangle, et une circonférence ayant FD pour diamètre doit passer par le point B (91).

Or, si l'on suppose le point B mobile de telle sorte que le rapport de ses distances aux points fixes C et A soit toujours le même, les points D et F ne changeront pas, en sorte que le point B ne cessera pas d'être sur la circonférence ayant FD pour diamètre. De là ce théorème : *Le lieu des points tels que le rapport de leurs distances à deux points fixes soit toujours le même, est une circonférence de cercle.*

DE LA SIMILITUDE.

Polygones semblables. — En coupant un triangle par une parallèle à un de ses côtés, on détermine un triangle partiel semblable au premier. Conditions de similitude des triangles.

129. On nomme *polygones semblables*, ceux dont les angles sont égaux, et dont les côtés homologues (ou semblablement placés) sont proportionnels.

Le rapport de deux côtés homologues se nomme *rapport de similitude.*

THÉORÈME.

130. *Une droite* DE *parallèle au côté* BC *du triangle* ABC (fig. 83) *détermine un second triangle* ADE *semblable au premier.*

Fig. 83.

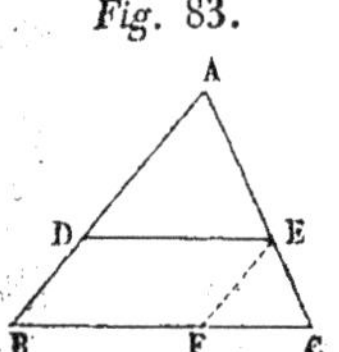

Démonstration. — Les deux triangles ont d'abord leurs angles égaux, savoir : A commun, ADE = B comme correspondants, AED = C par la même raison. Ensuite on a (125) :

$$\frac{AD}{AB} = \frac{AE}{AC};$$

mais si l'on mène EF parallèle à AB, on aura

$$\frac{AE}{AC} = \frac{BF}{BC}.$$

Or BF = DE comme parallèles comprises entre parallèles; donc

$$\frac{AE}{AC} = \frac{DE}{BC},$$

et, par suite,

$$\frac{AD}{AB} = \frac{AE}{AC} = \frac{DE}{BC}.$$

Ainsi les deux triangles ont leurs angles égaux et leurs côtés proportionnels; ils sont donc semblables.

THÉORÈME.

131. *Deux triangles sont semblables lorsqu'ils ont un angle égal, chacun à chacun, compris entre des côtés proportionnels.*

Fig. 84.

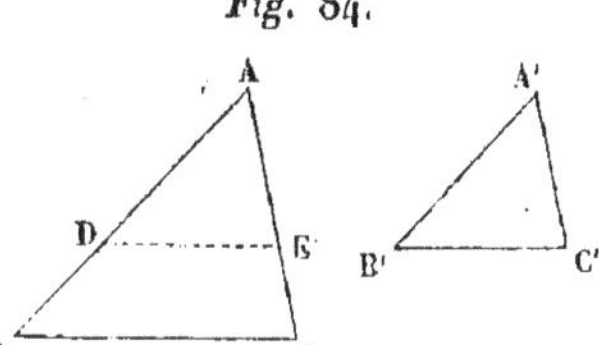

Démonstration. — Si l'angle A du triangle ABC (*fig.* 84) est égal à l'angle A' du triangle A'B'C', et que l'on ait

$$\frac{AB}{A'B'} = \frac{AC}{A'C'},$$

on prendra, sur les côtés AB et AC du premier triangle, deux parties AD et AE, respectivement égales à A'B' et à A'C', d'où résultera le triangle ADE égal au triangle A'B'C' (19). D'ailleurs la droite DE, qui coupe les côtés du triangle BAC en parties proportionnelles, puisqu'on a

$$\frac{AB}{AC} = \frac{A'B'}{A'C'} = \frac{AD}{AE},$$

sera parallèle à BC (126); par conséquent, les triangles ABC et AEF seront semblables (130). Mais ADE est égal à A'B'C'; donc A'B'C' est semblable à ABC.

THÉORÈME.

132. *Deux triangles sont semblables lorsqu'ils ont leurs angles égaux chacun à chacun.*

Démonstration. — Supposons que les deux triangles ABC et A'B'C'(*fig.* 84) aient leurs angles égaux. Prenons sur AB, AD = A'B', et menons DE parallèle à BC. L'angle ADE, étant égal à l'angle B comme correspondant, sera égal à l'angle B', puisque B = B' par l'hypothèse. Il en résulte que les deux triangles A'B'C' et ADE ont un côté égal adjacent à deux angles égaux chacun à chacun. Donc ils sont égaux. Mais le triangle ADE est semblable à ABC. Donc il en est de même de A'B'C'.

133. *Corollaires.* — Il suit de la proposition précédente que *deux triangles sont semblables :* 1°. *Lorsqu'ils ont seulement deux angles égaux chacun à chacun,* puisque le troisième angle de l'un est nécessairement égal au troisième angle de l'autre (56);

2°. *Lorsque leurs côtés sont respectivement parallèles ;*

3°. *Lorsque leurs côtés sont respectivement perpendiculaires.*

Pour démontrer le second corollaire, soient

$$A,\ B,\ C$$

les angles d'un triangle, et

$$A',\ B',\ C'$$

ceux d'un second triangle dont les côtés sont respectivement parallèles aux côtés du premier.

On sait (51, 52 et 53) que deux angles, dont les côtés sont respectivement parallèles, sont égaux ou valent, pris ensemble, deux angles droits. Par conséquent, on aura $A = A'$, ou bien $A + A' = 180°$; $B = B'$, ou bien $B + B' = 180°$; $C = C'$, ou bien $C + C' = 180°$.

Mais on ne peut pas supposer que l'on ait en même temps

$$A + A' = 180°,\quad B + B' = 180°,\quad C + C' = 180°,$$

puisque la somme des angles des deux triangles serait alors égale à six droits, ce qui est contraire à la proposition (55), d'après laquelle cette somme doit être égale à quatre droits. Donc il faut admettre que l'un, au moins, des angles du premier triangle est égal à celui qui lui correspond dans le second, par exemple que $A = A'$.

On ne peut pas supposer maintenant

$$B + B' = 180° \quad \text{et} \quad C + C' = 180°,$$

puisque la somme de quatre des six angles vaudrait seule quatre angles droits. Donc l'un des deux angles B ou C doit être égal à B' ou C'. Supposons que $B = B'$; alors (56), puisque déjà $A = A'$, on aura $C = C'$, et les deux triangles, ayant leurs angles égaux, seront semblables (132).

Le troisième corollaire se démontrera absolument de la même manière, puisque deux angles qui ont leurs côtés respectivement perpendiculaires sont égaux ou valent ensemble deux angles droits (54).

THÉORÈME.

134. *Deux triangles qui ont les côtés proportionnels, chacun à chacun, sont semblables.*

Démonstration. — Supposons que les côtés des triangles ABC, A'B'C' (*fig.* 84, p. 53), présentent cette suite de rapports égaux :

$$\frac{AB}{A'B'} = \frac{AC}{A'C'} = \frac{BC}{B'C'}.$$

Si l'on prend sur AB une partie AD égale à A'B', et qu'on mène une droite DE parallèle à BC, les triangles ABC et ADE, semblables entre eux (130), donneront

$$\frac{AB}{AD} = \frac{AC}{AE} = \frac{BC}{DE};$$

mais, parce que AD est égal à A'B', tous les rapports de la seconde suite seront égaux à ceux de la première, et comme les numérateurs sont les mêmes de part et d'autre, les dénominateurs seront aussi les mêmes : on aura donc

$$AE = A'C', \quad DE = B'C'.$$

Il suit de là que le triangle A'B'C' est égal au triangle ADE ; et, par conséquent, semblable au triangle ABC.

Décomposition d'un polygone en triangles semblables. — Rapport des périmètres.

THÉORÈME.

135. *Deux polygones semblables peuvent se décomposer en triangles semblables.*

Fig. 85.

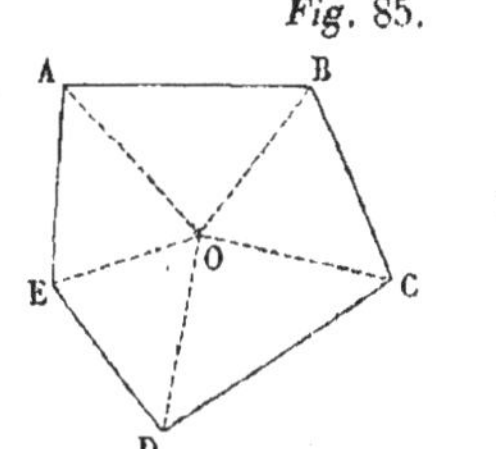

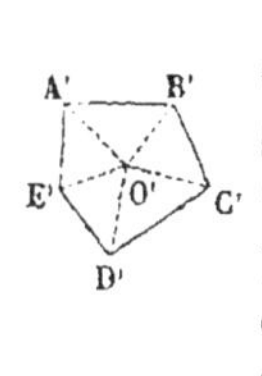

Démonstration. — Soient ABCDE et A'B'C'D'E' (*fig.* 85), deux polygones semblables. Joignons un point O à tous les sommets du premier polygone. Aux points A' et B' du second, menons deux droites faisant avec A'B' des angles respectivement égaux aux angles OAB et OBA. Ces deux droites se couperont en un point O', et je dis que si l'on joint O' à tous les sommets du second polygone, on décomposera ce dernier en triangles semblables à ceux qui composent le premier.

En effet, les deux triangles OAB et O'A'B' sont semblables, puisqu'ils ont deux angles égaux chacun à chacun (132). Il en résulte

$$\frac{OB}{O'B'} = \frac{AB}{A'B'};$$

mais par l'hypothèse

$$\frac{AB}{A'B'} = \frac{BC}{B'C'};$$

donc

$$\frac{OB}{O'B'} = \frac{BC}{B'C'}.$$

En outre OBC, différence des deux angles

$$ABC, \quad OBA,$$

est égal à O'B'C', différence des deux angles

$$A'B'C', \quad O'B'A',$$

respectivement égaux aux premiers. Donc les deux triangles OBC et O'B'C' sont semblables comme ayant un angle égal compris entre côtés proportionnels. On démontrerait de la même manière la similitude des triangles OCD et O'C'D', ODE et O'D'E', etc.

136. *Remarques.* — 1°. Réciproquement *deux polygones composés de triangles semblables et semblablement disposés sont semblables;* car si l'on suppose que les deux polygones de la *fig.* 85 soient dans ce cas, les

angles ABC et A'B'C', BCD et B'C'D', etc., seront égaux comme composés d'angles respectivement égaux. On aura ensuite

$$\frac{OB}{O'B'} = \frac{AB}{A'B'},$$

à cause de la similitude des deux triangles OAB et O'A'B', et

$$\frac{OB}{O'B'} = \frac{BC}{B'C'},$$

à cause de la similitude des deux triangles suivants. Donc

$$\frac{AB}{A'B'} = \frac{BC}{B'C'}.$$

On démontrerait de même que $\frac{BC}{B'C'} = \frac{CD}{C'D'}$, etc.; donc les deux polygones qui ont déjà, comme on l'a vu plus haut, leurs angles égaux, ont, en outre, leurs côtés proportionnels : ils sont donc semblables.

2°. Les points O et O' sont dits *points homologues*. Si le point O coïncidait avec un sommet du premier polygone, le point O' coïnciderait avec le sommet homologue du second.

On appelle *droites homologues* deux droites qui joignent des points respectivement homologues. Il est facile de voir que le rapport de deux droites homologues est égal au rapport de similitude.

Fig. 86.

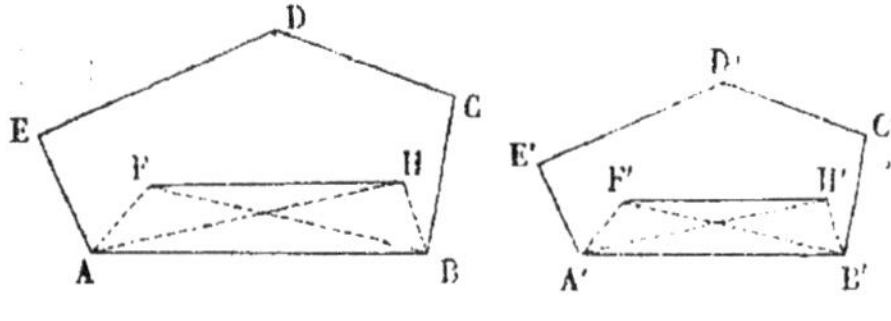

En effet, prenons (*fig.* 86) deux droites homologues FH et F'H', menons FA, FB, HA, HB, et les droites correspondantes dans l'autre polygone.

Puisque les points F et F' sont homologues, les triangles FAB et F'A'B' sont semblables, et l'on a

$$\text{angle FAB} = \text{angle F'A'B'},$$

$$\frac{FA}{F'A'} = \frac{AB}{A'B'};$$

on a de même

$$\text{angle HAB} = \text{angle H'A'B'},$$

et

$$\frac{HA}{H'A'} = \frac{AB}{A'B'};$$

de là on conclut

$$\text{angle FAH} = \text{angle F'A'H'},$$

et

$$\frac{FA}{F'A'} = \frac{HA}{H'A'}.$$

Les deux triangles FAH et F'A'H' ont donc un angle égal compris entre des côtés proportionnels; donc ils sont semblables, et l'on a

$$\frac{FH}{F'H'} = \frac{AF}{A'F'} = \frac{AB}{A'B'}.$$

3°. Les théorèmes précédents subsistent pour des points homologues *extérieurs,* pourvu que l'on regarde un polygone comme composé de triangles lorsqu'on pourra l'obtenir en réunissant ces triangles les uns par *addition,* les autres par *soustraction.* Ainsi, le polygone ABCDE (*fig.* 87) sera dit composé des triangles SAB, SAE, SED, SBC, SCD, parce qu'on a

$$\mathrm{ABCDE} = \mathrm{SAB} + \mathrm{SAE} + \mathrm{SED} - \mathrm{SBC} - \mathrm{SCE}.$$

Quant au raisonnement, le seul changement qu'il y aura consistera en ce que certains angles qui étaient la somme d'angles respectivement égaux dans l'un des cas, en seront la différence dans l'autre.

137. *Si l'on joint un point* S *à tous les sommets du polygone* ABCDE (fig. 87 ou 88), *et que l'on prenne sur les droites* SA, SB, etc., *les points* A′, B′, C′, etc., *de telle sorte que*

$$\frac{\mathrm{SA}'}{\mathrm{SA}} = \frac{\mathrm{SB}'}{\mathrm{SB}} = \frac{\mathrm{SC}'}{\mathrm{SC}} = \frac{\mathrm{SD}'}{\mathrm{SD}} = \frac{\mathrm{SE}'}{\mathrm{SE}},$$

le polygone A′B′C′D′E′ *sera semblable à* ABCDE.

Fig. 87.

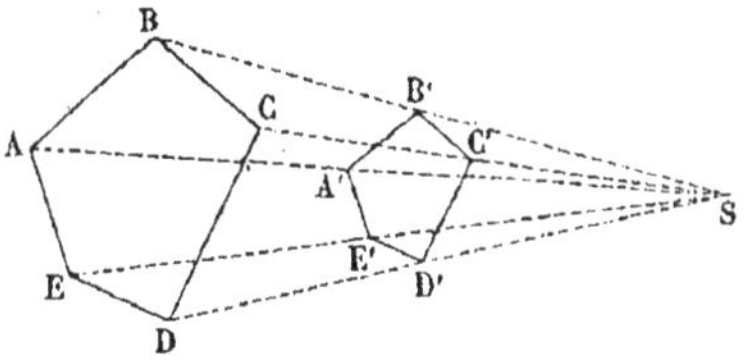

En effet, puisque $\frac{\mathrm{SA}'}{\mathrm{SA}} = \frac{\mathrm{SB}'}{\mathrm{SB}}$, (*fig.* 87 et 88) A′B′ sera parallèle à AB, et le triangle SA′B′ sera semblable au triangle SAB. On fera voir de la même manière que les triangles SBC, SB′C′ sont semblables, et ainsi de suite. Les deux polygones ABCDE et A′B′C′D′E′ sont donc semblables comme composés (136, 3°) de triangles semblables et semblablement disposés.

La réciproque de cette proposition est vraie; je me contenterai de l'énoncer.

Lorsque deux polygones semblables ABCDE, A′B′C′D′E′ (fig. 87 ou 88) *ont leurs côtés parallèles, les droites* AA′, BB′, etc., *qui joignent les sommets homologues concourent au même point.*

Fig. 88.

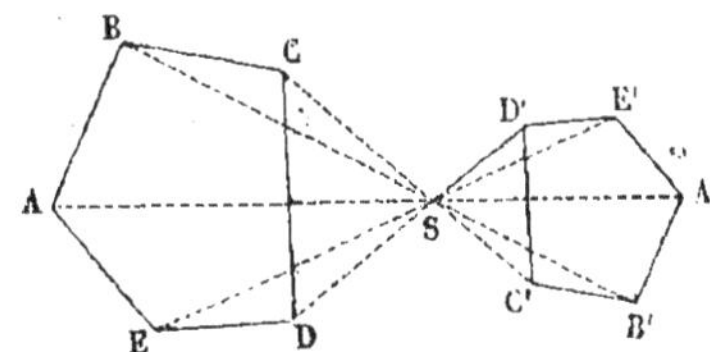

Remarque. — Le point S s'appelle *centre de similitude.*

Plusieurs instruments ingénieux destinés à réduire des dessins sont fondés sur la propriété que nous venons de démontrer.

THÉORÈME.

138. *Les périmètres de deux polygones semblables sont dans le même rapport que les côtés homologues.*

Démonstration. — Les polygones ABCDE et A′B′C′D′E′ (*fig.* 86, p. 56) étant supposés semblables, on a

$$\frac{AB}{A'B'} = \frac{BC}{B'C'} = \frac{CD}{C'D'} = \frac{DE}{D'E'} = \frac{EA}{E'A'};$$

d'où l'on tire, d'après le théorème rappelé au n° 121,

$$\frac{AB + BC + CD + DE + EA}{A'B' + B'C' + C'D' + D'E' + E'A'} = \frac{AB}{A'B'}.$$

C. Q. F. D.

Relations entre la perpendiculaire abaissée du sommet de l'angle droit d'un triangle rectangle sur l'hypoténuse, les segments de l'hypoténuse, l'hypoténuse elle-même et les côtés de l'angle droit.

THÉORÈME.

139. *Si de l'angle droit d'un triangle rectangle on abaisse une perpendiculaire sur l'hypoténuse :* 1°. *Cette perpendiculaire partagera le triangle en deux autres qui lui seront semblables, et qui le seront, par conséquent, entre eux.*

2°. *Elle divisera l'hypoténuse en deux parties ou* segments *tels, que chaque côté de l'angle droit sera moyen proportionnel entre le segment qui lui est adjacent et l'hypoténuse entière.*

3°. *La perpendiculaire sera moyenne proportionnelle entre les deux segments de l'hypoténuse*

Fig. 89.

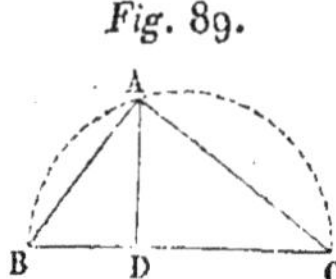

Démonstration. — Le triangle ABC (*fig.* 89) étant supposé rectangle en A, et AD étant perpendiculaire sur BC, les triangles ABC et ABD seront semblables (132); car ils auront, chacun à chacun, deux angles égaux; savoir : l'angle B, qui leur est commun, et l'angle droit BAC dans le premier, égal à l'angle droit ADB dans le second. Le triangle ADC est, par les mêmes raisons, semblable au triangle ABC.

Si l'on compare successivement chacun des deux triangles ABD et ADC avec le triangle ABC, en observant que les angles BAD et CAD sont respectivement égaux aux angles C et B, on trouvera, entre leurs côtés homologues, ces proportions :

$$\frac{BD}{AB} = \frac{AB}{BC}, \quad \frac{CD}{AC} = \frac{AC}{BC}, \quad \text{ou} \quad \overline{AB}^2 = BD \times BC, \ \overline{AC}^2 = CD \times BC$$

qui constituent la seconde partie de la proposition.

Comparant ensuite les triangles ABD et ACD l'un à l'autre, on aura

$$\frac{BD}{AD} = \frac{AD}{CD}, \quad \text{ou} \quad \overline{AD}^2 = BD \times DC,$$

ce qui forme la troisième partie de l'énoncé ci-dessus.

140. *Remarque.* — La ligne BD est dite la *projection* de AB sur BC. La seconde partie de l'énoncé revient donc à dire que *chaque côté de l'angle droit*

est moyen proportionnel entre l'hypoténuse et sa projection sur l'hypoténuse.

Si l'on construit un cercle sur BC comme diamètre, le sommet A sera sur la circonférence (91), et par suite les théorèmes que nous venons de démontrer peuvent encore s'énoncer ainsi :

Une perpendiculaire abaissée d'un point de la circonférence sur un diamètre est moyenne proportionnelle entre les deux segments du diamètre.

Une corde est moyenne proportionnelle entre sa projection sur le diamètre qui passe par une de ses extrémités et ce diamètre.

Application numérique. — Soit $BD = 12$, $DC = 27$, on demande de déterminer AB, AC et AD.

On aura

$$\overline{AB}^2 = (12+27)\times 12 = 39\times 12 = 468;$$
$$\overline{AC}^2 = (12+27)\times 27 = 39\times 27 = 1053;$$
$$\overline{AD}^2 = 12\times 27 = 324;$$

d'où

$$AB = \sqrt{468} = 68,41;$$
$$AC = \sqrt{1053} = 32,44;$$
$$AD = \sqrt{324} = 18.$$

Relations entre le carré du nombre qui exprime la longueur du côté d'un triangle opposé à un angle droit, aigu ou obtus, et les carrés des nombres qui expriment les longueurs des deux autres côtés.

THÉORÈME.

141. *Les trois côtés d'un triangle rectangle étant rapportés à une mesure commune et exprimés par conséquent en nombres, la seconde puissance du nombre qui exprime la longueur de l'hypoténuse est égale à la somme des secondes puissances des nombres qui expriment les longueurs des deux autres côtés.*

Démonstration. — En effet, si l'on ajoute membre à membre les égalités (139, 2°)

$$\overline{AB}^2 = BC\times BD$$
$$\overline{AC}^2 = BC\times CD,$$

on aura

$$\overline{AB}^2 + \overline{AC}^2 = BC\,(CD+BD);$$

et, puisque $BD + DC = BC$,

$$\overline{AB}^2 + \overline{AC}^2 = \overline{BC}^2.$$

Application numérique. — Il suit de là que l'on peut trouver l'hypoténuse d'un triangle rectangle dont on a les deux autres côtés. Si, par exemple, $AB = 3$, $AC = 4$ (*fig.* 89), on aura

$$\overline{BC}^2 = 9+16 = 25, \quad \text{d'où} \quad BC = \sqrt{25} = 5.$$

On peut aussi trouver un des côtés do l'angle droit, quand on connaît l'autre et l'hypoténuse, parce que de

$$\overline{BC}^2 = \overline{AB}^2 + \overline{AC}^2 \quad \text{on tire} \quad \overline{AB}^2 = \overline{BC}^2 - \overline{AC}^2.$$

Si, par exemple, $BC = 13$, $AC = 12$, on aura

$$\overline{AB}^2 = 169 - 144 = 25, \quad \text{d'où} \quad AB = 5.$$

En général,

$$BC = \sqrt{\overline{AB}^2 + \overline{BC}^2}, \quad AB = \sqrt{\overline{BC}^2 - \overline{AC}^2}.$$

THÉORÈME.

142. *Les trois côtés d'un triangle quelconque étant rapportés à une mesure commune, et exprimés par conséquent en nombres, la seconde puissance d'un côté sera égale à la somme des secondes puissances des deux autres côtés, moins deux fois le produit de l'un de ces deux derniers par la projection de l'autre sur celui-là si l'angle opposé au premier côté est aigu, et plus deux fois le même produit si cet angle est obtus: c'est-à-dire qu'on aura dans le premier cas* (fig. 90)

$$\overline{AB}^2 = \overline{AC}^2 + \overline{BC}^2 - 2BC \times CD,$$

et dans le deuxième (*fig* 91)

$$\overline{AB}^2 = \overline{AC}^2 + \overline{BC}^2 + 2BC \times CD.$$

Fig. 90.

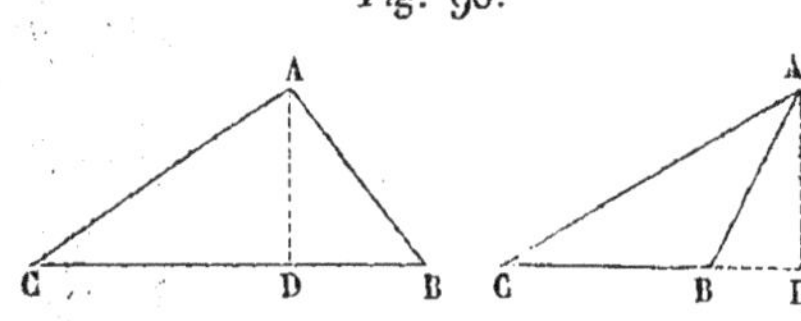

Démonstration. — 1°. Quand la perpendiculaire AD (*fig.* 90) partage ABC en deux triangles ABD, ACD, rectangles en D, le premier donne d'abord, en vertu du numéro précédent,

$$\overline{AB}^2 = \overline{AD}^2 + \overline{BD}^2,$$

et l'on tire du second,

$$\overline{AD}^2 = \overline{AC}^2 - \overline{CD}^2;$$

mais, puisque BD est la différence entre BC et CD, on a (*)

$$\overline{BD}^2 = \overline{BC}^2 + \overline{CD}^2 - 2BC \times CD;$$

ajoutant ces trois égalités et réduisant, on aura

$$\overline{AB}^2 = \overline{AC}^2 + \overline{BC}^2 - 2BC \times CD.$$

(*) En vertu de la formule

$$(a - b)^2 = a^2 + b^2 - 2ab.$$

Dans le second triangle de la *fig.* 90, où la perpendiculaire tombe hors de la base, la différence consiste en ce que BD = CD — BC, au lieu qu'on avait, dans le premier, BD = BC — CD; mais on a toujours, pour le carré,

$$\overline{BC}^2 + \overline{CD}^2 - 2\,CD \times BC.$$

Ainsi $\overline{AB}^2$ a la même valeur que ci-dessus : voilà le premier cas du théorème.

Fig. 91.

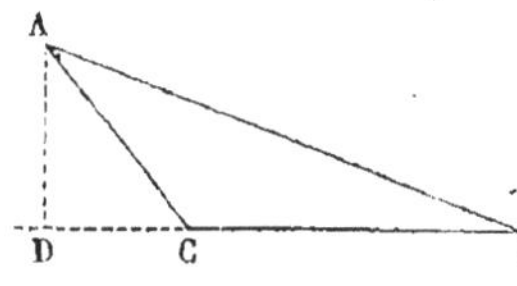

2°. Lorsque le côté AB (*fig.* 91) est opposé à un angle obtus, la perpendiculaire tombe nécessairement hors du triangle ABC; on trouve encore par les triangles ACD et ABD, rectangles en D,

$$\overline{AB}^2 = \overline{AD}^2 + \overline{BD}^2,$$
$$\overline{AD}^2 = \overline{AC}^2 - \overline{CD}^2.$$

Mais BD étant la somme des segments BC et CD, on a (*)

$$\overline{BD}^2 = \overline{BC}^2 + \overline{CD}^2 + 2\,BC \times CD;$$

ajoutant et réduisant,

$$\overline{AB}^2 = \overline{AC}^2 + \overline{BC}^2 + 2\,BC \times CD.$$

Tel est le second cas de l'énoncé.

143. Ier *Corollaire.* — En rapprochant ce théorème du précédent, on en conclura que, dans un triangle, la seconde puissance d'un côté est *inférieure, égale* ou *supérieure* à la somme des secondes puissances des deux autres côtés, suivant que l'angle opposé à ce côté est *aigu, droit* ou *obtus*, et que dès lors on peut, lorsque l'on connaît les côtés d'un triangle, savoir de quelle espèce est l'angle opposé à l'un quelconque des côtés.

Ces remarques étant appliquées au triangle dont les côtés sont exprimés par 5, 7, 8, et leurs secondes puissances par 25, 49, 64, il en résulte que l'angle opposé au côté 8 est aigu, puisque la seconde puissance de ce côté étant 64, se trouve moindre que la somme 74 des secondes puissances des deux autres côtés.

Formules. — En appelant a, b, c les côtés d'un triangle, p la projection du côté c sur le côté b, et A l'angle opposé au côté a, on aura

$a^2 = b^2 + c^2 - 2bp$, si A est *aigu;*
$a^2 = b^2 + c^2 + 2bp$, si A est *obtus;*
$a^2 = b^2 + c^2$, si A est *droit.*

(*) En vertu de la formule

$$(a+b)^2 = a^2 + b^2 + 2ab.$$

144. IIe *Corollaire.* — Considérons dans le triangle ABC (*fig.* 92) la droite AD qui va du sommet A au milieu du côté BC, ligne qu'on nomme *médiane.* Soit DE la projection de AD sur BC. Les deux triangles ABD et ADC ayant le premier un angle aigu en D, le second un angle obtus, on aura

Fig. 92.

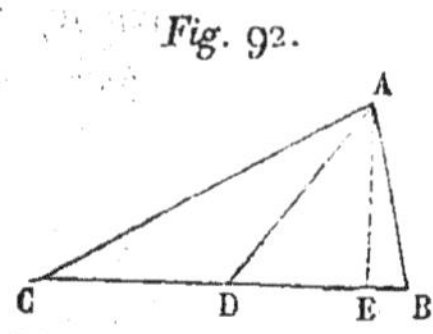

$$\overline{AB}^2 = \overline{AD}^2 + \overline{BD}^2 - 2BD \times DE,$$

$$\overline{AC}^2 = \overline{AD}^2 + \overline{CD}^2 + 2CD \times DE;$$

ajoutant et ayant égard à ce que BD = CD, on aura

$$\overline{AB}^2 + \overline{AC}^2 = 2\overline{AD}^2 + 2\overline{BD}^2,$$

théorème qui s'énonce ainsi : *La somme des carrés de deux côtés d'un triangle est égale à deux fois le carré de la médiane relative au troisième côté, plus deux fois le carré de la moitié de ce troisième côté.*

145. IIIe *Corollaire.* — Soient E et F les milieux des diagonales AC et BD du quadrilatère ABCD (*fig.* 93). On a, d'après le corollaire précédent,

Fig. 93.

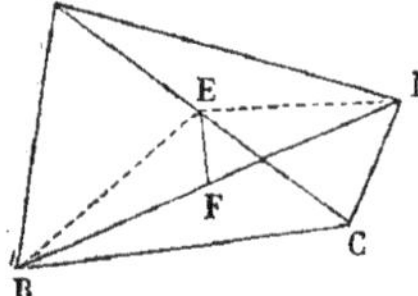

$$\overline{AB}^2 + \overline{BC}^2 = 2\overline{BE}^2 + 2\overline{CE}^2,$$

$$\overline{CD}^2 + \overline{DA}^2 = 2\overline{DE}^2 + 2\overline{CE}^2,$$

$$\overline{BE}^2 + \overline{DE}^2 = 2\overline{EF}^2 + 2\overline{DF}^2.$$

Multipliant par 2 la dernière égalité, ajoutant et réduisant, nous aurons

$$\overline{AB}^2 + \overline{BC}^2 + \overline{CD}^2 + \overline{DA}^2 = 4\overline{CE}^2 + 4\overline{DF}^2 + 4\overline{EF}^2$$

$$= \overline{AC}^2 + \overline{BD}^2 + 4\overline{EF}^2.$$

Ainsi *la somme des carrés des côtés d'un quadrilatère est égale à la somme des carrés des diagonales, plus quatre fois le carré de la droite qui joint les milieux des diagonales.*

Dans un parallélogramme EF est nul. Donc *la somme des carrés des côtés d'un parallélogramme est égale à la somme des carrés des diagonales.*

Si d'un point pris dans le plan d'un cercle on mène des sécantes, le produit des distances de ce point aux deux points d'intersection de chaque sécante avec la circonférence est constant, quelle que soit la direction de la sécante. — Cas où elle devient tangente.

THÉORÈME.

146. *Si d'un point* E, *pris dans le plan du cercle* ABCD (fig. 94 ou 96), *on mène des sécantes, le produit des distances de ce point aux deux points d'intersection de chaque sécante avec la circonférence est constant, quelle que soit la direction de la sécante.*

Fig. 94.

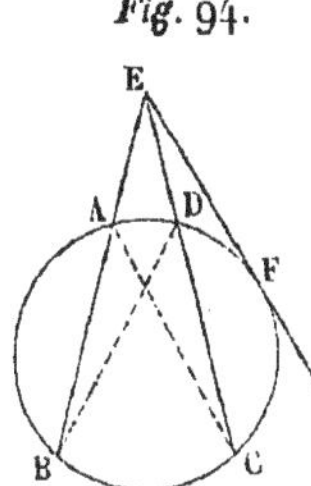

Démonstration. — 1°. Si le point considéré E est extérieur, en tirant les cordes AC et DB (*fig.* 94), on forme les triangles AEC et BED qui sont semblables comme ayant, chacun à chacun, deux angles égaux (132), savoir : l'angle ACD et l'angle ABD qui ont pour mesure la moitié du même arc AD (91), puis l'angle AED qui leur est commun. Comparant leurs côtés homologues, on obtiendra la proportion

$$\frac{AE}{DE} = \frac{CE}{BE};$$

d'où l'on conclut

$$AE \times BE = CE \times DE,$$

conformément à l'énoncé.

147. *Remarque.* — Si l'on conçoit que la sécante EC tourne autour du point E en s'avançant vers F pour se dégager du cercle, les points C et D se rapprocheront sans cesse, et la différence entre cette sécante et sa partie extérieure deviendra de plus en plus petite. La proposition ci-dessus ne cessant point pour cela d'être vraie, il est naturel d'en conclure qu'elle aura encore lieu lorsque cette différence sera nulle, c'est-à-dire lorsque la ligne CE étant devenue la tangente EF, la partie extérieure sera devenue égale à la ligne entière. On aura, dans ce cas,

$$\overline{EF}^2 = AE \times BE,$$

ce qui nous apprend que la tangente EF est moyenne proportionnelle entre la sécante BE et sa partie extérieure AE.

Fig. 95.

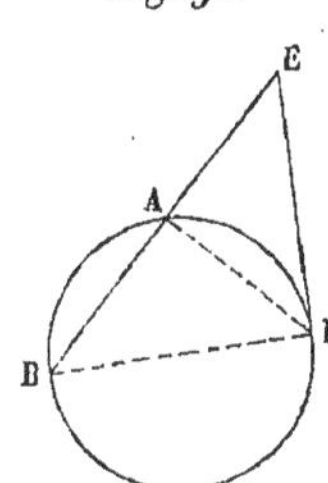

Cette proposition peut aussi se démontrer à priori comme il suit : Ayant tiré les cordes AF et BF (*fig.* 95), on a les triangles AEF et BEF, dans lesquels l'angle E est commun, et les angles EBF et EFA sont égaux, comme ayant pour mesure la moitié du même arc AF; la comparaison de leurs côtés homologues donnera

$$\frac{AE}{EF} = \frac{EF}{BE}.$$

148. 2°. Si le point considéré E est intérieur (*fig.* 96), en tirant les cordes AC et DB, on forme les triangles AEC et BED, qui sont semblables comme ayant deux angles égaux chacun à chacun (132), savoir : l'angle ACD et l'angle ABD, qui ont pour mesure la moitié du même arc AD (91), puis l'angle AEC et l'angle BED opposés par le sommet. Comparant leurs côtés homologues, on aura la proportion

Fig. 96.

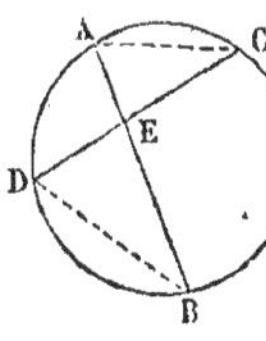

$$\frac{AE}{DE} = \frac{CE}{BE};$$

d'où l'on tire encore

$$AE \times BE = CE \times DE,$$

conformément à l'énoncé.

149. *Corollaire.* — Si la corde AB passait par le centre ou devenait un diamètre, et que la corde CD lui fût perpendiculaire, cette dernière serait coupée en deux parties égales (75), et chacune de ses parties serait moyenne proportionnelle entre les deux segments du diamètre, ce qui s'accorde avec la proposition démontrée au n° 140.

Diviser une droite donnée en parties égales ou en parties proportionnelles à des lignes données. — Trouver une quatrième proportionnelle à trois lignes; une moyenne proportionnelle entre deux lignes.

THÉORÈME.

150. *Tant de lignes que l'on voudra* AB, AC, AD, AE, AF (fig. 97), *menées par un même point* A, *et rencontrées par deux parallèles* GL *et* BF, *sont coupées par ces parallèles en parties proportionnelles, et les coupent aussi en parties proportionnelles.*

Démonstration. — Les triangles semblables de la figure donnent les égalités suivantes :

Fig. 97.

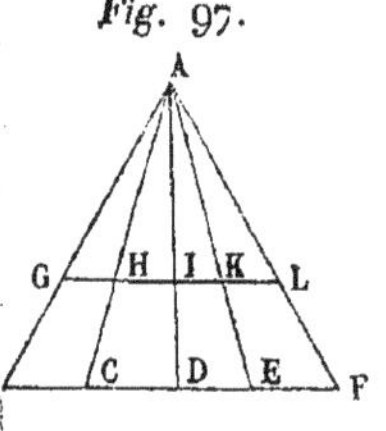

$$\frac{AG}{AB}=\frac{GH}{BC}=\frac{AH}{AC},$$
$$\frac{AH}{AC}=\frac{HI}{CD}=\frac{AI}{AD},$$
$$\frac{AI}{AD}=\frac{IK}{DE}=\frac{AK}{AE},$$
$$\frac{AK}{AE}=\frac{KL}{EF}=\frac{AL}{AF}.$$

Le dernier rapport d'une ligne étant égal au premier de la suivante, on en conclut que tous ces rapports sont égaux. Il en résulte

$$\frac{AG}{AB}=\frac{AH}{AC}=\frac{AI}{AD}=\frac{AK}{AE},$$
$$\frac{GH}{BC}=\frac{HI}{CD}=\frac{IK}{DE}=\frac{KL}{EF};$$

ce qui démontre les deux parties de l'énoncé.

PROBLÈME.

151. *Diviser une droite donnée de la même manière qu'une autre est divisée.*

Solution. — On mènera GL (*fig.* 97) égale à la ligne qu'il s'agit de diviser et parallèle à la ligne déjà divisée BF. Les droites qui joindront les points C, D, E avec le point A où se rencontrent BG et FL, couperont la ligne GL en parties proportionnelles à celles de BF, comme le demande l'énoncé de la question (numéro précédent).

152. *Remarque.* — La question précédente peut encore se résoudre comme il suit.

Fig. 98.

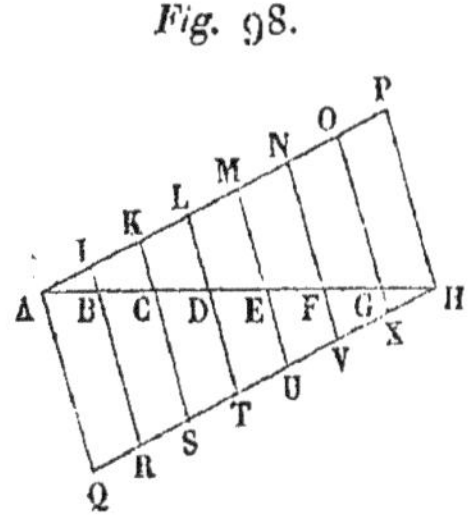

Soit AH (*fig.* 98) la droite à diviser. On tirera par le point A une droite indéfinie AP, faisant avec AH un angle quelconque PAH, et sur laquelle on portera, à la suite les unes des autres, les parties dans lesquelles est partagée la ligne dont les divisions sont connues; on joindra l'extrémité P de la dernière avec l'extrémité H de la ligne à diviser; puis, par les points I, K, L, M, N et O on mènera, parallèlement à PH, les droites IB, KC, LD, ME, NF, OG, qui couperont AH en parties proportionnelles à celles de AP.

Ce dernier procédé se démontre en observant que trois parallèles coupent toujours deux droites en parties proportionnelles (124). On a donc successivement

$$\frac{AB}{AI} = \frac{BC}{IK}, \quad \frac{BC}{IK} = \frac{CD}{KL}, \quad \frac{CD}{KL} = \frac{DE}{LM}, \text{ etc.},$$

et, par conséquent,

$$\frac{AB}{AI} = \frac{BC}{IK} = \frac{CD}{KL} = \frac{DE}{LM}, \text{ etc.},$$

ce qui montre que les parties AB, BC, CD, etc., de AH sont proportionnelles aux parties AI, IK, KL, etc., de AP.

On simplifie un peu ce dernier procédé, en menant par le point H une ligne QH parallèle à AP, et sur laquelle on prend, en commençant au point H, des parties HX, XV, VU, UT, etc., respectivement égales à PO, ON, NM, ML, etc.; les droites PH, OX, NV, etc., qui joindront les points de division correspondants, étant parallèles (64, 3°), couperont la droite AH en parties proportionnelles à celles de AP ou de HQ.

153. Ier *Corollaire.* — Si, dans la *fig.* 97, les parties de la droite BF, et dans la *fig.* 98, celles de AP, étaient égales entre elles, celles de la droite GL dans la première, et de la droite AH dans la seconde, seraient aussi égales entre elles.

Le procédé du n° 151 et celui du n° 152 peuvent donc servir à diviser une ligne droite en un nombre quelconque de parties égales. Il faut, pour cela, regarder d'abord la droite BF (*fig.* 97) comme indéfinie; puis, prenant sur cette droite une partie BC d'une grandeur arbitraire, la porter à la suite d'elle-même un nombre de fois égal à celui des parties dans lesquelles la droite donnée *gl* doit être divisée : le point F, où se termineront ces parties, sera l'extrémité de la ligne BF, et l'on achèvera la construction comme dans le n° 151.

Par le procédé du n° 152, c'est sur la droite AP (*fig.* 98), considérée comme indéfinie, qu'il faut porter successivement des parties égales et arbitraires, puisque AH représente la ligne donnée.

IIe *Corollaire.* — Le problème que l'on vient de résoudre permet d'exécuter le procédé indiqué au n° 7 pour trouver le rapport de deux droites. Mais, comme l'imperfection des instruments et les bornes de nos sens nous forcent bientôt de nous arrêter dans la division des lignes dont les parties nous échappent par leur petitesse, pour étendre nos moyens à cet égard, on a imaginé la division par les *transversales*, représentée dans la *fig.* 99, dont voici la construction :

Fig. 99.

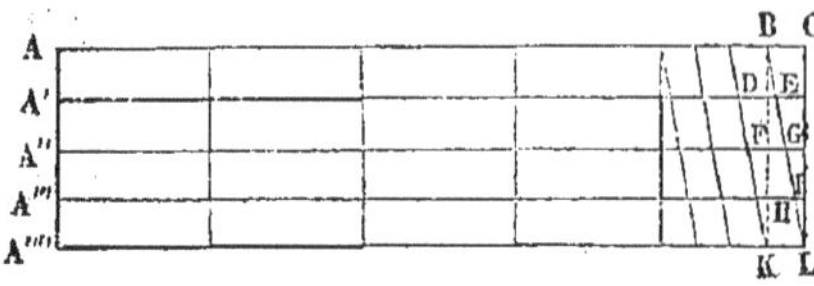

Ayant premièrement divisé la ligne AC en un nombre quelconque de parties égales, telles que BC, et voulant ensuite diviser BC en un nombre de parties trop grand pour que chacune de ces dernières puisse être bien distincte, on mènera sur AC, par les points A et C, les perpendiculaires AA'''' et CL; on prendra sur AA'''' une partie arbitraire AA', qu'on portera à la suite d'elle-même autant de fois que l'on voudra faire de parties dans BC (la figure en représente quatre); par les points de division A', A'', A''', A'''', on tirera des droites parallèles à AC; enfin, on joindra les points B et L par la ligne *transversale* BL.

Cela fait, si l'on mène la ligne BK parallèle à CL, on formera les triangles BDE, BFG, BHI, BKL, semblables entre eux (130), qui donneront ces proportions :

$$\frac{BD}{BK}=\frac{DE}{KL},\qquad \frac{BF}{BK}=\frac{FG}{KL},\qquad \frac{BH}{BK}=\frac{HI}{KL};$$

desquelles il résulte : 1°. Que BD étant le $\frac{1}{4}$ de BK, DE est aussi le $\frac{1}{4}$ de KL ou de BC, qui est égal à KL (49);

2°. Que BF étant les $\frac{2}{4}$ ou la moitié de BK, FG est aussi la moitié de KL ou de BC;

3°. Que BH étant les $\frac{3}{4}$ de BK, HI est aussi les $\frac{3}{4}$ de KL ou de BC.

On voit par là qu'en prenant sur la première, la seconde et la troisième des droites parallèles à AB, les distances A'E, A''G, A'''I, respectivement égales à A'D + DE, A''F + FG, A'''H + HI, on aura

$$AB+\frac{1}{4}BC,\quad AB+\frac{2}{4}BC,\quad AB+\frac{3}{4}BC.$$

Cela suffit pour montrer comment on peut construire une échelle de transversales avec des divisions quelconques, et l'usage qu'on peut en faire.

Une semblable échelle prend le nom d'échelle de *dixmes* quand elle contient dix parallèles à AB, parce qu'elle donne alors les dixièmes de BC.

PROBLÈME.

154. *Trouver une quatrième proportionnelle à trois lignes données* M, N, P.

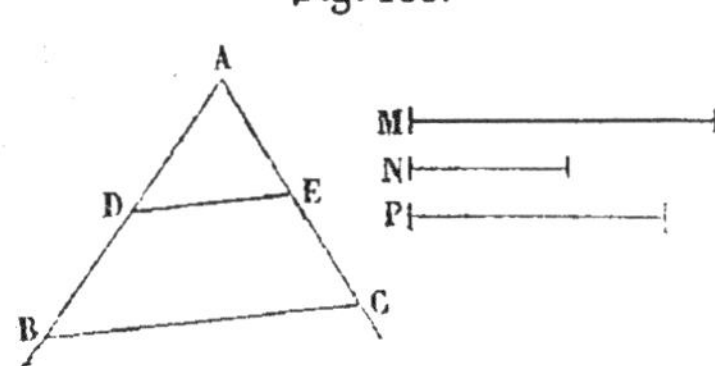

Fig. 100.

Solution. — On tirera deux droites indéfinies AB et AC (*fig.* 100), faisant entre elles un angle quelconque ; on prendra sur la première, une distance AB égale à M, et une distance AD égale à N ; puis on portera sur la seconde, de A en C, la troisième droite P. On joindra par une droite les points B et C, et tirant par le point D, parallèlement à BC, la droite DE, on aura dans AE la quatrième proportionnelle demandée, puisque (125)

$$\frac{AB}{AD} = \frac{AC}{AE};$$

ce qui donne

$$\frac{M}{N} = \frac{P}{AE}.$$

Si les deux droites N et P étaient égales entre elles, la ligne déterminée par la proportion

$$\frac{M}{N} = \frac{N}{X}$$

serait ce que les géomètres ont appelé *troisième proportionnelle*. La construction de ce cas ne diffère pas de celle du précédent.

PROBLÈME.

155. *Construire une moyenne proportionnelle à deux droites données.*

Fig. 101.

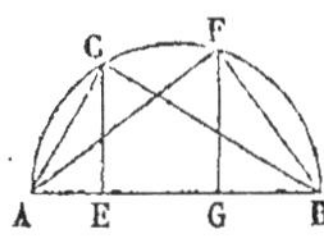

Solution. — Je prends sur une même ligne (*fig.* 101), à la suite l'une de l'autre, AG et GB respectivement égales aux deux lignes données ; et sur AB, comme diamètre, je décris une demi-circonférence. J'élève ensuite GF perpendiculaire à AB : d'après le théorème démontré (n° 140), GF est la moyenne proportionnelle demandée.

On peut encore résoudre le problème d'une autre manière. Sur une droite AB (même figure), égale à la plus grande des deux lignes données, on décrit une circonférence ; on prend EB égale à la plus petite des droites données, et l'on élève EC perpendiculaire à AB : CB est alors la moyenne proportionnelle demandée (140).

Construire sur une droite donnée un polygone semblable à un polygone donné.

PROBLÈME.

156. *Construire sur une droite donnée* A′B′ *un triangle semblable au triangle* ABC.

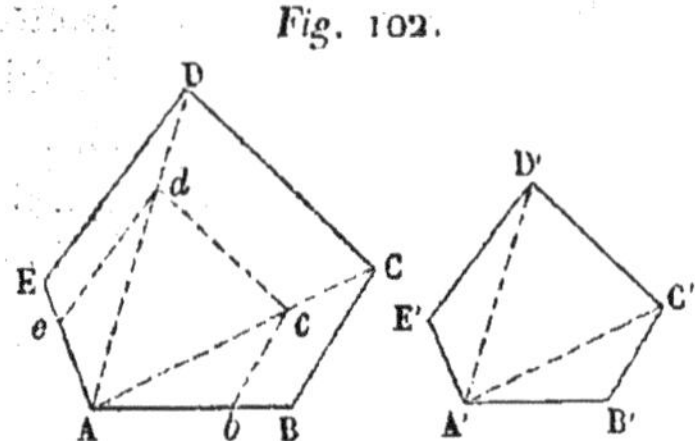

Fig. 102.

Solution. — On peut résoudre ce problème, en partant des divers caractères par lesquels la similitude des triangles est constatée.

On y parviendra : 1°. En menant par les points A' et B' (*fig.* 102) des droites qui fassent avec A'B' des angles A' et B', respectivement égaux aux angles A et B (132);

2°. En faisant au point A', sur A'B', un angle égal à l'angle A, et portant sur le côté A'C' de cet angle une distance A'C' quatrième proportionnelle aux trois lignes AC, A'B', AB ; de cette manière, les deux triangles seront encore semblables, comme ayant, chacun à chacun, un angle égal compris entre des côtés proportionnels (131);

3°. Enfin, en cherchant une quatrième proportionnelle aux trois lignes AC, A'B', AB, une autre aux trois lignes BC, A'B', AB, et construisant sur les deux lignes trouvées et sur A'B' un triangle A'B'C', les triangles A'B'C' et ABC seront semblables, comme ayant leurs côtés proportionnels (134).

N. B. — Il est à propos de remarquer qu'il y a pour la similitude des triangles, comme pour leur égalité, trois cas principaux ; que les propositions des n°s 19 et 131, 21 et 132, 23 et 134 se correspondent, et que les problèmes des n°s 99, 100 et 101 sont analogues aux questions résolues dans celui-ci.

PROBLÈME.

157. *Construire, sur une ligne donnée, un polygone semblable à un polygone donné.*

Solution. — Soient A'B' et ABCDE la droite et le polygone donnés ; on fera sur A'B', par l'un des procédés du n° 156, un triangle A'B'C' semblable au triangle ABC, ce qui déterminera le point C'. Pour avoir le point D', on fera de même sur A'C' un triangle A'C'D' semblable au triangle CAD, et ainsi de suite. Les polygones A'B'C'D'E' et ABCDE seront semblables comme composés l'un et l'autre d'un même nombre de triangles semblables chacun à chacun, et semblablement disposés (136).

Si l'on portait le côté A'B' sur AB, de A en *b*, il suffirait de tirer par le point *b* la droite *bc* parallèle à BC, puis par le point *c* la droite *cd* parallèle à CD, etc., pour former les triangles A*bc*, A*cd*, etc., respectivement semblables aux triangles BCA, ACE, etc. ; le polygone A*bcde* serait construit ainsi sur le côté donné et serait semblable au polygone ABCDE.

158. *Remarque.* — L'art de lever les plans n'est que celui de construire sur le papier des polygones semblables à ceux que forment sur le terrain les points dont on veut connaître les situations respectives. On voit qu'il doit se réduire, en dernière analyse, à concevoir ces points liés entre eux par des triangles, et à mesurer sur ces triangles un nombre suffisant d'angles ou de côtés pour pouvoir en faire de semblables sur le papier, suivant les

procédés du n° 157. Mais de plus grands détails à ce sujet ne seraient pas ici à leur place (*).

PROBLÈME (**).

159. *Partager une ligne* AB (fig. 103) *en moyenne et extrême raison, c'est-à-dire de manière que* BC *la plus grande des deux parties de la ligne* AB *soit moyenne proportionnelle entre cette ligne et l'autre partie* AC.

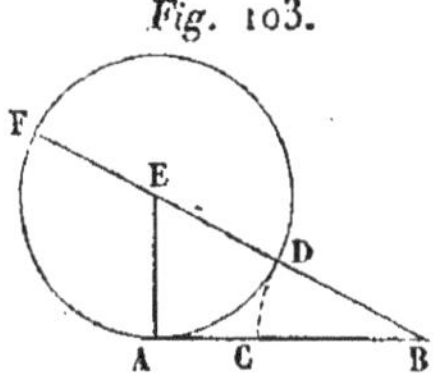

Fig. 103.

Solution. — Il faut élever à l'une des extrémités de la droite AB la perpendiculaire AE, égale à la moitié de cette droite, tirer BE, du point E comme centre, avec le rayon AE, décrire un cercle ADF, et du point B comme centre, avec un rayon égal à BD, décrire l'arc DC : cet arc, coupant la ligne AB au point C, la partagera en moyenne et extrême raison.

Pour le prouver, on prolongera BE jusqu'en F, et l'on aura par le n° 147,

$$\overline{AB}^2 = BD \times BE,$$

ou

$$\overline{AB}^2 = BD(BD + AB) = \overline{BD}^2 + BD \times AB;$$

on tire de là

$$\overline{BD}^2 = AB(AB - BD).$$

Mais

$$BD = BC \quad \text{et} \quad AB - BD = AB - BC = AC:$$

donc

$$\overline{BC}^2 = AB \times AC,$$

ce qui est conforme à l'énoncé du problème.

DES POLYGONES INSCRITS ET CIRCONSCRITS AU CERCLE.

Polygones réguliers. — Tout polygone régulier peut être inscrit et circonscrit au cercle.

160. Un polygone est *inscrit* dans un cercle lorsque ses sommets sont sur la circonférence. Le cercle est dit alors *circonscrit* à ce polygone.

Un polygone est *circonscrit* à un cercle, lorsque tous ses côtés sont tangents à la circonférence. Réciproquement le cercle est *inscrit* dans le polygone.

Fig. 104.

Il est évident que, puisqu'on peut toujours faire passer un cercle par trois points donnés (82), on pourra aussi faire passer un cercle par les sommets des angles d'un triangle quelconque ABC (*fig.* 104) : en d'autres termes, *il est toujours possible de circonscrire un cercle à un triangle donné.*

(*) *Voir* les *Leçons nouvelles sur les applications pratiques de la Géométrie et de la Trigonométrie; par* MM. Bourgeois et Cabart.

(**) Cet article n'est pas exigé des candidats au baccalauréat ès sciences.

161. De même, il est toujours possible d'*inscrire un cercle dans un triangle donné* ABC (fig. 105).

Fig. 105.

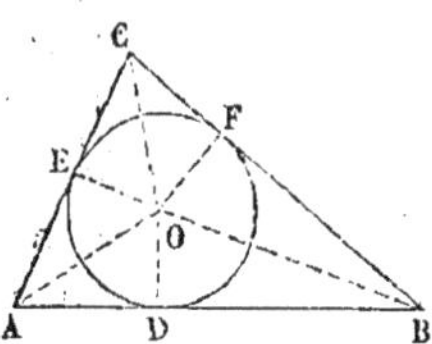

En effet, si l'on abaisse du point O, où les bissectrices des angles A et B se rencontrent, une perpendiculaire sur chacun des côtés AB, AC, BC, les triangles AEO, ADO seront égaux (38); car ils sont rectangles, l'un en D, l'autre en E; ils ont de plus les angles EAO, DAO égaux comme moitiés du même angle DAE, et le côté AO commun. On prouvera de la même manière que les triangles BDO, BFO sont égaux. Les deux perpendiculaires EO et FO sont donc égales à DO, et, par conséquent, le cercle décrit du point O comme centre, avec un rayon égal à DO, sera tangent à chacun des côtés du triangle ABC.

Comme on n'a fait usage que des angles A et B, il faut encore prouver qu'en combinant, avec l'un de ceux-ci, l'angle C, on trouverait toujours le même point O. Pour cela, on joint le point O et le troisième angle C par la droite OC; l'égalité des triangles CEO, CFO, rectangles l'un en E, l'autre en F, ayant les côtés EO et FO égaux entre eux, et le côté CO commun (39), prouve que la droite CO divise aussi l'angle C en deux parties égales.

162. Un polygone est *régulier* lorsque ses côtés sont égaux entre eux et que ses angles sont aussi égaux entre eux. Le triangle équilatéral et le carré sont des polygones réguliers.

THÉORÈME.

163. *Tout polygone régulier peut être inscrit et circonscrit au cercle.*

Fig. 106.

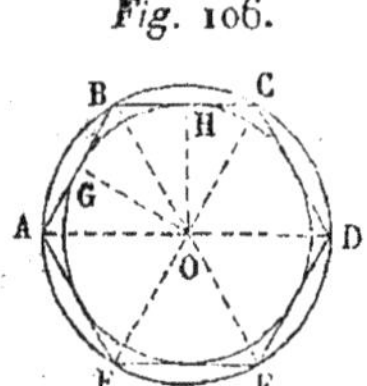

Démonstration. — Soit le polygone ABCDEF (*fig.* 106) dont on suppose tous les angles ABC, BCD, CDE, etc., égaux entre eux, ainsi que tous les côtés AB, BC, CD, etc. 1°. Le cercle qui passera par les sommets A, B, C, de trois quelconques des angles de ce polygone, passera par tous les autres; car si l'on mène, du centre O du cercle ABC, les droites AO, BO, CO, DO, etc., les trois premières seront, par construction, rayons de ce cercle, et, par conséquent, égales : les triangles isocèles AOB et BOC seront aussi égaux comme ayant leurs côtés égaux chacun à chacun, puisque, par hypothèse, BC = AB; les angles ABO et CBO étant égaux, chacun d'eux sera la moitié de l'angle ABC du polygone : l'angle BCO, qui leur est égal, sera donc aussi la moitié de l'angle BCD égal à ABC par hypothèse; OCD sera l'autre moitié, et sera, par conséquent, égal à BCO. Cela posé, CD étant, par l'hypothèse, égal à CB, les triangles BCO et OCD auront, chacun à chacun, un angle égal compris entre deux côtés égaux, seront égaux (19) et donneront OD = OC; ainsi le point D sera sur la circonférence du cercle ABC. On démontrerait de la même manière que le point E et tous ceux qui le suivent s'y trouvent aussi.

2°. Si l'on abaisse du point O la perpendiculaire OG sur le côté AB, le cercle GH décrit du point O comme centre, avec le rayon OG, et touchant, en vertu de sa construction, le côté AB au point G, touchera aussi chacun des autres dans leur milieu; car des cordes égales étant également éloignées du centre, la circonférence OH passera par les pieds de toutes les perpendiculaires abaissées du point O sur les côtés du polygone.

164. *Remarque.* — Il suit de là que le cercle inscrit et le cercle circonscrit au même polygone régulier ont le même centre. Ce point est appelé *centre du polygone*, et les angles AOB, BOC, COD, etc., se nomment *angles au centre*, pour les distinguer des *angles à la circonférence*, ABC, BCD, CDE, etc. Tous les angles au centre d'un même polygone régulier sont égaux, et leur somme étant équivalente à quatre droits (16), chacun d'eux est égal à cette somme, divisée par le nombre des angles ou des côtés du polygone proposé.

Le rayon OH du cercle inscrit dans le polygone a reçu le nom d'*apothème*.

Le rapport des périmètres de deux polygones réguliers d'un même nombre de côtés est le même que celui des rayons des cercles circonscrits.

THÉORÈME.

165. *Les polygones réguliers* (fig. 107) *d'un même nombre de côtés sont semblables, et leurs contours sont entre eux comme les rayons des cercles auxquels ils sont inscrits ou circonscrits.*

Fig. 107.

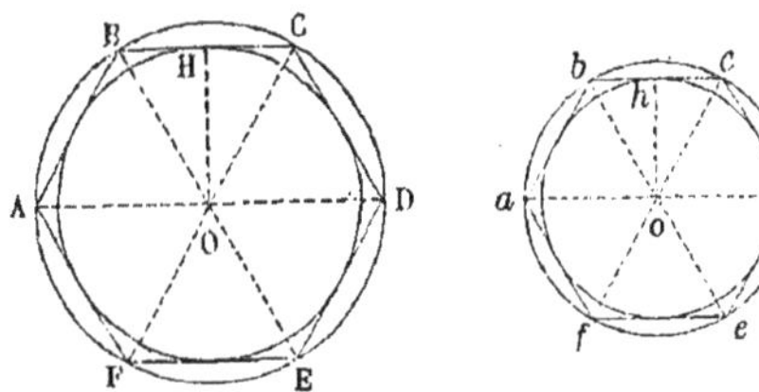

Démonstration. — 1°. Ces polygones ont leurs angles égaux chacun à chacun; les côtés du premier étant égaux entre eux et ceux du second étant aussi égaux entre eux, les uns et les autres sont tous dans le même rapport, et, par conséquent, proportionnels entre eux : les polygones sont donc semblables (129).

2°. Les angles AOB et *aob* étant égaux, les triangles AOB et *aob*, qui d'ailleurs sont isocèles, seront semblables (131) : ils donneront

$$\frac{AB}{ab} = \frac{OB}{ob};$$

et les contours des polygones ABCDEF, *abcdef* étant entre eux comme leurs côtés homologues AB et *ab* (137), seront, d'après cette proportion, dans le rapport des rayons OB et *ob* des cercles dans lesquels ces polygones sont inscrits.

La similitude des triangles BHO et *bho*, rectangles l'un en H et l'autre en h, est évidente à cause de l'égalité des angles OBC et obc, et donne

$$\frac{\mathrm{OB}}{ob} = \frac{\mathrm{OH}}{oh},$$

d'où l'on conclut

$$\frac{\mathrm{AB}}{ab} = \frac{\mathrm{OH}}{oh}.$$

Il en résulte, par conséquent, que les contours des deux polygones proposés, étant proportionnels à leurs côtés homologues AB et ab, le seront aussi aux rayons OH et oh des cercles auxquels ils sont circonscrits.

PROBLÈME.

166. *Un polygone d'un nombre quelconque de côtés étant inscrit au cercle, inscrire dans le même cercle un second polygone d'un nombre de côtés double de celui des côtés du premier, et trouver la valeur de l'un des côtés du second.*

Fig. 108.

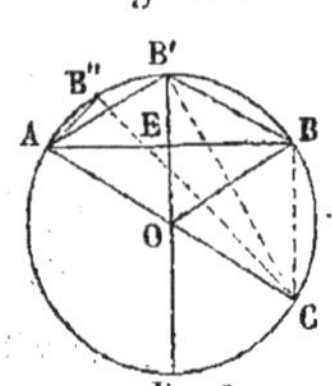

Solution. — Soit AB (*fig.* 108) l'un des côtés du premier polygone, et AOB l'angle au centre de ce polygone; on divisera cet angle, ou l'arc AB' B qui le mesure, en deux parties égales (113) au point B'; et les droites AB' et B'B, égales entre elles, seront évidemment deux côtés contigus du nouveau polygone.

Pour trouver la valeur de AB', il faut prolonger le rayon B'O jusqu'en D; on aura alors (140)

$$\overline{\mathrm{AB'}}^2 = \overline{\mathrm{B'D}} \times \overline{\mathrm{B'E}};$$

mais comme $\mathrm{B'E} = \mathrm{B'O} - \mathrm{EO}$, que dans le triangle AEO, rectangle en E, le côté $\mathrm{EO} = \sqrt{\overline{\mathrm{AO}}^2 - \overline{\mathrm{AE}}^2}$, et que $\mathrm{AE} = \frac{1}{2}\mathrm{AB}$, $\mathrm{B'O} = \mathrm{AO}$, $\mathrm{B'D} = 2\mathrm{AO}$, on en conclura

$$\mathrm{B'E} = \mathrm{AO} - \sqrt{\overline{\mathrm{AO}}^2 - \left(\frac{1}{2}\mathrm{AB}\right)^2};$$

$$\overline{\mathrm{AB'}}^2 = 2\mathrm{AO}\left[\mathrm{AO} - \sqrt{\overline{\mathrm{AO}}^2 - \left(\frac{1}{2}\mathrm{AB}\right)^2}\right].$$

Si l'on prend pour unité le rayon AO du cercle dans lequel sont inscrits les polygones proposés, et que, pour abréger, on désigne AB par a, AB' par a', il viendra

$$a'^2 = 2\left[1 - \sqrt{1 - \left(\frac{a}{2}\right)^2}\right],$$

d'où l'on tire, après quelques réductions,

$$a' = \sqrt{2 - \sqrt{4 - a^2}}.$$

Si l'on partageait au point B'' l'arc AB' en deux parties égales, on aurait de même, en désignant AB″ par a'',

$$a'' = \sqrt{2 - \sqrt{4 - a'^2}},$$

pour le côté du polygone qui en contient le double de celui qui le précède; et ainsi de suite.

Le rapport d'une circonférence à son diamètre est un nombre constant.

167. La facilité avec laquelle on trouve le rapport de deux lignes droites, ou celui de deux arcs de cercle d'un même rayon, tient à ce que dans l'un et l'autre cas les lignes que l'on compare peuvent être décomposées en parties superposables. Il n'en est pas de même lorsque la comparaison doit s'établir entre une ligne droite et un arc de cercle, ou bien entre des arcs de cercle de rayons différents. Aucune portion de l'une des lignes, quelque petite qu'on la suppose, ne peut s'appliquer exactement sur l'autre.

La définition de la ligne courbe, donnée au commencement de cet ouvrage, suggère un moyen de lever la difficulté et d'obtenir la mesure d'une ligne courbe, sinon avec une exactitude rigoureuse, du moins avec une approximation indéfinie.

Imaginons, en effet, que deux points parcourent simultanément, l'un une ligne courbe, l'autre une ligne brisée inscrite dans la première, de manière à passer en même temps par les points communs aux deux lignes. Il y aura entre ces deux mobiles cette différence, que la direction du premier changera d'une manière continue et ne sera jamais la même entre deux instants, quelque rapprochés qu'on les suppose; tandis que la direction du second, constante pendant qu'il parcourra un côté du polygone inscrit, changera brusquement quand ce point atteindra un sommet. Mais on conçoit que si l'on multiplie le nombre des côtés du polygone, ces changements de direction deviendront de plus en plus fréquents et en même temps de plus en plus petits, de sorte que la direction du second mobile variera, sinon d'une manière continue, du moins par degrés aussi faibles que l'on voudra et dont rien ne limitera la petitesse. Et comme les deux mobiles se retrouvent ensemble à tous les sommets de la ligne polygonale, et que, partout ailleurs, ils sont à une distance extrêmement petite, on voit qu'il y aura de moins en moins de différence entre les chemins qu'ils parcourent, c'est-à-dire entre la ligne courbe et la ligne polygonale inscrite.

Si donc on appelle *limite* d'une quantité *variable* une quantité *fixe* dont la première s'approche *indéfiniment*, c'est-à-dire de telle sorte que la différence entre ces deux quantités puisse devenir aussi petite que l'on veut, sans jamais être précisément nulle, on pourra dire que *toute ligne courbe est la limite d'une ligne polygonale inscrite dont le nombre des côtés augmente continuellement et indéfiniment.*

Le principe fondamental de la théorie des limites est que toutes les fois que deux quantités variables présentent une relation constante, dans tous les états de grandeur par lesquels elles passent, cette relation a lieu aussi entre leurs limites.

Dans ce qui suit nous considérerons la circonférence du cercle comme la limite vers laquelle tendent les périmètres de polygones réguliers inscrits dont on double continuellement et indéfiniment le nombre de côtés.

THÉORÈME.

168. *Les circonférences des cercles sont entre elles comme leurs rayons ou leurs diamètres.*

Démonstration. — Quel que soit le nombre de leurs côtés, pourvu qu'il soit le même dans l'un et dans l'autre, les contours de deux polygones réguliers étant entre eux comme les rayons des cercles dans lesquels ils sont inscrits, si l'on désigne par p et p' ces contours, et par R et R' les rayons des cercles correspondants, on aura $\frac{p'}{p} = \frac{R'}{R}$; et, de plus, on peut concevoir que le nombre des côtés des polygones soit tel, que la différence entre leur contour et la circonférence du cercle dans lequel chacun d'eux est inscrit soit au-dessous de telle grandeur qu'on voudra. Si donc $\frac{C'}{C}$ est le rapport des circonférences, la relation $\frac{p'}{p} = \frac{R'}{R}$ ayant lieu quelque près que p' et p soient de leurs limites respectives, subsistera encore quand on remplacera p' par C' et p par C; on aura donc

$$\frac{C'}{C} = \frac{R'}{R},$$

ce qui donne aussi

$$\frac{C'}{C} = \frac{2R'}{2R} = \frac{D'}{D},$$

en appelant D et D' les diamètres des cercles proposés.

169. *Corollaire.* — La proposition précédente fait voir que le rapport de la circonférence au diamètre est le même dans tous les cercles, et qu'on peut, au moyen de ce rapport, calculer la longueur d'une circonférence dont on connaît le rayon. En effet, si π désigne ce rapport, ou, ce qui revient au même, la circonférence du cercle dont le diamètre est pris pour unité, on aura cette égalité :

$$\frac{C}{2R} = \pi,$$

de laquelle on tirera

$$C = 2\pi R \quad \text{et} \quad R = \frac{C}{2\pi}.$$

Ces formules feront connaître la circonférence C, lorsque le rayon R sera donné, ou le rayon quand on connaîtra la circonférence.

Inscrire dans un cercle de rayon donné un carré, un hexagone régulier.

PROBLÈME.

170. *Inscrire dans un cercle les polygones de* 4, 8, 16, 32, 64, *etc., côtés.*

Solution. — La question se réduit à inscrire d'abord celui de quatre côtés, puisque les autres se formeront par son moyen, d'après le n° 166.

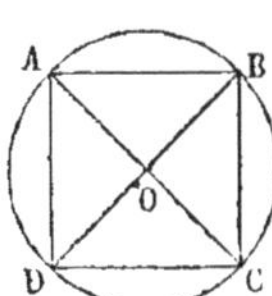

Fig. 109.

Pour inscrire dans le cercle ABCD (*fig.* 109) un carré, il faut, perpendiculairement à un diamètre quelconque AC, en élever un autre BD, ce qui déterminera sur la circonférence quatre points A, B, C, D, lesquels, étant joints par des droites, formeront le carré demandé.

En effet, les angles ABC, BDC, etc., sont tous droits (91), et les côtés AB, BC, CD, AD sont égaux comme étant les hypoténuses des triangles rectangles AOB, BOC, COD, DOA, visiblement égaux entre eux (19).

Le triangle rectangle AOB donnant

$$\overline{AB}^2 = \overline{AO}^2 + \overline{BO}^2 = 2\overline{AO}^2,$$

puisque AO = BO, on en conclura

$$AB = AO\sqrt{2};$$

et en prenant le rayon AO pour unité, il viendra seulement

$$AB = \sqrt{2}\ (*).$$

Si l'on substitue cette valeur dans celle de a' (166), puis cette dernière dans celle de a'', et ainsi de suite, on aura successivement la longueur des côtés des polygones de 8, 16, etc., côtés, rapportée à celle du rayon du cercle.

PROBLÈME.

171. *Inscrire dans un cercle les polygones de* 3, 6, 12, 24, 48, *etc., cotés.*

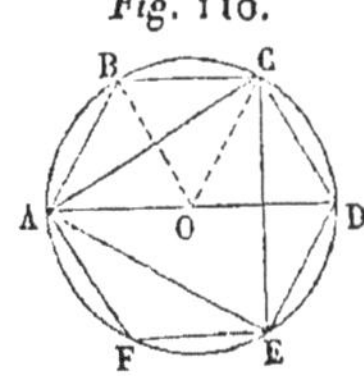

Fig. 110.

Solution. — Le côté de l'hexagone régulier s'offre le premier; il est égal au rayon du cercle circonscrit. En effet, dans ce polygone, l'angle au centre AOB (*fig.* 110), étant la sixième partie de quatre droits, est égal à $\frac{4}{6}$ ou $\frac{2}{3}$ d'un seul; retranchant cette quantité de deux

(*) Le procédé pour obtenir AB étant rigoureux, il s'ensuit que la Géométrie donne exactement la grandeur de l'incommensurable $\sqrt{2}$, que l'on ne peut obtenir que par approximation avec le secours des nombres; mais il faut observer qu'alors le nombre cherché n'est que l'expression du rapport de AB avec AO; et s'il était possible d'effectuer avec une exactitude rigoureuse, sur ces lignes, l'opération indiquée dans le n° 5, elle ne finirait jamais; car aucune droite, quelque petite qu'elle soit, ne peut les mesurer en même temps l'une et l'autre.

Cette incommensurabilité de la diagonale avec le côté du carré, à laquelle, par une exagération assez singulière, Platon (*des Lois*, livre VII, vers la fin) attachait une importance telle, qu'il regardait comme indigne du nom d'homme celui qui l'ignorait, se trouve démontrée à la fin du dixième livre des *Éléments* d'Euclide, et dans plusieurs des Traités modernes.

droits, il reste $2 - \frac{2}{3}$ ou les $\frac{4}{3}$ d'un droit pour les deux autres angles BAO, ABO, égaux d'ailleurs entre eux, ce qui fait encore $\frac{2}{3}$ d'angle droit pour chacun : le triangle ABO ayant ses trois angles égaux sera nécessairement équilatéral (28), et donnera, par conséquent, AB = AO.

On inscrira donc un hexagone dans un cercle en portant le rayon du cercle six fois sur sa circonférence, et en joignant par des droites les points de division consécutifs. En prenant AO = 1, on aura AB = 1, et l'on s'élèvera, par le moyen de cette valeur et des formules du n° 166, aux valeurs des côtés des polygones inscrits, de 12, 24, 48, etc., côtés.

Pour parvenir à la valeur du côté du triangle équilatéral inscrit ACE, il suffit d'observer que ce triangle se forme en joignant par des droites les angles de l'hexagone pris de deux en deux, et que le triangle ACD, rectangle en C (141), donne

$$AC = \sqrt{\overline{AD}^2 - \overline{CD}^2} = \sqrt{\overline{(2AO)}^2 - \overline{AO}^2} = AO\sqrt{3},$$

et en faisant AO = 1, il viendra

$$AC = \sqrt{3}.$$

PROBLÈME (*).

172. *Inscrire dans un cercle les polygones de 5, 10, 20, 40, etc., côtés.*

Fig. 111.

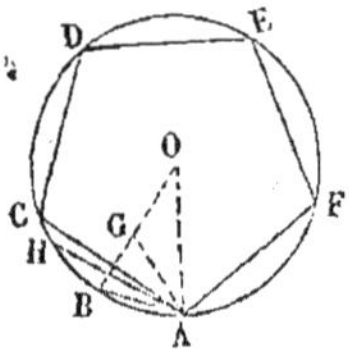

Solution. — On trouve premièrement le côté du décagone, en prenant le plus grand des deux segments du rayon partagé en moyenne et extrême raison (159).

En effet, dans ce polygone, l'angle au centre AOB (*fig.* 111) est la dixième partie de quatre droits ou les $\frac{2}{5}$ d'un seul; il reste, pour les angles ABO et BAO, $2 - \frac{2}{5}$ d'angle droit ou $\frac{8}{5}$, ce qui donne $\frac{4}{5}$ pour chacun : l'angle BAO est donc double de l'angle AOB. Si l'on mène AG, qui fasse avec AB l'angle BAG égal à AOB, les deux triangles ABG et ABO, ayant encore un angle commun B, seront semblables (132) et donneront

$$\frac{BG}{AB} = \frac{AG}{AO};$$

or, le triangle ABO étant isocèle, le triangle ABG le sera pareillement : on aura donc

$$AG = AB.$$

De plus, l'angle BAG, étant égal à AOB, sera la moitié de BAO; l'autre moitié GAO sera, par conséquent, égale à AOB, ce qui donnera (25)

$$GO = AG = AB;$$

(*) Cet article n'est pas exigé des candidats au baccalauréat ès sciences.

et la proportion précédente, devenant alors

$$\frac{BG}{GO} = \frac{GO}{BO},$$

montre que le rayon BO est en effet partagé, au point G, en moyenne et extrême raison, et que AB est égal au plus grand des deux segments.

Si l'on joint par des droites les angles du décagone, pris de deux en deux, on aura le pentagone.

173. *Remarque.* — On a dû s'apercevoir facilement que l'inscription des polygones dans le cercle revenait à la division de la circonférence en un certain nombre de parties égales. Les procédés indiqués pour inscrire les polygones de 4, 8, 16, 32, etc., côtés, ceux de 3, 6, 12, 24, etc., ceux de 5, 10, 20, 40, etc., serviront à diviser la circonférence d'un cercle, suivant les nombres de ces diverses progressions.

Il est à propos de remarquer que l'on peut aussi la diviser suivant la progression 15, 30, 60, etc., parce que le polygone de six côtés donnant la sixième partie de la circonférence, et celui de dix en donnant la dixième partie, la différence des arcs sous-tendus par les côtés de ces polygones sera égale à $\frac{1}{6} - \frac{1}{10}$ de la circonférence, ce qui revient à $\frac{1}{15}$. En portant donc de A en H le rayon du cercle, l'arc BH sera cette 15e partie, et sa corde sera le côté du polygone de 15 côtés, ou du *pentédécagone*. Au moyen de la division continuelle des arcs en deux parties égales, ou de leur *bissection*, on obtiendra les polygones de 30, 60, etc., côtés (*).

Manière d'évaluer le rapport de la circonférence au diamètre, en calculant les périmètres des polygones réguliers de 4, 8, 16, etc., côtés inscrits dans un cercle de rayon donné.

174. Le périmètre d'un polygone régulier inscrit dans un cercle est moindre que la circonférence, de sorte que, si l'on divise ce périmètre par le diamètre, on obtiendra un quotient moindre que le nombre désigné par π (169); mais le quotient en différera d'autant moins que le nombre des côtés du polygone sera plus considérable. On comprend donc qu'en partant d'un des polygones que nous savons inscrire et dont nous savons calculer le périmètre, nous pourrons, à l'aide des formules du n° 166, calculer le

(*) Ces divisions de la circonférence du cercle ne sont plus les seules que l'on puisse effectuer géométriquement. M. F. Gauss, dans un ouvrage intitulé *Disquisitiones arithmeticæ* (publié en 1801 à Leipsig, et traduit en français par M. Delisle), a prouvé que l'on peut opérer ainsi la division en 2^n+1 parties, lorsque ce nombre est premier.

En faisant successivement n égal à 0, 1, 2, on trouve les divisions en 2, 3, 5 parties; et pour obtenir de nouveau un nombre premier, il faut prendre $n = 4$, d'où résulte la division en 17 parties, dont il y a aussi une démonstration particulière, mais qui n'est pas de nature à trouver place ici. Tous ces cas se ramènent à des équations du second degré. (*Voyez* le *Complément des Éléments d'Algèbre.*)

périmètre d'un second polygone dont le nombre des côtés soit double, et obtenir une seconde valeur plus approchée du rapport en question. De cette seconde valeur, nous pouvons nous élever à une troisième, de celle-ci à une quatrième, et ainsi de suite : nous approcherons donc autant que nous voudrons du rapport de la circonférence au diamètre.

Pour simplifier le calcul, nous prendrons le rayon pour unité, et nous partirons du carré dont le côté est alors représenté par $\sqrt{2}$ (170), et le périmètre par $4\sqrt{2}$, de sorte que le demi-périmètre ou

$$2\sqrt{2} = 2,8284271$$

représentera une première valeur approchée de π. Pour en avoir une seconde, remplaçons a par $\sqrt{2}$ dans la formule

$$(1) \qquad a' = \sqrt{2 - \sqrt{4 - a^2}},$$

et nous aurons pour le côté de l'octogone régulier

$$a' = \sqrt{2 - \sqrt{2}},$$

de sorte que $4a'$ ou

$$4\sqrt{2 - \sqrt{2}} = 3,0614674$$

représentera une seconde valeur approchée.

En continuant de cette manière, on trouverait que les demi-périmètres des polygones de 16, 32, 64 côtés sont représentés par

$$8\sqrt{2 - \sqrt{2 + \sqrt{2}}}, \quad 16\sqrt{2 - \sqrt{2 + \sqrt{2 + \sqrt{2}}}},$$

$$32\sqrt{2 - \sqrt{2 + \sqrt{2 + \sqrt{2 + \sqrt{2}}}}}.$$

La loi de ces expressions est évidente et permet d'indiquer, sans recourir de nouveau à la formule (1), les opérations à effectuer pour avoir le demi-périmètre d'un polygone occupant un rang donné dans la série.

Voici, du reste, un tableau renfermant les résultats du calcul jusqu'au polygone de 4096 côtés.

Nombre des côtés.	Demi-périmètres.
4	2,8284271
8	3,0614674
16	3,1214451
32	3,1365485
64	3,1403311
128	3,1412772
256	3,1415138
512	3,1415729
1024	3,1415877
2048	3,1415914
4096	3,1415925

D'après la marche de ces nombres, on est porté à compter sur la 5ᵉ décimale du dernier; mais pour s'en assurer on cherchera une valeur approchée en plus, en calculant le demi-périmètre x du polygone de 4096 côtés circonscrit au cercle. Pour trouver cette quantité, on calculera d'abord l'apothème h du polygone inscrit, ce qu'il est facile de faire, puisque h est un côté de l'angle droit dans un triangle rectangle dont l'hypoténuse est égale au rayon, et dont l'autre côté de l'angle droit est la moitié du côté du polygone. Le polygone circonscrit ayant le rayon pour apothème, on aura (165)

$$\frac{x}{3,1415925} = \frac{h}{1}, \quad \text{ou} \quad x = 3,1415925\,h.$$

Le calcul donne

$$3,1415927,$$

ce qui montre que la 6ᵉ décimale même est exacte.

175. Archimède, en partant de l'hexagone et s'arrêtant au polygone de 96 côtés, trouva que la circonférence du cercle était $< 3\,\frac{10}{70}$ et $> 3\,\frac{10}{71}$; ce qui donne le rapport si connu de $1 : 3\,\frac{1}{7}$ ou $7 : 22$. Depuis, on a poussé l'exactitude beaucoup plus loin; mais, parmi les divers rapports obtenus, celui de 113 à 355 mérite une attention particulière par sa simplicité et son exactitude, puisque, étant évalué en décimales, il donne 3,1415929, résultat vrai jusqu'au sixième chiffre décimal inclusivement. Adrien Métius, en le citant dans sa *Geometriæ practica*, l'attribue à son père Pierre Métius, comme l'ayant publié dans une réfutation de la quadrature du cercle proposée par Simon Duchesne (*).

176. *Remarque*. — La formation du tableau précédent n'est pas le moyen le plus expéditif pour parvenir à la valeur du côté du dernier polygone inscrit qu'il renferme; on réduit à la moitié le nombre des extractions de racines, en calculant, au lieu des côtés des polygones intermédiaires, les cordes BC, B'C (*fig.* 108, page 72) des arcs qu'il faut ajouter aux arcs AB et AB', pour compléter la demi-circonférence AB'BC. En effet,

$$BC = \sqrt{\overline{AC}^2 - \overline{AB}^2}, \quad B'C = \sqrt{\overline{AC}^2 - \overline{AB'}^2},$$

(*) Les recherches des savants anglais dans l'Inde nous ont fait connaître un rapport de la circonférence au diamètre plus approché que celui d'Archimède : c'est celui de 3927 à 1250, consigné dans l'*Ayeen Akbery*, ouvrage persan contenant un extrait de la doctrine des brahmes, et traduit en anglais par M. Gladwin (tome II, page 317).

Si l'on multiplie par 8 les deux termes de ce rapport, ils deviennent 31416 et 10000; puis si l'on double ceux-ci, on obtient 62832 et 20000, qui se trouvent dans l'Algèbre de Mohammed-Ben-Musa, auteur oriental du IXᵉ siècle (page 71 de la traduction anglaise). Ce dernier rapport est celui des Indiens, ramené au rayon 10000, et répond au polygone de 768 côtés.

puisque les triangles ABC, AB'C formés sur le diamètre AC et ayant un de leurs angles à la circonférence, sont nécessairement rectangles (91). Si l'on prend le rayon AO pour unité, que l'on désigne AB et AB', par a et a', BC et B'C par b et b', à cause de $AC = 2$, on trouvera

$$b = \sqrt{4 - a^2}, \quad b' = \sqrt{4 - a'^2};$$

et comme on a, par le numéro précédent,

$$a' = \sqrt{2 - \sqrt{4 - a^2}},$$

il viendra

$$a' = \sqrt{2 - b} \quad \text{ou} \quad a'^2 = 2 - b.$$

Mettant cette valeur dans celle de b', il en résultera

$$b' = \sqrt{2 + b}.$$

On passera donc de b à b' en prenant la racine carrée de la première quantité augmentée de 2. Il est évident qu'on aura de même $b'' = \sqrt{2 + b'}$, b'' représentant la corde B''C de l'arc correspondant à AB'' moitié de AB'; et ainsi de suite.

SECTION II.

DE L'AIRE DES POLYGONES ET DE CELLE DU CERCLE.

De l'aire des polygones et de celle du cercle. — Mesure de l'aire du rectangle, du parallélogramme, du triangle, du trapèze, d'un polygone quelconque. — Méthodes de la décomposition en triangles et en trapèzes rectangles.

177. Par *l'aire* d'une figure quelconque, on entend la portion d'étendue renfermée entre les lignes qui terminent cette figure.

Il est évident, et d'ailleurs la suite en fournira beaucoup d'exemples, que deux figures de formes très-différentes peuvent renfermer des aires égales. J'exprimerai cette circonstance en disant, avec Legendre, que les deux figures sont *équivalentes*, et réservant la dénomination d'*égales* pour les figures semblables qui peuvent être superposées.

178. Dans les triangles et dans les parallélogrammes, on choisit arbitrairement un des côtés, auquel on donne le nom de *base*, et l'on appelle *hauteur* la perpendiculaire abaissée de l'angle opposé à ce côté dans le triangle, ou d'un point quelconque du côté opposé dans le parallélogramme.

Fig. 112.

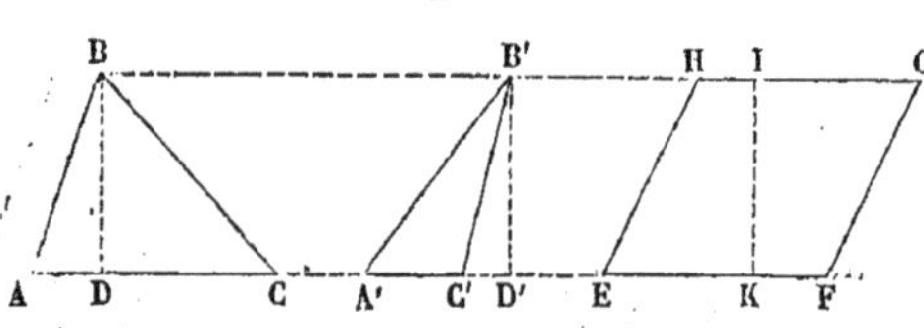

BD et B'D' (*fig.* 112) sont les hauteurs des triangles ABC, A'B'C', en prenant les côtés AC, A'C' pour bases. Il faut remarquer que la perpendiculaire

B'D', tombant en dehors du triangle A'B'C', est, à proprement parler, perpendiculaire sur le prolongement de la base.

Le sommet de l'angle opposé à la base s'appelle le *sommet* du triangle.

La droite IK est la hauteur du parallélogramme EFGH. Il est évident qu'elle demeurera la même, de quelque point du côté HG qu'on l'abaisse (49).

THÉORÈME.

179. *Deux parallélogrammes de même base et de même hauteur sont équivalents.*

Fig. 113.

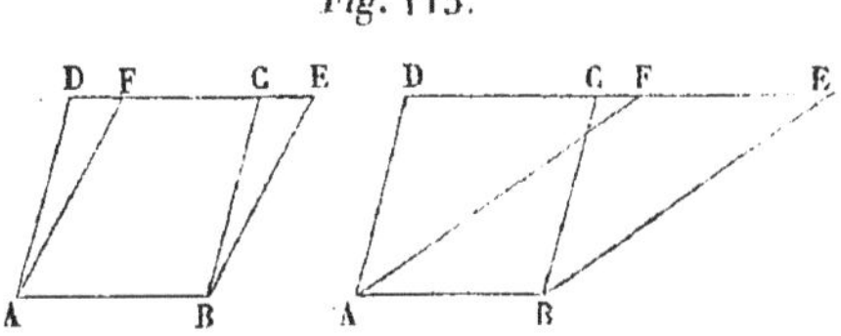

Démonstration. — Ces parallélogrammes ayant même base, on pourra poser celle de l'un sur celle de l'autre; et comme ils ont en outre même hauteur, le côté opposé à la base du premier tombera sur le côté opposé à la base du second, ou sur le prolongement de ce côté, ainsi que le montrent les deux *fig.* 113.

Cela posé, les triangles ADF et BCE sont égaux, parce que les côtés AD et BC, AF et BE sont respectivement égaux, comme côtés opposés d'un même parallélogramme, et que les angles DAF, CBE, dont les côtés sont parallèles et dirigés dans le même sens, sont égaux. Si du quadrilatère ABDE on retranche, d'une part, le triangle ADF, et de l'autre le triangle BCE, on aura nécessairement deux grandeurs égales, dont l'une sera le parallélogramme ABEF, et l'autre le parallélogramme ABCD.

THÉORÈME.

180. *Un triangle quelconque est la moitié d'un parallélogramme de même base et de même hauteur.*

Fig. 114.

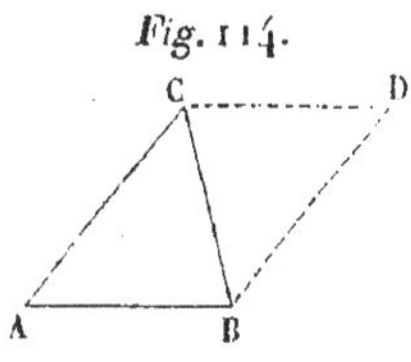

Démonstration. — Si, par les angles B et C du triangle ABC (*fig.* 114), on mène les droites BD et CD respectivement parallèles aux côtés AC et AB, la figure ABDC sera un parallélogramme (62) ayant même base et même hauteur que le triangle proposé (178). Les triangles ABC et BCD seront égaux (49): le triangle ABC sera donc la moitié du parallélogramme ABDC.

Corollaire. — Il suit de là que deux triangles qui ont même base et même hauteur sont équivalents. En effet, ces triangles seront, d'après ce qui précède, les moitiés de parallélogrammes de même base et de même hauteur, ou de parallélogrammes équivalents (179).

PROBLÈME.

181. *Transformer un polygone d'un certain nombre de côtés, en un autre qui ait un côté de moins, et qui lui soit équivalent.*

Fig. 115.

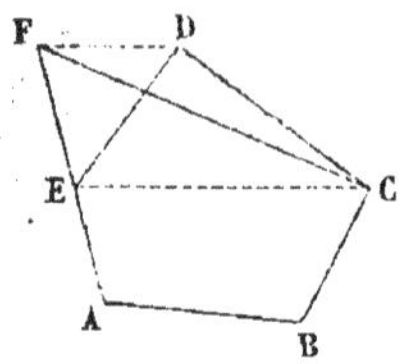

Solution. — Soit, par exemple, le pentagone ABCDE (*fig.* 115); on joindra les deux angles E et C par une droite, et par le sommet de l'angle D, placé entre les premiers, on mènera parallèlement à CE la droite DF, qui déterminera sur le côté AE prolongé un point F. En joignant ce dernier au point C, on formera le quadrilatère ABCF, équivalent au pentagone ABCDE.

En effet, les triangles CDE, CFE ont la même base CE et la même hauteur, puisque leurs sommets sont situés sur une parallèle à cette base : ils sont donc équivalents (numéro précédent), et, par suite, il en est de même du pentagone ABCDE et du quadrilatère ABCF, que l'on obtient en ajoutant successivement chacun de ces triangles au même quadrilatère ABCE.

Fig. 116.

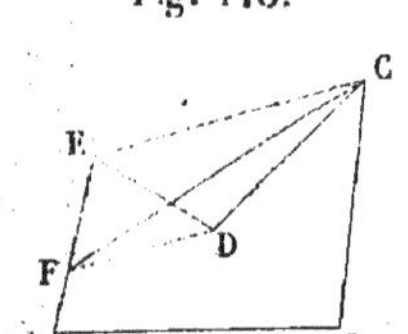

Le procédé ne changerait pas, quand même le pentagone ABCDE aurait un angle rentrant, comme dans la *fig.* 116; seulement il faudrait observer, pour la démonstration, que le pentagone ABCDE et le quadrilatère ABCF se forment en retranchant du quadrilatère ABCE les triangles équivalents CDE et CFE.

La construction et les raisonnements qui précèdent s'appliquent à un polygone quelconque.

182. *Corollaire.* — En effectuant sur le quadrilatère ABCF une construction semblable à la précédente, on le transformera en un triangle équivalent, et, par une suite d'opérations semblables, on transformera un polygone quelconque en un triangle équivalent. Si l'on avait, par exemple, un hexagone, on le transformerait d'abord en un pentagone, puis on ferait de celui-ci un quadrilatère, puis enfin de ce dernier un triangle.

THÉORÈME.

183. *Deux rectangles de même base,* ABCD *et* EFGH (fig. 117), *sont dans le même rapport que leurs hauteurs.*

Fig. 117.

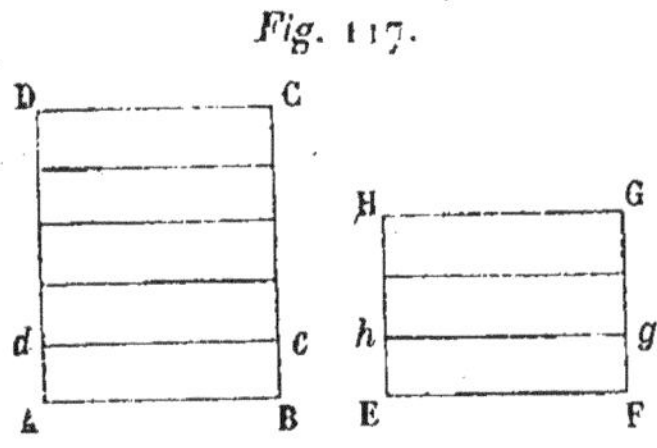

Démonstration. — Lorsque les hauteurs AD et EH des deux parallélogrammes sont commensurables entre elles, si l'on divise ces hauteurs AD et EH en parties, telles que A*d* et E*h*, égales à leur commune mesure, et que, par les points de division, on mène des parallèles à la base, on formera dans chacun des rectangles proposés autant de rectangles égaux (179) qu'il y a de divisions dans sa hauteur. Le rapport des rectangles ABCD et EFGH sera évidemment égal à celui des nombres qui expriment combien il y a de petits rectangles dans l'un et dans l'autre, nombres qui sont précisément ceux des parties égales contenues dans leurs hauteurs AD et EH : on aura donc

$$\frac{ABCD}{EFGH}=\frac{AD}{EH}.$$

Lorsque les hauteurs sont incommensurables, on prouvera que la proposition énoncée est encore vraie en faisant voir, comme au n° 87, que toute valeur approchée du rapport des hauteurs est, dans le même sens et au même degré d'approximation, une valeur approchée du rapport des rectangles.

Remarque. — On peut dire aussi que *deux rectangles de même hauteur sont dans le même rapport que leurs bases,* puisque l'on pourrait prendre AD et EH pour bases des deux rectangles dont les hauteurs seraient alors AB et EF.

THÉORÈME.

184. *Deux rectangles quelconques sont entre eux comme les produits de leur base par leur hauteur, ou comme les produits de deux côtés contigus.*

Démonstration. — Soient R et R′ les deux rectangles, b et b' leurs bases, h et h' leurs hauteurs. Soit R″ un rectangle ayant même base b que le premier, et même hauteur h' que le second.

Puisque R et R″ ont même base, on a

$$\frac{R}{R''}=\frac{h}{h'}.$$

Puisque R″ et R′ ont même hauteur, on a

$$\frac{R''}{R'}=\frac{b}{b'}.$$

Multipliant ces deux égalités membre à membre, on a

$$\frac{R\times R''}{R''\times R'}\quad\text{ou}\quad\frac{R}{R'}=\frac{b\times h}{b'\times h'},$$

résultat conforme à l'énoncé de la proposition.

185. *Remarque.* — Mesurer des grandeurs n'étant autre chose que comparer entre elles celles de même espèce, il est évident que la mesure des aires doit avoir pour but de savoir combien une aire quelconque en contient une autre prise arbitrairement pour servir de terme de comparaison. Mesurer, par exemple, le rectangle ABCD (*fig.* 118, p. 84), c'est chercher combien de fois ce rectangle contient un carré *abcd* dont on suppose que le côté soit égal à la droite prise pour unité de longueur. D'après ce qui précède, en concevant la base b et la hauteur h du parallélogramme ABCD rapportées à cette mesure, et, par conséquent, exprimées en nombres, on aura

$$\frac{R}{1}=\frac{b\times h}{1\times 1}\quad\text{ou}\quad R=b\times h;$$

ce qui montre que *le rectangle* R *contient le rectangle* abcd, *ou l'aire prise pour unité, autant de fois qu'il y a d'unités numériques dans le produit du nombre d'unités linéaires contenues dans sa base* AB, *multiplié par le nombre d'unités linéaires contenues dans sa hauteur* BC, expression dont l'exactitude est évidente, puisque les rapports y sont réduits à des nombres. Ce n'est que pour abréger qu'on la remplace par celle-ci : *L'aire d'un rectangle est égale au produit de sa base par sa hauteur.*

Fig. 118.

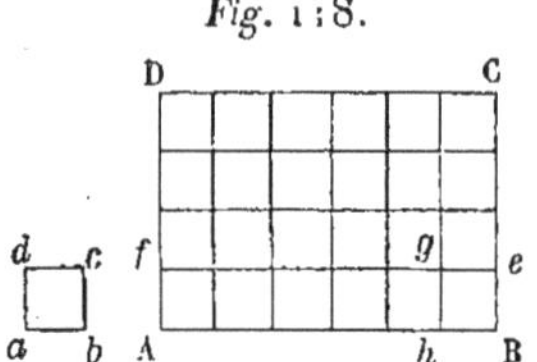

La vérité de la proposition précédente résulte de l'inspection seule de la figure, lorsque le côté du carré *abcd*, pris pour mesure commune, est contenu exactement dans la base et dans la hauteur du rectangle ABCD. En menant alors, par tous les points de division de la hauteur BC, des droites *cf* parallèles à AB, on partage le rectangle ABCD en autant de rectangles égaux, ou bandes, que sa hauteur contient de fois *ab*; et chacune de ces bandes peut, comme AB*cf*, être partagée en autant de carrés B*egh*, égaux à *abcd*, que la base AB contient de fois *ab* : le nombre total des carrés égaux à B*egh*, contenus dans le rectangle ABCD, est donc égal à celui des carrés contenus dans une bande AB*cf*, multiplié par le nombre des bandes, ce qui fait le produit du nombre d'unités linéaires de la base par le nombre d'unités linéaires de la hauteur.

186. Ier *Corollaire.* — Si les deux côtés du rectangle AB et BC devenaient égaux, auquel cas il se changerait en carré, son aire serait mesurée par la seconde puissance de son côté AB : de là vient qu'on appelle aussi *carré* d'un nombre la seconde puissance de ce nombre.

187. IIe *Corollaire.* — *L'aire d'un parallélogramme se mesure par le produit de sa base par sa hauteur.* En effet, les parallélogrammes de même base et de même hauteur étant équivalents (179), un parallélogramme quelconque est nécessairement équivalent au rectangle de même base et de même hauteur. On conclut encore de là que deux parallélogrammes quelconques, étant entre eux comme leurs mesures respectives, sont, par conséquent, dans le rapport des produits de leur base par leur hauteur, et simplement comme leurs bases si leurs hauteurs sont égales, ou comme leurs hauteurs lorsqu'ils ont même base.

188. IIIe *Corollaire.* — *L'aire d'un triangle est mesurée par la moitié du produit de sa base par sa hauteur,* puisque tout triangle est la moitié d'un parallélogramme de même base et de même hauteur. Deux triangles quelconques seront donc entre eux comme les produits de leur base par leur hauteur, ou comme leurs bases quand leurs hauteurs sont égales, ou comme leurs hauteurs quand ils ont même base.

PROBLÈME.

189. *Transformer en un carré un parallélogramme ou un triangle donné.*

Solution.— 1°. Soient b la base et h la hauteur du parallélogramme; son aire sera représentée par $b \times h$. Si x est le côté du carré équivalent, la surface de ce dernier sera x^2. On devra donc avoir

$$x^2 = b \times h\ :$$

ce qui montre qu'on obtiendra le côté cherché *en construisant une moyenne proportionnelle entre la base et la hauteur du parallélogramme* (105).

2°. Les notations restant les mêmes, on aura

$$x^2 = b \times \frac{h}{2}.$$

On aura donc le côté du carré équivalent à un triangle donné en construisant une moyenne proportionnelle entre la base et la moitié de la hauteur.

190. *Corollaire.* — On peut, par le moyen du problème précédent, transformer un polygone quelconque en un carré équivalent; il faudra d'abord le transformer en un triangle par le procédé du n° 181, et l'on changera ensuite ce triangle en un carré.

191. On donne le nom de *trapèze* à un quadrilatère ABCD (*fig* 119) dans lequel deux côtés CD et AB sont parallèles. Ces deux côtés se nomment les *bases* du trapèze. La *hauteur* est la perpendiculaire EF abaissée d'un point de l'une des bases sur la base opposée.

THÉORÈME.

192. *L'aire d'un trapèze* ABCD (fig. 119), *a pour mesure le produit de la demi-somme de ses bases,* AB *et* CD, *multipliée par la hauteur* EF.

Fig. 119.

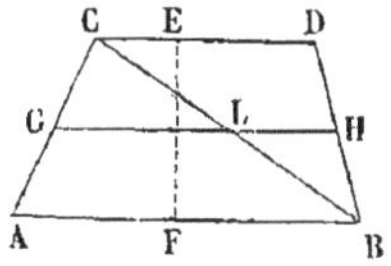

Démonstration. — En tirant la diagonale CB, on partagera le trapèze en deux triangles ABC et BCD, dont EF sera la hauteur commune; et parce que

$$ABCD = ABC + BCD,$$

$$ABC = \frac{1}{2} AB \times EF, \quad BCD = \frac{1}{2} CD \times EF,$$

on aura

$$ABCD = \frac{1}{2} AB \times EF + \frac{1}{2} CD \times EF = \frac{1}{2} (AB + CD) EF;$$

ce qui est l'énoncé du théorème.

Remarque. — La droite GH, menée parallèlement à AB par le milieu de AC et qui passe aussi par le milieu de BD (125) est égale à la demi-somme des bases du trapèze. En effet, cette droite se compose des segments GL et LH : or GL est égal à la moitié de la grande base, à cause de la similitude des triangles ABC et GLC, et LH est égal à la moitié de la petite base, à cause de la similitude des triangles CBD et LHB. On peut donc dire encore qu'*un trapèze a pour mesure le produit de sa hauteur multipliée par la droite qui joint les milieux de ses côtés non parallèles.*

PROBLÈME.

193. *Trouver l'aire d'un polygone quelconque.*

Solution. — Tout polygone pouvant être partagé en triangles, on évaluera son aire en calculant séparément celle de chacun des triangles qui le composent et en prenant la somme des résultats.

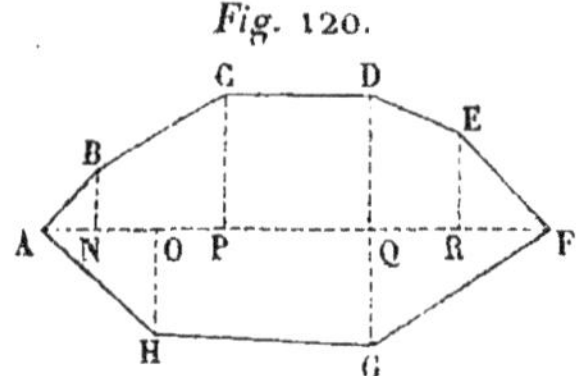

Fig. 120.

On peut encore, et c'est un procédé qu'on trouve plus commode dans la pratique, décomposer le polygone, comme dans la *fig.* 120, en triangles rectangles et en trapèzes rectangles, en abaissant, de chaque sommet, des perpendiculaires sur une même diagonale AF. Les différents segments de cette base et ces perpendiculaires étant mesurés avec soin, on aura, d'après les théorèmes des nos 188 et 191, le moyen d'évaluer chaque partie de l'aire et par suite l'aire cherchée.

Résumé. — Si l'on nomme b la base et h la hauteur d'un triangle ou d'un parallélogramme, B et b les bases d'un trapèze, et h sa hauteur, on aura, en désignant par A l'aire de chacune de ces figures,

$$A = \frac{bh}{2}, \text{ pour le triangle,}$$

$$A = bh, \text{ pour le parallélogramme,}$$

$$A = \frac{B + b}{2} h, \text{ pour le trapèze.}$$

194. *Applications numériques.* — Le rapprochement des expressions ou *formules* d'après lesquelles se calculent les aires du parallélogramme, du triangle et du trapèze, montre que la détermination de toutes ces aires ne dépend que d'un produit de deux facteurs, qu'on peut toujours regarder comme la base et la hauteur, c'est-à-dire les *deux dimensions* d'un rectangle équivalent à l'aire cherchée. Quand ces facteurs sont exprimés en mesures décimales, leur multiplication s'effectue à l'ordinaire; mais la dénomination des unités du résultat demande quelque attention.

Soit, par exemple, un rectangle de $49^{m},54$ de base sur $15^{m},27$ de hauteur; en multipliant ces deux nombres, on trouve 756,4758. L'unité de ce nombre est le carré ayant un mètre de côté, qu'on nomme aussi le *mètre carré;* les fractions décimales en sont toujours la dixième, la centième, la millième, etc., partie. La mesure ci-dessus pourrait donc s'énoncer ainsi : 756 mètres carrés et 4758 dix-millièmes de mètre carré; mais plus ordinairement on fait correspondre les subdivisions du mètre carré avec celles du mètre linéaire, et alors on doit observer que :

Le mètre carré contient 100 carrés d'un décimètre de côté, ou 100 *décimètres carrés;*

Le décimètre carré contient 100 carrés d'un centimètre de côté, ou 100 *centimètres carrés;* et ainsi de suite.

C'est donc les centièmes du mètre carré qui expriment les décimètres carrés, les dix millièmes qui expriment les centimètres carrés, les millioniėmes qui expriment les millimètres carrés. D'après cela, le nombre 756,4758 s'énonce

756 mètres carrés 47 décimètres carrés 58 centimètres carrés.

On juge par là qu'il n'est pas permis de confondre le 10e du mètre carré avec le décimètre carré. La première de ces subdivisions ne saurait se représenter par un carré dont les dimensions soient des nombres exacts, puisque l'unité n'en contient que 10, et que 10 n'est pas un carré parfait.

On peut rapporter commodément le 10e du mètre carré à un rectangle de 1 mètre de base sur 1 décimètre de hauteur; et il en est de même des fractions décimales qui suivent et qui désignent isolément des rectangles de 1 mètre de base sur 1 centimètre, 1 millimètre, etc., de hauteur.

Ce n'est qu'en séparant les chiffres de deux en deux, à partir de la virgule, qu'on peut énoncer le nombre en mesures carrées.

Quand les chiffres décimaux sont en nombre impair, il faut écrire un zéro à la droite, pour que le dernier ordre de décimales soit rapporté à des mesures carrées.

Le rectangle ayant 27 mètres de base sur $4^{m},3$ de hauteur par exemple, a pour mesure en mètres carrés 116,1. En mettant un zéro à la droite de ce nombre, il devient 116,10, et s'énonce 116 mètres carrés et 10 décimètres carrés.

Ce que je viens de dire s'applique également aux divers ordres d'unités placés à la gauche de la virgule; et en observant que l'*are*, étant un carré de 10 mètres de côtés, renferme 100 mètres carrés; que l'hectare renferme 100 ares : le nombre 37549 mètres carrés, par exemple, se décompose en 3 hectares 75 ares et 49 mètres carrés, ou centiares.

Il est à propos de fixer le sens de plusieurs expressions que l'on confond quelquefois. Que l'on dise un mètre carré ou un mètre en carré, cela revient au même, puisqu'il ne peut être question, dans les deux cas, que d'un carré ayant un mètre de côté; mais il faut soigneusement distinguer les espaces de 100 *mètres carrés*, et de 10 *mètres en carrés*, par exemple : car l'un indique une aire équivalente à 10 carrés d'un mètre de côté, et l'autre un seul carré ayant 10 mètres de côtés, et comprenant, par conséquent, 100 mètres carrés.

Relations entre le carré construit sur le côté d'un triangle opposé à un angle droit, aigu, ou obtus, et les carrés construits sur les deux autres côtés.

THÉORÈME.

195. *Le carré* AH (fig. 121, p. 88), *construit sur l'hypoténuse d'un triangle rectangle* ABC *est équivalent à la somme des carrés* AD *et* BF, *construits sur les deux autres côtés de ce triangle.*

Fig. 121.

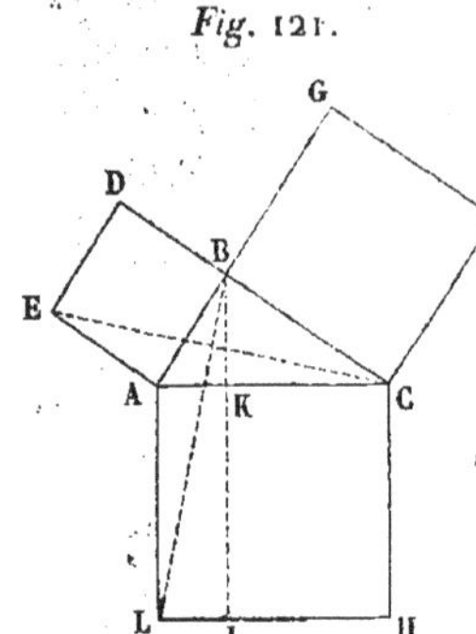

Démonstration. — On serait en droit de conclure cette proposition de celle du n° 141, puisqu'il a été prouvé dans ce numéro, que $\overline{AC}^2 = \overline{AB}^2 + \overline{BC}^2$, et que, d'après le n° 186, $\overline{AC}^2$, $\overline{AB}^2$, $\overline{BC}^2$ sont les mesures respectives des carrés AH, AD, BF; mais ces considérations supposant les lignes et les aires rapportées à des nombres, j'ai jugé convenable de démontrer la proposition immédiatement sur les aires, ainsi qu'Euclide l'a fait, et sans employer des rapports de lignes.

Pour cela il faut, de l'angle droit B du triangle ABC abaisser sur l'hypoténuse la perpendiculaire BK et la prolonger jusqu'en I, puis mener les droites EC et BL. Le triangle CAE, ayant même base AE que le carré AD, et étant compris entre les mêmes parallèles AE et CD, sera équivalent à la moitié de ce carré (180); de même, le triangle BAL sera équivalent à la moitié du rectangle AI, construit sur sa base AL, et compris entre les mêmes parallèles AL et BI. Or les triangles CAE et BAL sont égaux (19), parce que l'angle CAE, composé de l'angle droit EAB et de l'angle BAC, est égal à l'angle BAL, composé aussi d'un angle droit CAL et de l'angle BAC, et que les côtés AE et AB, AL et AC sont respectivement égaux comme côtés d'un même carré : donc la moitié du carré AD est équivalente à celle du rectangle AI; donc le carré AD sera lui-même équivalent au rectangle AI. On prouvera de même que le carré BF est équivalent au rectangle CI; et il résultera de là que le carré AH composé des deux rectangles AI et CI, est équivalent à la somme des carrés AD et BF.

196. *Corollaire.* — Les rectangles AI, CI et le carré AH, ayant même hauteur AL, sont entre eux comme leurs bases (187); mais AI et CI sont respectivement égaux aux carrés AD et BF : donc *les carrés construits sur les côtés de l'angle droit d'un triangle rectangle sont au carré construit sur l'hypoténuse comme les segments adjacents à ces côtés sont à l'hypoténuse.*

197. *Remarque.*—Si l'on proposait de *construire un carré équivalent à la somme de deux carrés donnés,* on voit que le côté du carré inconnu serait l'hypoténuse d'un triangle rectangle dont les côtés des carrés donnés seraient les côtés de l'angle droit. On verra de même que la construction d'un *carré équivalent à la différence de deux carrés donnés* revient à la construction d'un triangle rectangle dont on connaît l'hypoténuse et un côté de l'angle droit.

THÉORÈME.

198. *Le carré* BE, *construit sur le côté* BC *opposé à un angle aigu* A *dans le triangle* ABC (fig. 122), *est égal à la somme des carrés* CG, AI *construits sur les deux autres côtés du triangle moins deux fois le rectangle* AQ, *construit sur l'un de ces côtés* AB *et sur la projection* AP *de* AC *sur* AB.

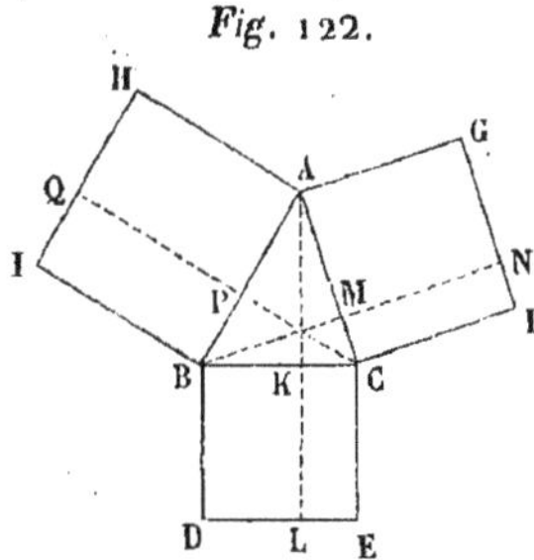

Fig. 122.

Démonstration. — Si l'on abaisse des sommets sur les côtés opposés les perpendiculaires AL, BN, CQ chaque carré se trouvera décomposé en deux rectangles, et l'on aura

$$BE = BL + LC,$$

mais on démontrera sans peine, comme dans la proposition précédente, que

$$BL = PI, \quad LC = CN, \quad AQ = MG;$$

donc

$$BE = PI + CN = CG - MG + AI - AQ;$$

et, par suite, en remplaçant MG par AQ

$$BE = CG + AI - 2AQ. \qquad \text{C. Q. F. D.}$$

199. *Remarque.* — Je laisse au lecteur le soin de trouver la modification qu'il faudrait apporter au raisonnement dans le cas où la perpendiculaire AK tomberait en dehors du triangle, ainsi que la démonstration d'un théorème analogue relatif au carré du côté opposé dans un triangle à un angle obtus. Ces théorèmes peuvent d'ailleurs se conclure des relations numériques du n° **142**.

Il importe de faire bien attention à cette correspondance intime entre les *relations géométriques* d'une figure et les *relations numériques* qui n'en sont pour ainsi dire que la traduction dans une autre langue. Cette correspondance permet, dans un grand nombre de cas, soit de démontrer par l'algèbre des théorèmes de géométrie, soit au contraire de démontrer par la géométrie des formules d'algèbre. Par exemple, on sait qu'on a entre deux nombres a et b la relation

$$(a+b)^2 = a^2 + b^2 + 2ab.$$

Il en résulte en géométrie ce théorème : *Le carré construit sur la somme de deux lignes est égal à la somme des carrés de ces deux lignes, augmentée de deux fois le rectangle construit sur ces deux lignes*, et réciproquement ce théorème, démontré par une figure, entraîne la vérité de la formule.

Nous conseillons au lecteur, comme un exercice utile, de rechercher l'interprétation et la démonstration géométrique des égalités suivantes :

$$(a+b+c-d)e = ae + be + ce - de,$$
$$(a+b)(c+d) = ac + ad + bc + bd,$$
$$(a-b)^2 = a^2 + b^2 - 2ab,$$
$$(a+b)(a-b) = a^2 - b^2,$$
$$(a+b+c)^2 = a^2 + b^2 + c^2 + 2ab + 2bc + 2ac.$$

Le rapport des aires de deux polygones semblables est le même que celui des carrés des côtés homologues.

THÉORÈME.

200. *Les aires de deux triangles qui ont un angle égal, chacun à cha-*

cun, sont dans le rapport des produits des côtés qui comprennent cet angle.

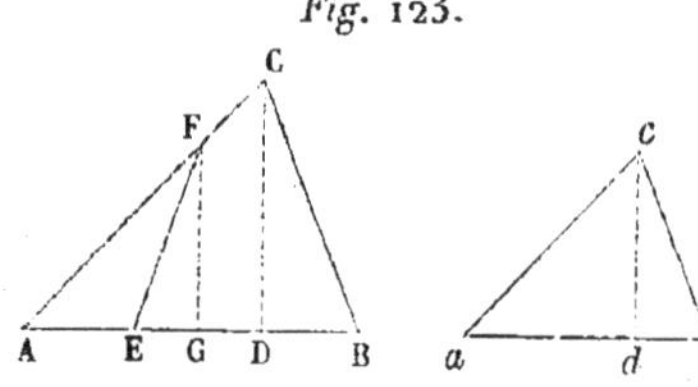

Fig. 123.

Démonstration. — Supposons que les deux triangles soient placés l'un sur l'autre de manière que les côtés qui comprennent l'angle égal coïncident en direction. Soient ABC, AEF (*fig.* 123) ces deux triangles, prenons AE et AB pour leurs bases, et soient CD et FG leurs hauteurs. On aura

$$\frac{ABC}{AEF} = \frac{AB \times CD}{AE \times FG} = \frac{AB}{AE} \times \frac{CD}{EG};$$

mais, CD étant parallèle à FG, on a

$$\frac{CD}{FG} = \frac{AC}{AF}:$$

donc

$$\frac{ABC}{AEF} = \frac{AB}{AE} \times \frac{AC}{AF} = \frac{AB \times AC}{AE \times AF},$$

ce qui est conforme à l'énoncé.

THÉORÈME.

201. *Les aires de deux polygones semblables sont dans le même rapport que les carrés de leurs côtés homologues.*

1°. Considérons d'abord deux triangles semblables ABC, *abc* (*fig.* 123). Puisque l'angle *a* est égal à l'angle A, on aura, d'après le théorème précédent,

$$\frac{ABC}{abc} = \frac{AB}{ab} \cdot \frac{AC}{ac};$$

mais, puisque les triangles sont semblables, on a

$$\frac{AC}{ac} = \frac{AB}{ab}:$$

donc

$$\frac{ABC}{abc} = \frac{AB}{ab} \times \frac{AB}{ab} = \frac{\overline{AB}^2}{\overline{ab}^2}.$$

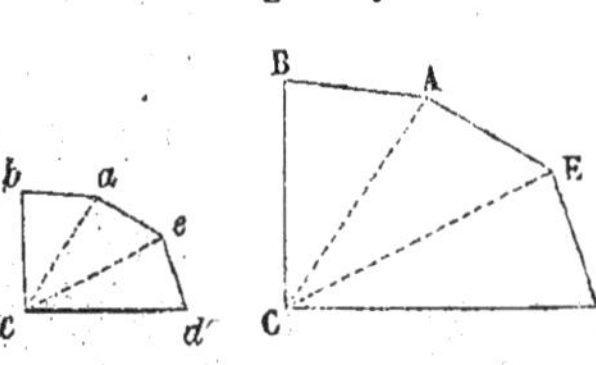

Fig. 124.

2°. Deux polygones semblables ABCDE et *abcde* (*fig.* 124), étant partagés en un même nombre de triangles semblables (135) et semblablement disposés, chaque triangle du premier polygone sera à son correspondant dans le second comme le carré de l'un des côtés du premier polygone est au carré du côté homologue du second; on aura

$$\frac{ABC}{abc} = \frac{\overline{AB}^2}{\overline{ab}^2}, \quad \frac{AEC}{aec} = \frac{\overline{AE}^2}{\overline{ae}^2}, \quad \frac{EDC}{edc} = \frac{\overline{ED}^2}{\overline{ed}^2}.$$

Mais la similitude des polygones donne cette suite de rapports égaux,

$$\frac{AB}{ab} = \frac{AE}{ae} = \frac{ED}{ed},$$

de laquelle on tire

$$\frac{\overline{AB}^2}{\overline{ab}^2} = \frac{\overline{AE}^2}{\overline{ae}^2} = \frac{\overline{ED}^2}{\overline{ed}^2},$$

ce qui prouve l'égalité des rapports de chaque triangle de l'un des polygones à son correspondant dans l'autre, et d'où il résulte

$$\frac{ABC}{abc} = \frac{AEC}{aec} = \frac{EDC}{edc}.$$

On déduira de cette dernière suite de rapports égaux,

$$\frac{ABC + AEC + EDC}{abc + aec + edc} = \frac{ABC}{abc},$$

ou

$$\frac{ABCDE}{abcde} = \frac{ABC}{abc} = \frac{\overline{AB}^2}{\overline{ab}^2},$$

202. *Corollaire.* — Si l'on construit sur les côtés de l'angle droit du triangle rectangle ABC (*fig.* 125), et sur son hypoténuse AC, trois polygones semblables, X, Y, Z, on aura

Fig. 125.

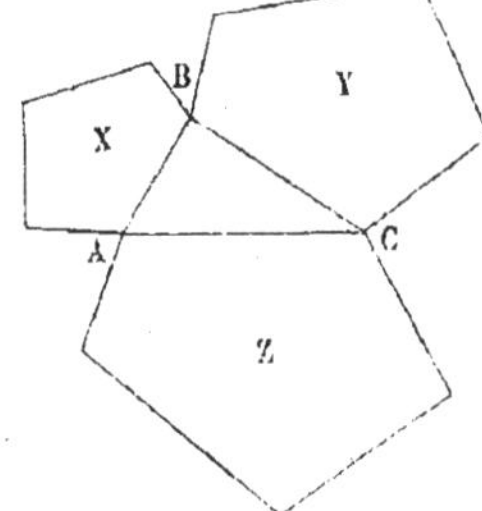

$$\frac{X}{\overline{AB}^2} = \frac{Y}{\overline{BC}^2} = \frac{Z}{\overline{AC}^2},$$

d'où l'on tirera

$$\frac{X + Y}{\overline{AB}^2 + \overline{BC}^2} = \frac{Z}{\overline{AC}^2}.$$

Mais

$$\overline{AB}^2 + \overline{BC}^2 = \overline{AC}^2,$$

donc

$$X + Y = Z;$$

c'est-à-dire que le polygone construit sur l'hypoténuse est équivalent à la somme des deux autres.

PROBLÈME.

203. *Construire un polygone semblable à un autre, et dont l'aire soit dans un rapport donné avec celle du premier, ou soit équivalente à un carré donné.*

Fig. 126.

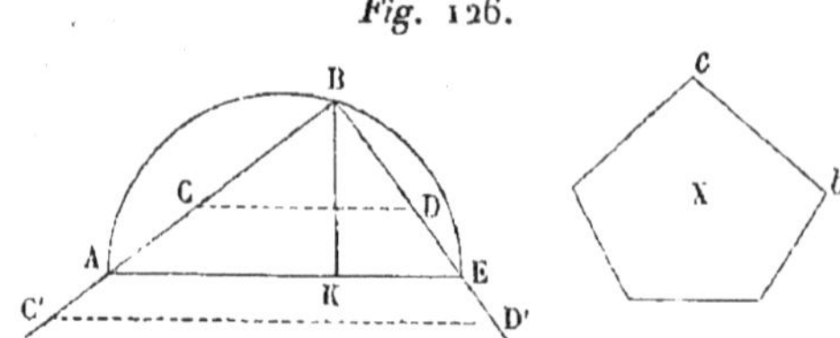

Solution. — Dans le premier cas, si bc (*fig.* 126) désigne l'un des côtés du polygone donné, et que l'aire de ce polygone soit à celle du polygone cherché dans le rapport de deux droites quelconques M et N, on prendra sur une droite indéfinie AE deux parties AK et KE, qui soient dans le même rapport ; sur leur somme AE comme diamètre, on décrira une demi-circonférence ; on élèvera la perpendiculaire BK; on tirera les cordes AB et BE; enfin, on portera sur AB, de B en C, le côté bc de la première figure, et ayant mené CD parallèle à AE, on aura en BD le côté qui, dans le polygone cherché, est homologue à bc. La question sera donc ramenée à construire sur BD un polygone semblable au polygone X, ce qui s'effectuera par le procédé du n° 157.

Pour prouver la construction précédente, on déduit d'abord des triangles ABE et CBD, semblables entre eux, les proportions

$$\frac{AB}{BE}=\frac{BC}{BD} \quad \text{et} \quad \frac{\overline{AB}^2}{\overline{BE}^2}=\frac{\overline{BC}^2}{\overline{BD}^2}.$$

mais, par le n° 187,

$$\frac{\overline{AB}^2}{\overline{BE}^2}=\frac{AK}{KE}=\frac{M}{N};$$

donc

$$\frac{\overline{BC}^2}{\overline{BD}^2}=\frac{M}{N};$$

donc (200) le polygone construit sur BC sera au polygone construit sur BD, dans le rapport de M à N, comme le demande l'énoncé de la question.

Si le côté bc de la figure X excédait AB, on prolongerait cette ligne en C', mais la construction et la démonstration ne changeraient pas pour cela.

Dans le cas où l'aire du polygone demandé devrait être équivalente à un carré donné N^2, on transformerait aussi en un carré le polygone donné, et M^2 représentant ce carré, il faudrait qu'on eût

$$\frac{\overline{BC}^2}{\overline{BD}^2}=\frac{M^2}{N^2},$$

d'où il suit

$$\frac{M}{N}=\frac{BC}{BD}.$$

Ainsi BD s'obtiendrait alors par les lignes proportionnelles (154), ou bien on pourrait prendre AK et KE dans le rapport des carrés M^2 et N^2.

Aire d'un polygone régulier. — Aire d'un cercle, d'un secteur et d'un segment de cercle. — Rapport des aires de deux cercles de rayons différents.

THÉORÈME.

204. *L'aire d'un polygone régulier a pour mesure la moitié du produit de son contour par son apothème.*

Fig. 127.

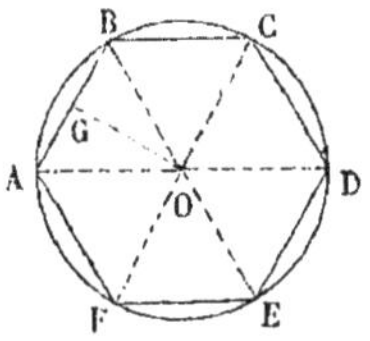

Démonstration. — Ce polygone peut être partagé en autant de triangles égaux qu'il a de côtés (163); l'un de ces triangles, ABO (*fig.* 127), est mesuré par $\frac{1}{2}AB \times OG$; en répétant ce produit autant de fois que le polygone a de côtés, on aura, si N en désigne le nombre,

$$\frac{1}{2}N \times AB \times OG\,;$$

mais $N \times AB$ sera le contour ou le *périmètre* du polygone : en le représentant par P, il viendra donc, pour l'aire du polygone,

$$\frac{1}{2}P \times OG\,,$$

comme le porte l'énoncé de la proposition.

THÉORÈME.

205. *L'aire d'un cercle est égale à la circonférence multipliée par la moitié du rayon.*

Démonstration. — Soit P le périmètre d'un polygone régulier inscrit dans le cercle donné de rayon R, et H son apothème. Désignons par A l'aire du polygone, nous aurons

$$(1)\qquad A = P \times \frac{1}{2}H.$$

Mais, si l'on imagine que le nombre des côtés du polygone augmente indéfiniment, son aire A tendra vers la surface S du cercle, son périmètre P vers la circonférence C, et son apothème H vers le rayon R, puisque les côtés, diminuant de plus en plus, tendront à devenir tangents à la circonférence. On aura donc, en remplaçant les quantités variables de l'égalité (1) par leurs limites respectives,

$$(2)\qquad S = C \times \frac{1}{2}R.$$

206. *Remarque.* — On a trouvé (169)

$$C = 2\pi R,$$

on aura donc

$$S = 2\pi R \times \frac{1}{2}R,$$

ou

(3) $$S = \pi R^2,$$

formule qui permettra d'obtenir la surface sans passer par le calcul de la circonférence.

Par exemple, supposons qu'on veuille calculer, à un mètre carré près, l'aire d'un cercle dont le rayon est de 32 mètres. On aura

$$R^2 = 32^2 = 1024,$$

et, comme la dix millième partie de R^2 est moindre que 1, il suffira de prendre π avec 4 chiffres décimaux. On aura donc à faire le produit

$$3,1415 \times 1024.$$

On trouve 3206 mètres carrés.

THÉORÈME.

207. *L'aire de la figure* AFBO (fig. 128), *terminée par les deux rayons* AO, BO, *faisant entre eux un angle quelconque, et par l'arc de cercle* AFB, *figure que l'on nomme* secteur de cercle, *a pour mesure la moitié du produit de l'arc* AFB *par le rayon* AO.

Fig. 128.

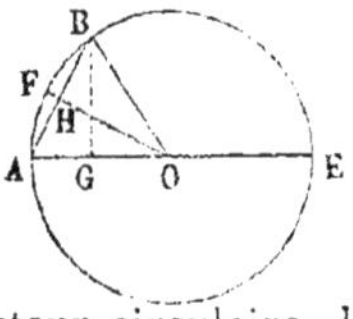

Démonstration. — Si l'on inscrit dans l'arc AB une ligne polygonale régulière, on formera un secteur polygonal qui aura pour mesure cette ligne, multipliée par la moitié de son apothème. Mais si l'on multiplie indéfiniment le nombre des côtés de la ligne inscrite, le secteur polygonal différera de moins en moins du secteur circulaire, l'apothème tendra vers le rayon, et la ligne polygonale vers l'arc AB. Donc en passant à la limite, on trouvera pour l'aire du secteur la moitié de l'arc AB, multipliée par le rayon, conformément à l'énoncé.

208. *Remarque.* — On obtiendra l'espace AFBA, compris entre l'arc AFB et la corde AB, en retranchant l'aire du triangle ABO de l'aire du secteur AFBO.

Cette dernière sera exprimée par $\frac{1}{2}$ BG $\times$ AO, si BG est perpendiculaire sur AO (188); et en retranchant sa valeur de celle du secteur AFBO (207), on aura

$$\text{AFBA} = \frac{1}{2}\text{AFB} \times \text{AO} - \frac{1}{2}\text{BG} \times \text{AO} = \frac{1}{2}(\text{AFB} - \text{BG})\,\text{AO},$$

c'est-à-dire *la moitié du produit de la différence entre l'arc* AFB *et la perpendiculaire* BG *par le rayon* AO (*).

(*) La perpendiculaire BG est employée dans la *Trigonométrie* : c'est le *sinus* de l'arc AFB.

N. B. — L'espace AFBA se nomme le *segment*, et la portion FH du rayon OF, perpendiculaire sur la corde AB, est la *flèche.*

THÉORÈME.

209. *Le rapport des aires de deux cercles est égal au rapport des carrés de leurs rayons.*

Démonstration. — Si l'on nomme R et R' les rayons des deux cercles, et S et S' leurs aires, on aura

$$S = \pi R^2, \qquad S' = \pi R'^2;$$

d'où

$$\frac{S}{S'} = \frac{\pi R^2}{\pi R'^2} = \frac{R^2}{R'^2}.$$

210. *Remarque.* — Cette proposition ramène les problèmes que l'on pourrait se proposer sur les aires des cercles à des problèmes analogues sur les carrés des rayons. On pourra donc trouver le rayon d'un cercle égal à la somme, ou à la différence de deux cercles donnés, ou dont l'aire ait un certain rapport avec l'aire d'un cercle donné.

FIN DE LA PREMIÈRE PARTIE.

DEUXIÈME PARTIE.

GÉOMÉTRIE DANS L'ESPACE.

SECTION PREMIÈRE.

DES PLANS ET DES CORPS TERMINÉS PAR DES SURFACES PLANES.

N. B.—Dans tout ce qui va suivre, les figures embrassent l'espace avec ses trois dimensions. Les lignes ponctuées sont celles qui passent derrière des plans.

DES PLANS ET DES LIGNES DROITES.

Du plan et de la ligne droite. — Deux droites qui se coupent déterminent la position d'un plan. — Conditions pour qu'une droite soit perpendiculaire à un plan.

211. Puisque la ligne droite s'applique exactement au plan, dans tous les sens (3), il est évident qu'une ligne droite est tout entière dans un plan, dès qu'elle y a deux de ses points.

212. L'intersection de deux plans est une ligne droite; car si par deux points de cette intersection, on tire une droite, elle sera en même temps dans l'un et dans l'autre plan (numéro précédent) : elle ne pourra donc être que leur intersection.

213. Par une même ligne droite AB (*fig.* 129), on peut faire passer une infinité de plans différents, CD, EF, GH, etc. Pour s'en convaincre, il suffit d'observer qu'un plan peut toujours tourner autour d'une droite tirée par deux de ses points, et prendre ainsi un nombre infini de positions différentes, sans que les points de la droite changent de place; mais on conçoit que le plan s'arrêtera si l'on fixe, hors de cette ligne, un point par lequel il doive passer. Il résulte de là qu'un plan est déterminé lorsque l'on connaît trois de ses points, pourvu qu'ils ne soient pas en ligne droite.

Fig. 129.

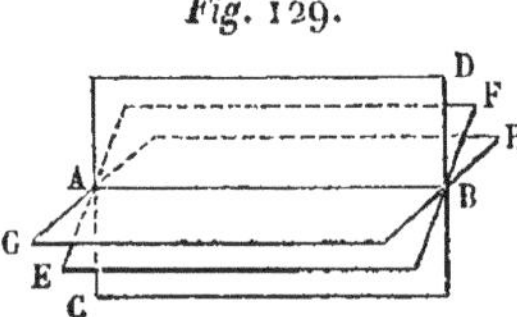

214. Deux lignes AB et BC (*fig.* 130) qui se coupent sont dans un même plan; car, si l'on fait passer un plan par AB et par un point C pris sur BC, cette dernière ligne ayant deux de ses points, B et C, dans ce plan, y sera tout entière (211).

Fig. 130.

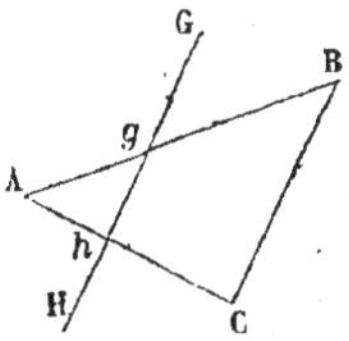

Il est évident par là qu'en joignant deux à deux, par des droites, trois points pris d'une manière quelconque dans l'espace, le triangle résultant ABC sera tout entier dans un même plan.

Il n'en est pas ainsi de quatre points pris au hasard : le plan qui passe par trois d'entre eux ne passe pas toujours par le quatrième; et, dans ce cas, le quadrilatère qui en résulte, n'étant pas dans un plan, se nomme *quadrilatère gauche*.

Une droite et un point situé hors de cette droite déterminent aussi la position d'un plan.

215. Les parallèles sont toujours dans un même plan d'après leur définition; mais il faut bien observer que, dans l'espace, deux lignes droites peuvent être perpendiculaires à une troisième, sans être parallèles et sans se rencontrer; car on peut alors mener par un seul point autant de perpendiculaires à une même droite que l'on peut faire passer de plans par cette droite, c'est-à-dire une infinité. Les droites AC, AE, AG (*fig.* 129) peuvent toutes être perpendiculaires sur AB, la première dans le plan CD, la seconde dans le plan EF, la troisième dans le plan GH. S'il en arrive autant aux lignes BD, BF et BH, BD et AC seront parallèles, comme étant perpendiculaires à la même droite AB dans le plan CD; mais ces droites ne seront parallèles à aucune des autres.

216. On peut concevoir le plan comme engendré par une droite mobile GH (*fig.* 130) assujettie à passer par un point fixe G et à rencontrer une droite fixe AB; car la droite mobile sera toujours dans le plan déterminé par le point fixe et la droite fixe, et passera successivement par tous les points de ce plan.

Une droite glissant parallèlement à elle-même sur une autre droite engendre aussi un plan.

THÉORÈME.

217. *Une droite* AB (fig. 131) *perpendiculaire à deux autres*, BC, BD, *menées par son pied* B *dans le plan* P, *est perpendiculaire à toute droite* BE *qu'on pourrait mener par ce point dans le même plan.*

Fig. 131.

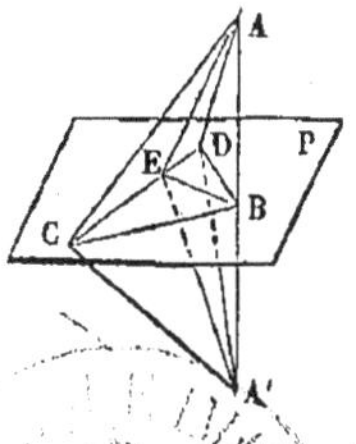

Démonstration. — Je mène CD qui coupe BE au point E, et, après avoir prolongé au-dessous du plan P la droite AB d'une quantité $A'B = AB$, je tire les droites AC, AE, AD, A'C, A'E, A'D. Cela fait, puisque AB, ou, ce qui revient au même, AA' est perpendiculaire sur BC et sur BD, les obliques AD et DA', AC et CA' seront égales comme s'écartant également du pied de la perpendiculaire (33); donc les triangles ACD et A'CD, qui ont d'ailleurs le côté CD commun, auront tous leurs côtés égaux chacun à chacun, et seront égaux (23). Par conséquent, en faisant tourner le triangle A'CD autour de CD, on pourra l'amener à coïncider avec le triangle ACD. Mais, après ce mouvement, le point A' étant venu en A et le point E n'ayant pas changé de place, j'en conclus que A'E coïncide avec AE et lui est égal. Le triangle AA'E est donc isocèle, et, par suite, AB est perpendiculaire sur BE (27).

Définitions. — La ligne AB, qui tombe à angle droit sur toutes celles que l'on peut mener par son pied dans le plan P, et n'incline, par conséquent, d'aucun côté vers le plan, est dite *perpendiculaire* au plan P.

Réciproquement, le plan P est dit *perpendiculaire* à la droite AB.

Toute droite qui rencontre un plan sans lui être perpendiculaire prend le nom *d'oblique* au plan.

THÉORÈME.

218. *Par un point pris, soit hors d'un plan, soit sur ce plan, on peut mener une perpendiculaire à ce plan, et l'on n'en peut mener qu'une seule.*

Fig. 132.

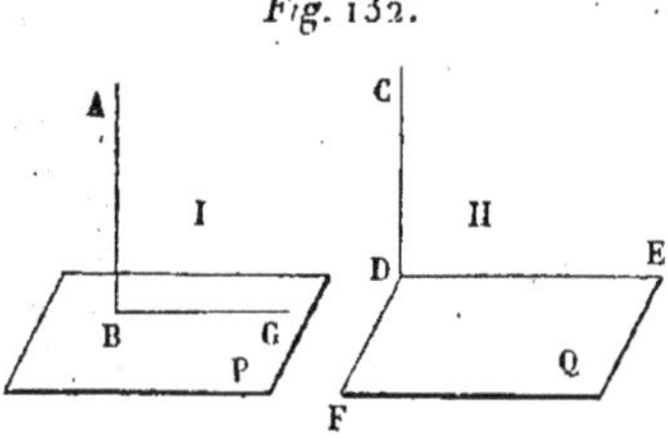

Démonstration. — Soient P (*fig.* 132) le plan donné et CD une droite prise arbitrairement dans l'espace. Par le point D et dans deux plans distincts passant par CD je mène successivement DE et DF perpendiculaires à CD. La droite CD sera perpendiculaire au plan EDF ou Q (217). Cela posé, si l'on transporte tout d'une pièce la *fig.* II ainsi construite, et que l'on applique le plan Q sur le plan P, on voit qu'il sera toujours possible, en faisant glisser le premier, d'amener la droite CD, actuellement perpendiculaire au plan P, à passer par un point donné à volonté, soit sur le plan P, soit en dehors.

Fig. 133.

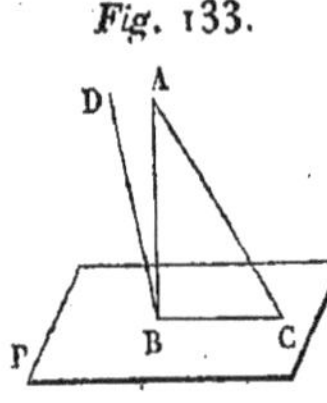

Je dis maintenant que par le point A (*fig.* 133) pris hors du plan P on ne peut abaisser qu'une seule perpendiculaire AB sur ce plan : c'est-à-dire que toute autre droite AC menée par le même point est oblique au plan. En effet, AB étant perpendiculaire au plan P sera perpendiculaire à BC. Le triangle ABC est donc rectangle en B ; donc l'angle C est aigu : j'en conclus que AC est oblique à BC, et, par suite, oblique au plan.

En second lieu, je dis que par le point B pris sur le plan P on ne peut élever qu'une seule perpendiculaire BA à ce plan. En effet, menons une seconde droite BD, et soit BC l'intersection du plan P et du plan DBA. Comme on ne peut, dans le plan DBA, mener qu'une seule perpendiculaire à BC par le point B et que déjà AB située dans ce plan est perpendiculaire à BC, il en résulte que BD est oblique à BC, et, par suite, oblique au plan.

THÉORÈME.

219. *Par un point pris sur une droite ou hors d'une droite, on peut toujours mener un plan perpendiculaire à cette droite et l'on ne peut en mener qu'un.*

Démonstration. — On a déjà vu comment on pouvait, par le point D pris sur la droite CD (*fig.* 132, II), faire passer un plan Q perpendiculaire à CD. Je dis qu'on ne peut pas en faire passer un second par le même point. En effet, tout plan Q' perpendiculaire à CD doit couper le plan CDE suivant une droite perpendiculaire à CD et passant par le point D. Le plan Q' contient donc la droite DE qui seule remplit ces conditions (11). Par la même raison, Q' contient DF : donc le plan Q' et le plan Q se confondent.

En second lieu, par un point F extérieur à CD on peut mener un plan perpendiculaire à CD et l'on ne peut en mener qu'un. On peut en mener un; car si l'on abaisse FD perpendiculaire sur CD et que l'on mène dans un plan passant par CD, DE perpendiculaire à cette ligne, le plan FDE sera perpendiculaire à CD. On ne peut en mener qu'un, parce que le plan cherché doit nécessairement contenir FD perpendiculaire à CD, et que dès lors, devant passer par le point D, il ne peut différer du plan FDE, d'après la première partie de la démonstration.

220. Ier *Corollaire.* — *Deux plans perpendiculaires à une même droite ne peuvent avoir aucun point commun*, ou, en d'autres termes, *ne peuvent se rencontrer.*

221. IIe *Corollaire.* — *Toutes les perpendiculaires menées à une droite par un de ses points sont dans un même plan perpendiculaire à cette droite.*

Propriétés de la perpendiculaire et des obliques menées d'un même point à un plan.

THÉORÈME.

222. *Les obliques qui s'écartent également de la perpendiculaire* AB (fig. 134) *à un plan* P *sont égales; celles qui s'en écartent le plus sont les plus longues, et la perpendiculaire est la plus courte de toutes les droites que l'on peut mener d'un point donné à un plan.*

Fig. 134.

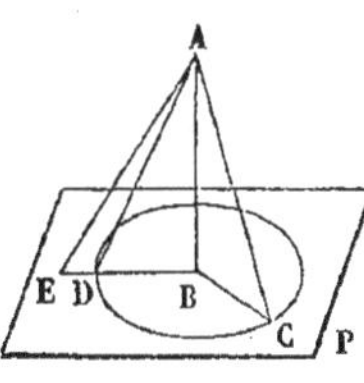

Démonstration. — 1°. Soient C et D deux points situés sur la circonférence du cercle CD, décrit du point B comme centre. Les triangles rectangles ABD et ABC sont égaux comme ayant le côté AB commun et les côtés BC, BD égaux : donc AC = AD.

2°. Si l'on joint le point E, extérieur au cercle, avec le centre B, la droite AE, située dans le même plan que les droites AB et AD, sera plus longue que AD (33).

3°. La ligne AB, évidemment plus courte que AD, sera nécessairement plus courte que toutes celles que l'on peut mener du point A sur le plan P, et offrira la mesure naturelle de la distance du point A à ce plan.

223. *Remarques.* — Chaque point de la droite AB, étant également éloigné de tous ceux de la circonférence CD, peut être employé à la description de cette circonférence, comme le centre B.

C'est par ce moyen qu'on abaisserait une perpendiculaire sur un plan par un point extérieur : d'abord du point A on décrirait sur le plan P un cercle dont on chercherait le centre B; et en le joignant avec le point A on aurait la droite AB perpendiculaire sur le plan P.

A l'aide de la proposition précédente, on démontrera facilement : 1° que *la perpendiculaire élevée par le centre d'un cercle au plan de ce cercle est le lieu géométrique des points également distants de la circonférence ;* 2° que *le plan perpendiculaire à une droite mené par son milieu est le lieu géométrique des points situés à égale distance des extrémités de la droite.*

THÉORÈME.

224. *Si d'un point* A *de la droite* AE, *oblique au plan* P (fig. 135), *on abaisse sur ce plan la perpendiculaire* AB, *et que l'on joigne les points* B *et* E *par une droite, la droite* CD, *menée dans le plan* P *perpendiculairement à* BE, *sera aussi perpendiculaire sur* AE.

Fig. 135.

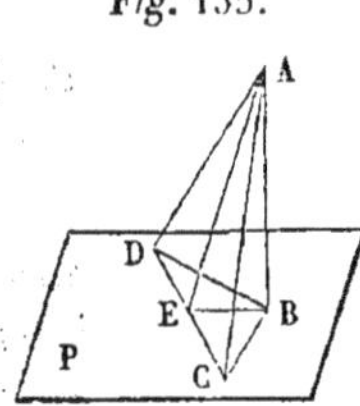

Démonstration. — Ayant pris CE = ED, et tiré les droites BD, BC dans le plan P, on aura BD = BC (33). Ensuite les obliques AD et AC seront égales, comme s'écartant également de la perpendiculaire AB (222); mais considérées, par rapport à AE, dans le plan ACD, elles s'écarteront également du pied E de la droite AE, qui sera, par conséquent, perpendiculaire sur CD.

Remarque. — Le plan AEB est perpendiculaire à la droite DE.

THÉORÈME.

225. *Deux droites* AB *et* CD, *perpendiculaires à un même plan* P (fig. 136), *sont parallèles.*

Fig. 136.

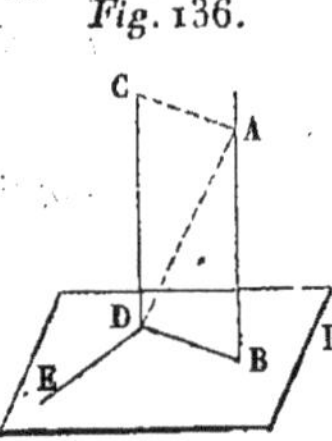

Démonstration. — Je mène BD, AD et j'élève dans le plan P, DE perpendiculaire à BD. D'après le théorème précédent, le plan ADB est perpendiculaire à la droite DE ; donc ce plan contient CD, puisque CD est perpendiculaire à DE. Ainsi les droites CD et AB sont dans un même plan et perpendiculaires à la même droite BD, donc elles sont parallèles.

226. Réciproquement : *Si deux droites* AB *et* CD *sont parallèles et que* AB *soit perpendiculaire au plan* P, CD *sera perpendiculaire au même plan.* Car si l'on imagine par le point D une perpendiculaire au plan P, cette droite devra être parallèle à AB; elle se confondra donc avec CD, puisque par un point on ne peut mener qu'une seule parallèle à une droite.

227. *Corollaire.* — Deux droites A et B parallèles à une troisième C sont parallèles entre elles, car A et B sont perpendiculaires à tout plan P qui serait perpendiculaire à C.

Parallélisme des droites et des plans.

228. Un plan et une droite qui ne se rencontrent pas, quelque loin qu'on les prolonge, sont *parallèles.*

Deux plans qui ne se rencontrent point sont *parallèles* entre eux. Tels sont deux plans perpendiculaires à une même droite (220).

THÉORÈME.

229. *Toute droite* AB (fig. 137) *parallèle à une droite* CD *située dans un plan* P *est parallèle à ce plan.*

Fig. 137.

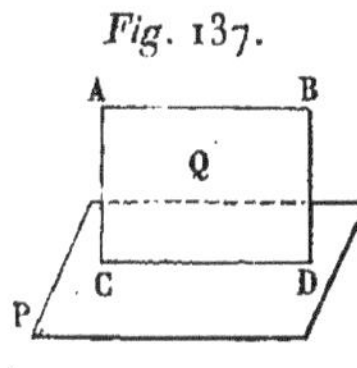

Démonstration. — La droite AB, se trouvant avec la droite CD dans un même plan Q, ne pourrait rencontrer le plan P que dans son intersection avec le précédent, c'est-à-dire sur CD; mais, par l'hypothèse, AB ne peut rencontrer CD, donc AB ne rencontrera pas non plus le plan P.

230. Réciproquement : *Si une droite* AB (même figure) *est parallèle à un plan* P, *tout plan* Q *mené par* AB *rencontrera le plan* P *suivant une parallèle* CD *à* AB. Car la droite AB ne pourrait rencontrer CD sans rencontrer le plan P, ce qui est contraire à l'hypothèse.

Il suit de là qu'une parallèle à AB, menée par un point du plan P, est tout entière dans ce plan.

231. Ier *Corollaire.— Les parallèles* AC *et* BD (fig. 137) *comprises entre une droite* AB *et un plan* P *parallèles sont égales.*

Car si l'on mène le plan Q par les parallèles AC et BD, la figure ABDC sera un parallélogramme, et, par suite, on aura

$$AC = BD.$$

232. IIe *Corollaire* — Si l'on mène AC et BD perpendiculaires au plan P, ces lignes étant parallèles (225), on en conclura qu'*une droite parallèle à un plan a tous ses points à égale distance de ce plan.*

THÉORÈME.

233. *Lorsque deux plans parallèles* P *et* Q (fig. 138) *sont coupés par un troisième plan* R, *les intersections* A *et* B *sont parallèles entre elles.*

Fig. 138.

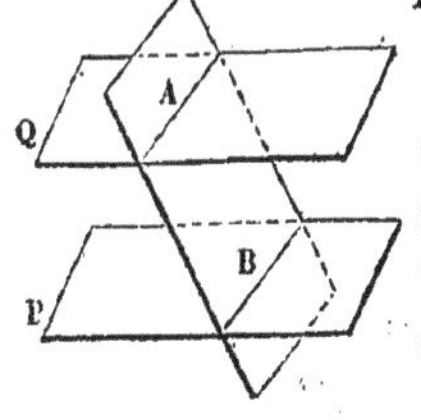

Démonstration. — Les droites A et B, comprises dans le même plan R, ne peuvent se rencontrer, sans que les plans P et Q, qui les contiennent respectivement, ne se rencontrent aussi; ce qui ne saurait arriver, puisqu'ils sont parallèles.

234. *Corollaires.* — 1°. *Deux plans parallèles ont leurs perpendiculaires communes.*

Fig. 139.

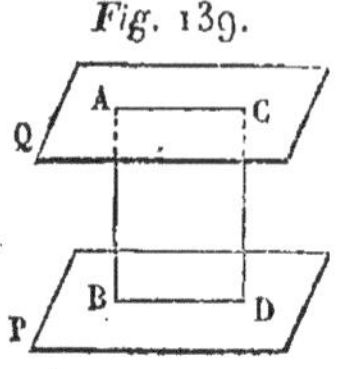

En effet, si l'on élève sur le plan P (*fig.* 139) la perpendiculaire AB, et qu'on tire dans le plan Q une droite quelconque AC, le plan CAB coupera le plan P suivant la droite BD parallèle à AC (233); mais AB est perpendiculaire à BD : donc (42) AB est perpendiculaire à AC et, par suite, au plan Q.

2°. *La distance des plans parallèles est la même dans tous leurs points.*

Si l'on élève encore sur le plan P la perpendiculaire CD, et que l'on conçoive le plan ABD, la figure ABDC sera un rectangle (215), et donnera

$$AB = CD.$$

3°. Plus généralement, *les parallèles comprises entre deux plans parallèles sont égales.*

Car si par deux droites parallèles AB et CD comprises entre les plans P et Q on fait passer un plan, on obtiendra la figure ABDC qui sera un parallélogramme, et l'on aura encore

$$AB = CD.$$

THÉORÈME.

235. *Par un point* A (fig. 139) *pris hors d'un plan* P, *on peut mener un plan parallèle au plan* P, *et l'on ne peut en mener qu'un.*

Démonstration. — Si l'on abaisse AB perpendiculaire sur le plan P et qu'au point A on mène le plan Q perpendiculaire à AB, le plan Q sera parallèle au plan P (220).

En second lieu, deux plans parallèles ayant toutes leurs perpendiculaires communes, tout plan parallèle au plan P mené par le point A doit être perpendiculaire à AB. Donc, puisqu'on ne peut mener par un point qu'un seul plan perpendiculaire à une droite, le plan Q est le seul plan parallèle au plan P qu'on puisse mener par le point A.

THÉORÈME.

236. *Deux angles* BAC, EDF (fig. 140), *qui ont leurs côtés parallèles et dirigés dans le même sens, sont égaux et leurs plans sont parallèles.*

Fig. 140.

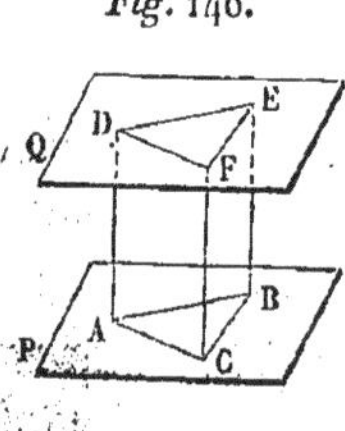

Démonstration. — Je prends AB = DE, AC = DF, et je mène AD, BE, CF, EF et BC. La droite DE étant égale et parallèle à AB, EB est aussi égale et parallèle à DA. Par la même raison, CF est égale et parallèle à AD. Donc BE et CF sont égales et parallèles entre elles (227). Par conséquent, la figure CFEB est un parallélogramme et BC est égale à EF. Donc les deux triangles ABC et

DEF sont égaux comme ayant leurs côtés égaux. Donc l'angle EDF est égal à l'angle BAC.

En second lieu, je dis que le plan DEF est parallèle au plan ABC. En effet, les parallèles comprises entre plans parallèles étant égales, un plan parallèle au plan ABC mené par le point D devra rencontrer BE à une distance du point B égale à AD, et, par conséquent, au point E. Par la même raison, ce plan passera par le point F, donc il se confondra avec le plan DEF.

237. *Remarque.* — Par deux droites telles que AB et DF qui ne se rencontrent pas et qui ne sont pas dans un même plan, on peut toujours faire passer deux plans parallèles. Car si l'on mène AC parallèle à DF et DE parallèle à AB, les deux plans ABC, DEF seront parallèles et contiendront les deux droites proposées.

THÉORÈME.

238. *Deux droites* AB *et* CD, *comprises entre deux plans parallèles* P *et R* (fig. 141), *sont toujours coupées en parties proportionnelles, par un troisième plan* Q *parallèle aux deux premiers.*

Fig. 141.

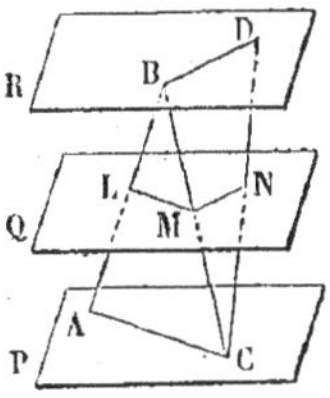

Démonstration. — On joindra d'abord le point B et le point C, puis on tirera dans le plan Q, par les points L, M, N où les droites AB, BC, CD le rencontrent, les droites LM et MN. LM et AC étant parallèles comme intersections des plans parallèles P et Q par le plan ABC, on aura

$$\frac{AL}{MC}=\frac{BL}{BM}=\frac{AB}{BC};$$

on aura de même

$$\frac{CN}{MC}=\frac{DN}{BM}=\frac{DC}{BC};$$

d'où l'on conclura, conformément à l'énoncé,

$$\frac{AL}{CN}=\frac{BL}{DN}=\frac{AB}{DC}.$$

Corollaire. — Deux droites telles que BA et BC qui passent par un même point sont coupées par deux plans parallèles P et Q en parties proportionnelles.

Angle dièdre. — Génération des angles dièdres par la rotation d'un plan autour d'une droite. — Angle dièdre droit. — Angle plan correspondant à l'angle dièdre. — Le rapport de deux angles dièdres est le même que celui de leurs angles plans.

239. Lorsque deux plans P et Q (*fig.* 142) se rencontrent, la figure

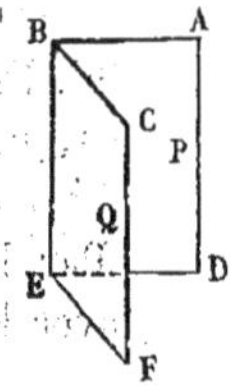

que forment ces plans, terminés à leur intersection commune, s'appelle *angle dièdre*.

Fig. 142.

Les plans P et Q sont dits les *faces* de l'angle dièdre, BE en est l'*arête*. L'angle dièdre se désigne par quatre lettres, dont la première et la dernière sont prises chacune sur une des faces et les deux autres sur l'arête. L'angle de la *fig.* 142 sera donc l'angle ABEF. On pourra aussi l'appeler l'angle PQ.

Quand il n'y a, suivant l'arête BE, qu'un seul angle dièdre, on peut se contenter de nommer l'arête et dire l'angle dièdre BE.

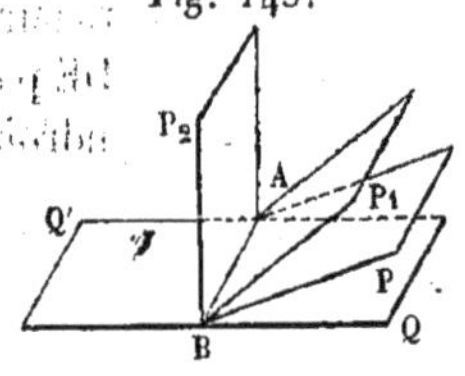

Fig. 143.

On peut considérer tous les angles dièdres comme engendrés par le mouvement d'un plan mobile autour d'une droite AB (*fig.* 143) et qui, s'écartant de plus en plus de sa position initiale Q, viendrait successivement en P, P_1, P_2, etc., Q'.

240. Lorsqu'un plan P rencontre un plan Q, et est terminé à l'intersection commune, il forme avec les deux portions du plan Q limitées par cette intersection deux angles qu'on nomme *adjacents*. Lorsque ces deux angles sont égaux, le plan est dit *perpendiculaire* sur le plan Q, et chacun des angles dièdres est appelé *dièdre droit :* tel est le plan P_2 de la *fig.* 143.

241. On appelle *angle plan correspondant à un angle dièdre* PQ (*fig.* 142) un angle rectiligne ABC formé par deux perpendiculaires menées à l'arête BE dans chacun des deux plans. Cet angle est le même en tout autre point de l'arête. Car si on le suppose fait au point E, les droites EF et BC seront parallèles et de même sens; il en sera de même de AB et de ED. Les deux angles ABC et DEF seront donc égaux (236). On remarquera que le plan de l'angle ABC est perpendiculaire à l'arête BE (217).

242. Deux angles dièdres égaux ont le même angle plan puisque, si on les fait coïncider, il est clair que l'angle plan de l'un sera aussi l'angle plan de l'autre. Réciproquement, deux angles dièdres qui ont des angles plans égaux sont égaux. Car en faisant coïncider les deux angles plans, les arêtes des angles dièdres étant perpendiculaires au plan de ces angles devront se confondre, et, par suite, les faces coïncideront.

THÉORÈME.

243. *Le rapport de deux angles dièdres est le même que celui des angles plans qui leur correspondent.*

Fig. 144.

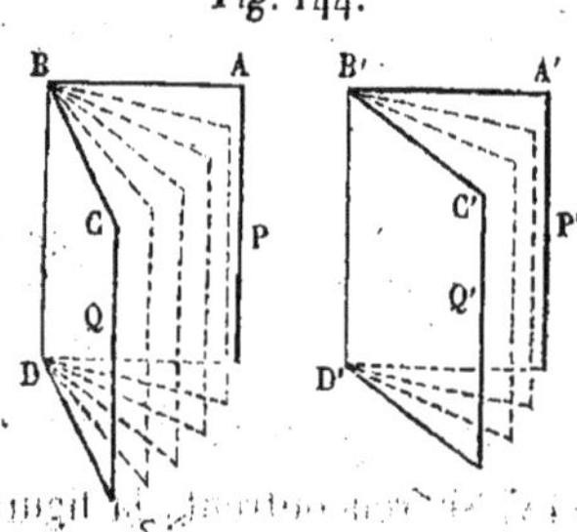

Démonstration. — Soient PQ et P'Q' (*fig.* 144) deux angles dièdres, ABC, A'B'C' leurs angles plans. Supposons d'abord que le rapport des deux angles ABC et A'B'C' soit $\frac{5}{3}$. Je partage le premier en 5 parties égales et le second en 3 parties égales entre elles et aux premières, puis, par l'arête de chaque angle dièdre et par les droites qui divisent son angle plan, je fais passer des plans. Je partage ainsi les angles dièdres PQ et P′Q′ en parties toutes égales entre elles comme ayant même angle plan. Mais PQ contient 5 de ces parties, et P′Q′ en contient 3. Le rapport de PQ à P′Q′ est donc $\frac{5}{3}$, c'est-à-dire le même que le rapport des angles plans.

Si les deux angles plans n'étaient pas commensurables entre eux, on démontrerait que leur rapport approché à un degré quelconque d'approximation et dans un certain sens est égal au rapport approché, au même degré et dans le même sens, des angles dièdres qui leur correspondent.

244. *Corollaire.*— Le nombre qui représente un angle dièdre quand on a pris un certain angle dièdre pour unité est le même que le nombre qui exprime le rapport de l'angle plan du premier à l'angle plan du second. En d'autres termes, *un angle dièdre a pour mesure son angle plan.*

Les angles dièdres jouissent des mêmes propriétés que les angles plans qui les mesurent. Ainsi les angles adjacents valent deux droits, les angles opposés par le sommet sont égaux, etc. On voit aussi qu'un angle dièdre droit correspond à un angle plan droit.

Plans perpendiculaires entre eux. — Si deux plans sont perpendiculaires à un troisième, leur intersection commune est perpendiculaire à ce troisième.

THÉORÈME.

245. *Tout plan* P (fig. 145) *mené suivant une droite* AB *perpendiculaire à un plan* Q *est perpendiculaire à ce dernier plan.*

Fig. 145.

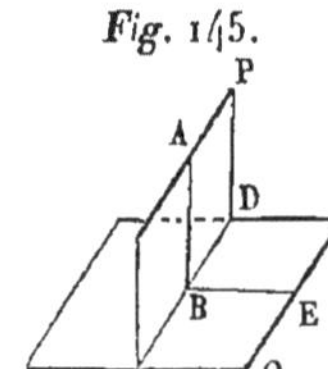

Démonstration. — Soient CD l'intersection des deux plans et BE une perpendiculaire à BC menée dans le plan Q. L'angle ABE est l'angle plan (241) de l'angle dièdre PQ. Mais puisque AB est perpendiculaire au plan Q, l'angle ABE est droit; donc l'angle dièdre PQ est aussi droit et le plan Q est perpendiculaire au plan P.

246. *Remarques.* — Si d'un point pris dans le plan P on abaisse une perpendiculaire sur CD, elle sera parallèle à AB, et, par conséquent, perpendiculaire au plan P. Le plan P contiendra donc toutes les perpendiculaires abaissées de ses différents points sur le plan Q. Donc *lorsque deux plans sont perpendiculaires entre eux, toute perpendiculaire menée à l'un d'eux par un point de l'autre est tout entière dans ce dernier plan.*

THÉORÈME.

247. *Lorsque deux plans* P *et* Q (fig. 146) *sont perpendiculaires à un troisième plan* R, *l'intersection* AB *des deux premiers est perpendiculaire au troisième.*

Fig. 146.

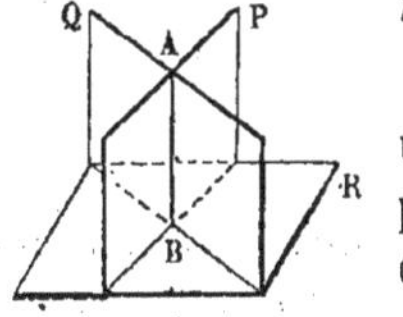

Démonstration. — Si par le point A on abaisse une perpendiculaire sur le plan R, elle sera dans le plan P et dans le plan Q (246). Elle se confondra donc avec l'intersection AB de ces deux plans.

Angle trièdre. — Chaque face d'un angle trièdre est plus petite que la somme des deux autres. — Si l'on prolonge les arêtes d'un angle trièdre au delà du sommet, on forme un nouvel angle trièdre qui ne peut lui être superposé, bien qu'il soit composé des mêmes éléments.

248. La figure formée par plusieurs plans qui passent par un même point S et se coupent deux à deux se nomme un angle *polyèdre*.

Les angles polyèdres se distinguent les uns des autres par le nombre de leurs *faces*, c'est-à-dire des plans qui les terminent.

Fig. 147.

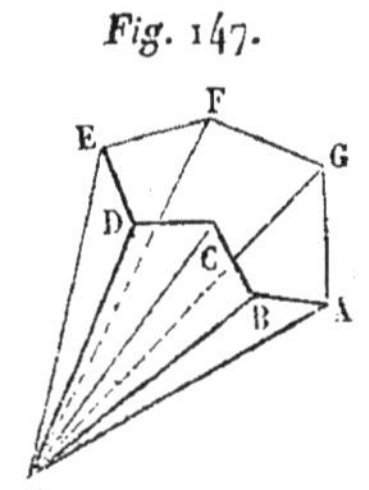

L'angle à trois faces SABC (*fig.* 148) sera nommé *angle trièdre;* un angle qui aurait quatre faces serait un *angle tétraèdre;* l'angle SABCDEFG (*fig.* 147) est un *angle eptaèdre.*

Le point S, où se rencontrent toutes les faces de l'angle, en est le *sommet;* leurs intersections successives SA, SB, SC, SD, SE, etc., sont les *arêtes* de l'angle. Ce qui constitue l'angle polyèdre SABCDEFG, et le distingue de tout autre angle composé du même nombre de faces, ce sont les angles plans ASB, BSC, CSD, etc., formés par ses arêtes consécutives, et les inclinaisons respectives de ces faces, ou les angles dièdres qu'elles forment entre elles.

Il y a donc dans l'angle trièdre six choses à considérer, savoir, trois angles plans et trois angles dièdres.

THÉORÈME.

249. *La somme de deux quelconques des angles plans qui composent un angle trièdre est toujours plus grande que le troisième.*

Fig. 148.

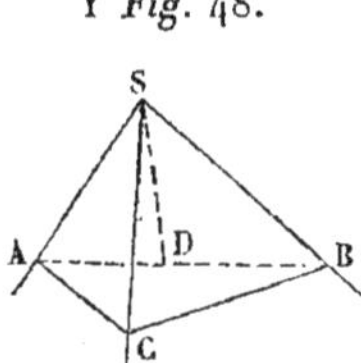

Démonstration. — Si les angles plans ASB, ASC, BSC (*fig.* 148) étaient égaux entre eux, la proposition serait évidente. Dans le cas contraire, soit ASB le plus grand des trois : on mènera dans le plan de cet angle la droite SD, de manière que l'angle ASD soit égal à ASC; on prendra SD = SC, et l'on tirera les droites ADB, AC, BC. Les deux triangles ASC et ASD seront égaux, puisque les angles ASC et ASD, égaux par construction, se trouveront compris entre des côtés respectivement égaux; on aura donc AC = AD. Mais AC + BC > AB (18) ou AC + BC > AD + BD; retranchant, de part et d'autre, les lignes égales AC et AD, il en résultera BC > BD. Or les triangles BSC et BSD ayant les côtés SC et SD égaux entre eux et le côté SB commun, l'angle BSC, opposé au côté BC plus grand que BD, surpassera nécessairement l'angle BSD opposé à BD (22); d'où il est évident que ASC + BSC surpasse ASD + BSD ou ASB.

THÉORÈME.

250. *Deux angles trièdres sont égaux : 1° lorsqu'ils ont un angle dièdre égal compris entre deux angles plans égaux chacun à chacun et*

disposés dans le même ordre; 2° lorsqu'ils ont un angle plan égal adjacent à deux angles dièdres égaux chacun à chacun et semblablement disposés.

Fig. 149.

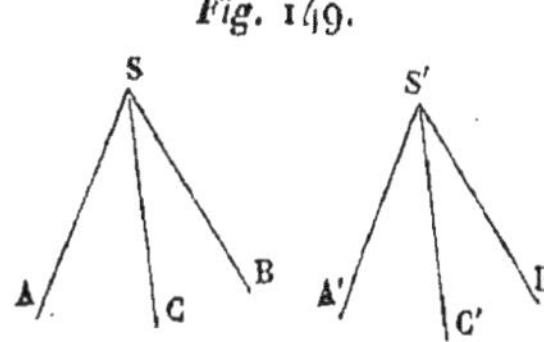

Démonstration. — 1°. Supposons que l'angle dièdre SA (*fig.* 149) soit égal à l'angle dièdre S'A', et que les angles plans ASB et ASC soient respectivement égaux aux angles plans A'S'B' et A'S'C'. Je transporte l'angle trièdre S' sur l'angle trièdre S, de manière que les angles plans ASB et A'S'B' coïncident. Alors les angles dièdres SA et S'A' étant égaux et les faces ASC et A'S'C' étant placées du même côté du plan ASB, la face A'S'C' recouvrira la face ASC, et puisque l'angle plan ASC = A'S'C', la droite S'C' se confondra avec la droite SC. Les deux trièdres coïncident donc dans toutes leurs parties; ils sont donc égaux.

2°. Supposons que les angles plans ASB et A'S'B' soient égaux ainsi que les angles dièdres SA et S'A', SB et S'B'. Ayant posé la face A'S'B' sur la face ASB, la face ASC se posera sur A'S'C' puisque les angles dièdres SA et S'A' sont égaux et semblablement placés; de même la face B'S'C' se posera sur la face BSC. Il suit de là que l'arête S'C' se trouvera dans les deux plans ASC et ASB. Elle sera donc leur intersection et se confondra avec SC, ce qui démontre la seconde partie de l'énoncé.

251. *Remarque.* — Il importe d'observer que la coïncidence des angles trièdres a lieu seulement dans le cas où les faces égales sont semblablement placées dans l'un et dans l'autre; c'est-à-dire lorsque tous deux étant posés sur des faces égales, les angles dièdres égaux sont ouverts du même côté de la face commune. En effet, deux angles trièdres peuvent avoir les mêmes éléments sans qu'il soit possible de les faire coïncider.

Fig. 150.

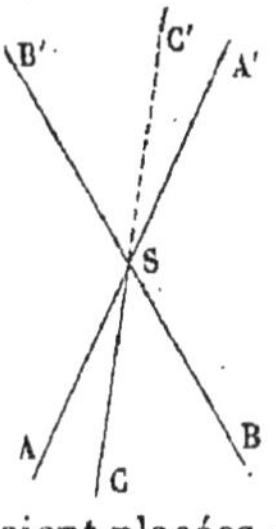

Pour s'en convaincre, il suffit de considérer (*fig.* 150) l'angle trièdre SABC et l'angle trièdre SA'B'C' que l'on obtient en prolongeant au delà du sommet les arêtes du premier. Les angles plans de ces deux trièdres sont égaux comme étant opposés par le sommet et leurs angles dièdres sont aussi égaux par la même raison. Cependant si l'on faisait coïncider les deux angles A'SB' et ASB, de telle sorte que SA' coïncidât avec SA, SB' avec SB, les deux arêtes homologues SC et SC' se trouveraient placées de part et d'autre du plan commun SAB; elles ne pourraient donc pas coïncider. Si, retournant le trièdre supérieur, on plaçait SA' sur SB et SB' sur SA, les angles plans BSC et A'SC' auraient une arête commune et seraient situés du même côté du plan commun; mais comme les angles dièdres SA' et SB ne sont pas égaux, les plans dont nous venons de parler ne pourraient coïncider. Il faut excepter le cas où les angles dièdres SA et SB seraient égaux, parce que, dans ce cas, on pourrait considérer SA' comme homologue de SB, et SB' comme homologue de SA, et les deux trièdres auraient alors leurs éléments semblablement disposés.

Deux angles trièdres tels que SABC, SA'B'C' sont dits *symétriques*. On prouve leur égalité en les décomposant en d'autres angles qui peuvent coïncider. (*Voir*, à ce sujet, le *Cours de Géométrie élémentaire* par M. Vincent.)

DES CORPS TERMINÉS PAR DES PLANS ET DE LA MESURE DES VOLUMES.

Des polyèdres. — Des parallélipipèdes. — Mesure du volume du parallélipipède rectangle, du parallélipipède quelconque. — Du prisme triangulaire.

252. Les corps terminés par des plans se nomment *corps polyèdres* ou simplement *polyèdres*.

253. On distingue parmi les polyèdres, sous le nom de *prismes*, ceux qui ont deux faces opposées, égales et parallèles, qu'on nomme *bases*, et dont toutes les autres sont des parallélogrammes. Le corps ABCDEFGHIK (*fig.* 151) est un prisme; sa base est le pentagone ABCDE, et voici sa construction. Par le sommet des angles de cette base et hors de son plan, on a mené des droites AF, BG, etc., parallèles entre elles, et terminées à un plan FGHIK parallèle au plan ABCDE : les arêtes AF, BG, CH, etc., prises deux à deux, déterminent les faces AFGB, BGHC, etc., qui sont des parallélogrammes, puisque les droites AB et FG, BC et GH sont parallèles deux à deux (233).

Fig. 151.

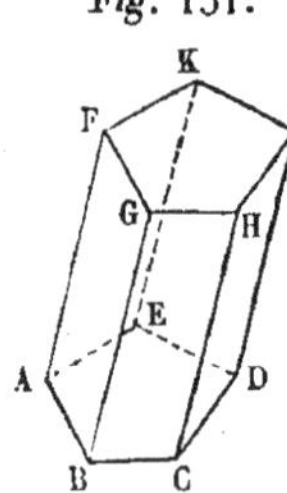

Un prisme dont les arêtes sont perpendiculaires sur sa base est *droit*; les autres sont *obliques*. Dans tous les cas, la *hauteur* du prisme est la perpendiculaire menée entre les deux bases.

On ne peut évidemment construire sur une base donnée qu'un seul prisme *droit* de hauteur donnée; d'où il suit que *deux prismes droits sont égaux lorsqu'ils ont des bases égales et la même hauteur.*

254. *Les sections faites dans un prisme par deux plans parallèles sont des polygones égaux.* Car deux côtés homologues de ces polygones sont parallèles comme intersections de deux plans parallèles par un même plan, et ils sont égaux comme parallèles comprises entre parallèles. Les angles homologues sont égaux comme ayant leurs côtés parallèles et de même sens.

255. Le prisme ABCDEFGH (*fig.* 152) qu'on désignerait aussi par AG, et dont la base ABCD est un parallélogramme, se nomme *parallélipipède*.

Fig. 152.

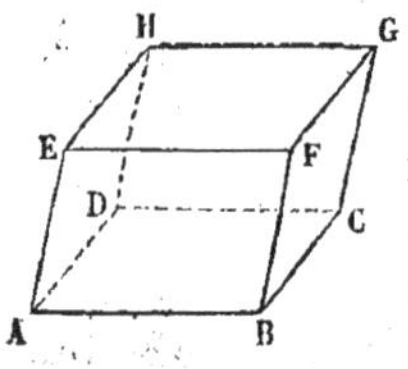

Non-seulement les bases d'un parallélipipède sont égales et parallèles, mais il en est de même de deux faces opposées quelconques, ABFE, DCGH par exemple. Leur égalité est évidente d'après la construction du prisme (253), et leur parallélisme résulte de celui des côtés des angles EAB, HDC égaux entre eux (233). Il suit de là qu'on peut prendre pour bases d'un parallélipipède deux faces opposées quelconques.

On voit encore que le parallélipipède est compris entre six plans parallèles deux à deux. La réciproque est vraie et se démontre facilement.

Fig. 153.

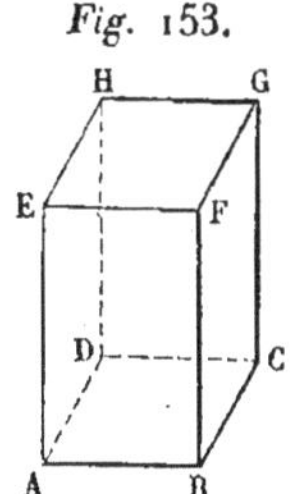

Le parallélipipède est *droit* lorsque ses arêtes sont perpendiculaires sur sa base. Il est *rectangle* (*fig.* 153) lorsque, en outre, sa base est un rectangle. Dans ce dernier cas, les trois arêtes qui passent par un même sommet sont perpendiculaires deux à deux.

Le parallélipipède rectangle dont toutes les arêtes sont égales se nomme *cube*. Les six faces d'un cube sont des carrés égaux.

Un plan mené par les arêtes opposées DH et BF d'un parallélipipède droit AG le décompose en deux prismes triangulaires droits égaux, puisqu'ils ont même hauteur et que leurs bases ABD, BDC sont égales (253).

256. L'espace renfermé par la surface d'un polyèdre, ou occupé par ce corps, est généralement désigné sous le nom de *volume* (*). Quand on considère un vase ou un corps creux, on désigne encore le volume par le mot *capacité*. Parmi des corps de formes très-différentes, il s'en trouve d'équivalents en volume ou en capacité, comme il y a des figures planes de formes différentes et d'aires équivalentes (177).

257. Il est évident qu'un polyèdre dont tous les sommets décrivent simultanément des droites égales, parallèles et de même sens, ne fait que changer de position dans l'espace, mais que la situation respective de ses parties n'est pas altérée. Il en résulte que deux polyèdres doivent être regardés comme égaux, lorsque les droites qui joignent leurs sommets homologues sont égales et parallèles.

THÉORÈME.

258. *Deux parallélipipèdes construits sur la même base, et terminés supérieurement par le même plan parallèle à leur base, sont équivalents en volume.*

(*) Ce mot, compris par tous ceux qui entendent la langue française, m'a paru préférable au mot *solidité*, qui dans l'usage ordinaire est employé dans une autre acception. Ce n'est que lorsque la langue n'offre pas de mots propres à rendre une idée, qu'il peut être permis d'en créer de nouveaux, ou de détourner de sa signification quelque mot connu. La multitude des termes techniques étant un des plus grands obstacles qui s'opposent à la propagation des sciences, on ne saurait trop en diminuer le nombre. Puisque tout le monde comprend ce que c'est que le volume d'un corps, pourquoi le désigner par le mot *solidité*, qui rappelle plutôt l'idée de la résistance aux diverses causes de destruction.

Fig. 154.

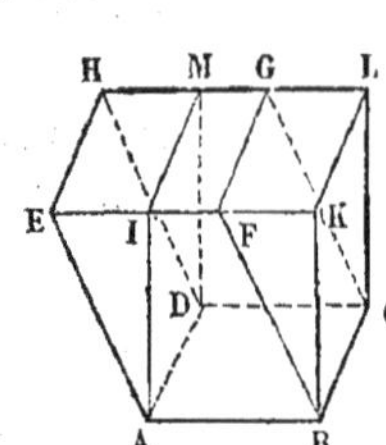

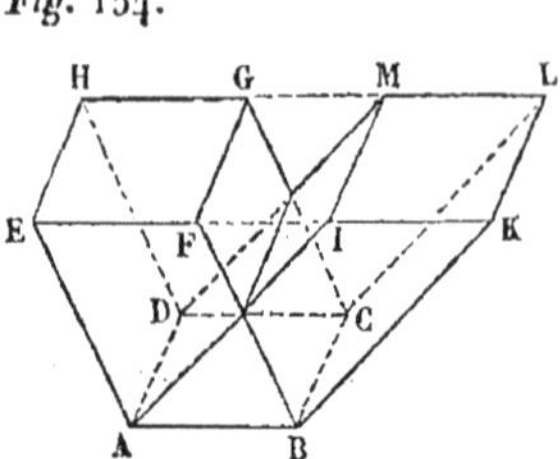

Démonstration. — Il y a deux cas à considérer. Dans l'un, que représentent les deux *fig.* 154, les parallélipipèdes proposés, AG et AL, sont renfermés latéralement entre les mêmes plans parallèles AK et DL. Dans ce cas, les prismes triangulaires AEIDHM et BFKCGL sont égaux, puisque les droites AB, CD, EF, HG, IK, LM, qui joignent leurs sommets deux à deux, sont égales et parallèles (257). Si donc on retranche du polyèdre total, d'une part le prisme BFKCGL, et de l'autre le prisme AEIDHM, les parallélipipèdes restants AG et AL seront équivalents.

Fig. 155.

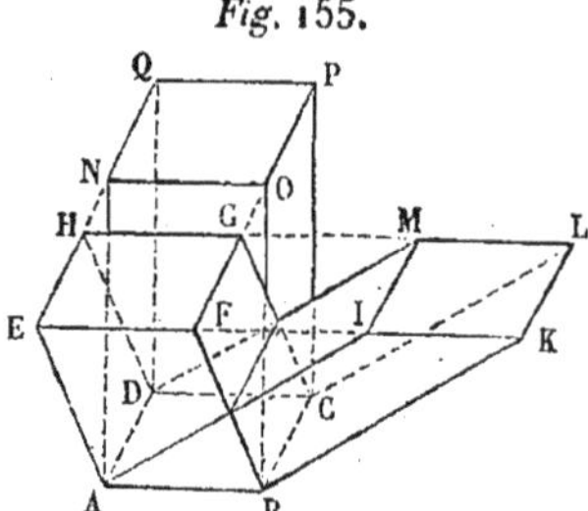

Le second cas se trouve représenté dans la *fig.* 155, où les deux parallélipipèdes AP et AL n'ont de commun que leur base inférieure ABCD et le plan qui contient leurs bases supérieures IKLM et NOPQ. On ramène ce cas au précédent en prolongeant les plans ABIK et DCLM, en même temps que les plans ADQN et BCPO, pour former le parallélipipède AG (255), qui se trouve premièrement équivalent au parallélipipède AL, comme étant renfermé latéralement entre les plans parallèles AK et DL. Le même parallélipipède AG, considéré comme compris entre les plans parallèles BP et AQ, est aussi équivalent au parallélipipède PA : les parallélipipèdes AL et AP sont donc équivalents entre eux.

259. *Corollaire.* — Tout parallélipipède *oblique* AL (*fig.* 155) est équivalent à un parallélipipède *droit* AP, de même hauteur et construit sur la même base.

Fig. 156.

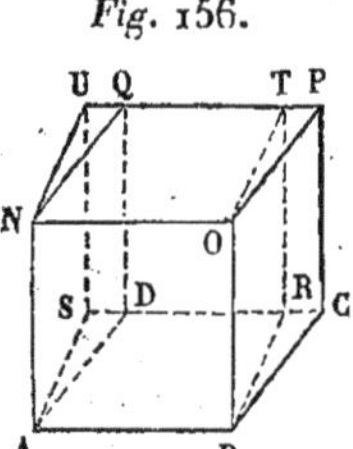

On peut ensuite transformer ce dernier (*fig.* 156) en un parallélipipède *rectangle* de même hauteur AT, ayant pour base le rectangle ABRS équivalent au parallélogramme ABCD; car si l'on considère les parallélipipèdes AP et AT comme ayant pour base commune le parallélogramme ABON, ils rentreront dans le premier cas du numéro précédent.

Donc *un parallélipipède quelconque peut être transformé en un parallélipipède rectangle, ayant une base equivalente à celle du premier, et même hauteur.*

THÉORÈME.

260. *Si l'on forme sur la base d'un prisme triangulaire un parallélogramme, et que l'on élève sur ce parallélogramme, pris pour base, un*

parallélipipède de même hauteur que le prisme triangulaire, celui-ci sera la moitié de l'autre.

Fig. 157.

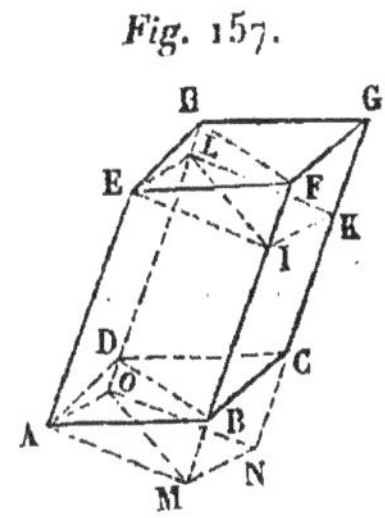

Démonstration. — Soient ABDEFH (*fig.* 157) un prisme triangulaire oblique et AG un parallélipipède de même hauteur construit sur le parallélogramme ABCD, double du triangle ABD. AG se compose des prismes triangulaires BDCFGH et ABDEFH dont les parties constituantes sont les mêmes. On ne peut cependant pas en conclure l'égalité de ces prismes, parce que leurs faces ne sont pas semblablement disposées. Pour prouver qu'en effet ces deux prismes sont équivalents, par les extrémités A, E d'une arête du parallélipipède AG on mènera des plans perpendiculaires à cette arête, et l'on formera ainsi le parallélipipède droit NE, dont les arêtes sont perpendiculaires sur la base AMNO; or les prismes triangulaires ABDEHF, AOMELI sont équivalents, car ils ont une partie commune ABDEIL, et les parties non communes EIFHL et AMBDO sont égales, puisque leurs sommets sont situés deux à deux sur des droites égales et parallèles. Par la même raison, le prisme DBCFGH est équivalent au prisme droit OMNIKL. Donc, puisque les prismes droits sont égaux (255), les prismes obliques seront équivalents. Donc le prisme oblique ABDEFH est la moitié du parallélipipède AG.

THÉORÈME.

261. *Les parallélipipèdes rectangles de même base sont entre eux comme leurs hauteurs.*

Fig. 158.

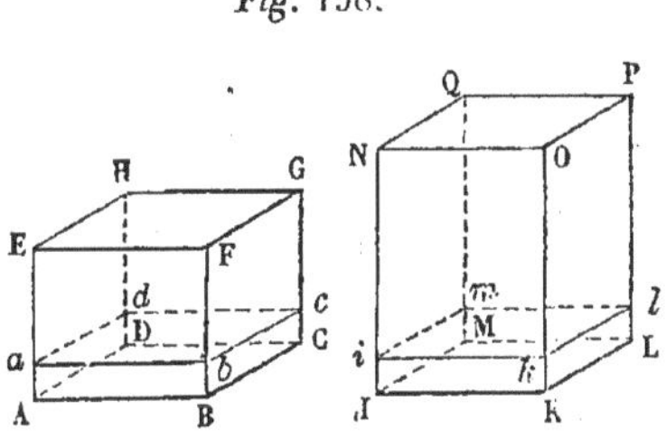

Démonstration. — Soient les parallélipipèdes rectangles AG et IP (*fig.* 158), dont les bases AC et IL sont des rectangles égaux. Si les hauteurs AE et IN sont commensurables, qu'on les divise en parties A*a* et I*i* égales à leur commune mesure, et que, par les points *a* et *i*, on mène des plans parallèles à AC et IL, on formera les parallélipipèdes A*c* et I*l* égaux entre eux (257), car leurs hauteurs sont égales par construction, et leurs bases sont égales aux bases des parallélipipèdes AG et IP, d'après un théorème démontré (254); mais le nombre de ces parallélipipèdes étant dans AG le même que celui des parties égales contenues dans AE, et dans IP le même que celui des parties égales contenues dans IN, on aura

$$\frac{AG}{IP} = \frac{AE}{IN},$$

conformément à l'énoncé.

Lorsque les hauteurs AE et IN ne sont pas commensurables, on fera voir que toute valeur approchée, dans un certain sens et à un certain degré d'approximation, du rapport des hauteurs, est aussi une valeur approchée, dans le même sens et au même degré d'approximation, du rapport des parallélipipèdes.

Remarque. — Si l'on nomme dimensions d'un parallélipipède rectangle les trois arêtes qui aboutissent à un même sommet, le théorème qu'on vient de démontrer pourra encore s'énoncer ainsi : *Deux parallélipipèdes rectangles qui ont deux dimensions communes sont dans le même rapport que leurs troisièmes dimensions.*

THÉORÈME.

262. *Deux parallélipipèdes rectangles sont entre eux comme les produits de leurs trois dimensions ou comme les produits de leurs bases par leurs hauteurs.*

Démonstration. — Soient P et P' les deux parallélipipèdes considérés, et nommons

a, b, c, les dimensions de P,
a', b', c', les dimensions de P'.

Imaginons deux nouveaux parallélipipèdes Q et R, et soient

a', b, c, les dimensions de Q,
a', b', c, les dimensions de R.

Les parallélipipèdes P et Q ayant deux dimensions communes b et c, on aura (261)

$$\frac{P}{Q} = \frac{a}{a'}.$$

On aura, par la même raison,

$$\frac{Q}{R} = \frac{b}{b'},$$

$$\frac{R}{P'} = \frac{c}{c'}.$$

Multipliant ces trois égalités membre à membre, on aura

$$\frac{P \times Q \times R}{Q \times R \times P'} = \frac{a}{a'} \times \frac{b}{b'} \times \frac{c}{c'},$$

ou

$$\frac{P}{P'} = \frac{abc}{a'b'c'}.$$

263. *Remarque.* — Si l'on choisit, pour terme de comparaison des parallélipipèdes rectangles, le cube ag (*fig.* 159), dont les trois arêtes

contiguës *ab*, *ad*, *ae* soient égales à la ligne prise pour unité, leur produit sera l'unité, et l'on aura

$$\frac{AG}{ag} = \frac{AB \times AD \times AE}{1};$$

c'est-à-dire *que le parallélipipède rectangle* AG *contiendra autant de fois le cube ag, que le produit des lignes* AB, AD, AE, *rapportées à la mesure commune ab, contient l'unité*. C'est là ce qu'il faut entendre quand on dit que *la mesure du volume d'un parallélipipède rectangle est le produit de ses trois arêtes contiguës;* et si l'on observe que le produit AB $\times$ AD exprime le nombre des carrés égaux à *ac*, contenus dans la base AC (186), ou, ce qui est la même chose, donne la mesure de l'aire de cette base, on en conclura que le *volume d'un parallélipipède rectangle a pour mesure le produit de sa base par sa hauteur,* évaluées l'une et l'autre numériquement.

Fig. 159.

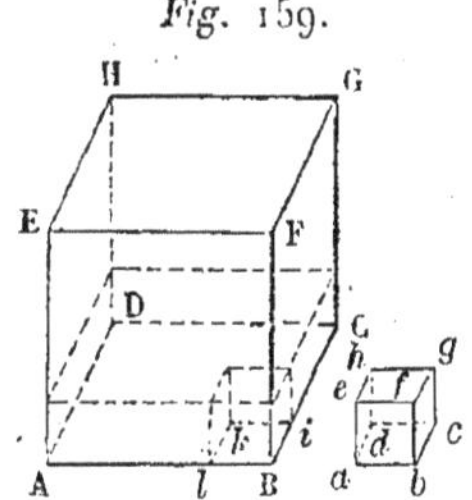

Lorsque les arêtes AB, AD et AE contiennent un nombre exact de fois le côté *ab*, la vérité de la proposition résulte de l'inspection de la figure; car on peut placer sur la base AC autant de cubes égaux à *ag* que cette base contient de fois la base *ac*, et l'on forme ainsi un parallélipipède de même base que AG, de même hauteur que *ag*, et qui est contenu dans AG autant de fois que la hauteur AE contient la hauteur *ae* ou le côté *ab*; d'où il suit encore que le parallélipipède AG contient autant de cubes égaux à *ag* que le produit de la base ABCD par la hauteur AE contient d'unités.

264. Ier *Corollaire.* — Si les trois arêtes AB, AD, AE étaient égales entre elles, le volume du parallélipipède AG, qui se réduirait alors à un cube, serait mesuré par $\overline{AB}^2 \times AB = \overline{AB}^3$, ou par la troisième puissance de AB; de là vient qu'on appelle *cube* la troisième puissance d'un nombre.

265. IIe *Corollaire.* — Puisqu'un parallélipipède quelconque peut toujours être transformé en un parallélipipède rectangle de même hauteur et construit sur une base équivalente (259), il s'ensuit que *le volume d'un parallélipipède quelconque a pour mesure le produit de sa base par sa hauteur;* par conséquent, deux parallélipipèdes de même hauteur et de bases équivalentes comprennent le même volume.

266. IIIe *Corollaire.* — Le volume d'un prisme triangulaire étant équivalent à la moitié de celui d'un parallélipipède de même hauteur et de base double (260), aura pour mesure, d'après ce qui précède, la moitié du produit de la base de ce parallélipipède par sa hauteur; mais le triangle qui forme la base du prisme n'étant que la moitié de celle du parallélipipède, il est évident que *le volume d'un prisme*

triangulaire aura pour mesure le produit de sa base par sa hauteur.

Fig. 160.

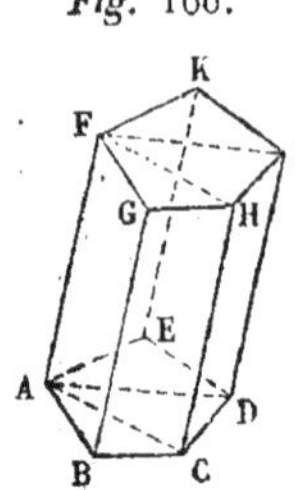

Plus généralement *le volume d'un prisme quelconque* AI (fig. 160) *a pour mesure le produit de sa base par sa hauteur;* car si l'on partage le polygone ABCDE en triangles par des diagonales AC, AD, et que, par ces diagonales et par les arêtes parallèles qui leur sont contiguës, AF et CH, AF et DI, on mène des plans, on partagera le prisme AI en trois prismes triangulaires de même hauteur, et dont les bases seront ABC, ACD, ADE. En désignant par H la hauteur commune de ces prismes, les mesures de leurs volumes respectifs seront

$$ABC \times H, \quad ACD \times H, \quad ADE \times H;$$

leur somme $(ABC + ACD + ADE)H = ABCDE \times H$ donnera le volume du prisme total AI.

On conclut de là que les volumes de deux prismes quelconques sont entre eux comme les produits de leur base par leur hauteur, et que, par conséquent, ils sont entre eux comme leurs hauteurs lorsqu'ils ont des bases équivalentes, ou comme leurs bases lorsqu'ils ont même hauteur, ou enfin que ces prismes sont équivalents lorsqu'ils ont à la fois même hauteur et des bases équivalentes, et cela quelles que soient les figures de ces bases.

Pyramide. — Mesure du volume de la pyramide triangulaire, de la pyramide quelconque. — Du tronc de pyramide à bases parallèles.

267. On ne peut fermer de toutes parts un espace par un nombre de plans moindre que quatre. Le corps SABC (*fig.* 161) compris entre les quatre plans ASB, ASC, BSC, ABC, se nomme *tétraèdre.*

Fig. 161.

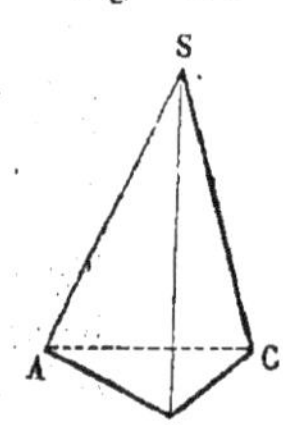

Les tétraèdres sont dans l'espace ce que les triangles sont sur un plan; car, de même qu'on fixe la position d'un point sur un plan en le liant par un triangle à deux points donnés, on fixe celle d'un point dans l'espace en le liant par un tétraèdre à trois points donnés.

Tout corps dont une des faces est un polygone quelconque, et dont toutes les autres sont des triangles ayant leur sommet au même point, se nomme *pyramide.* Le corps SABCDE (*fig.* 162) est une pyramide *pentagonale,* parce que sa *base* ABCDE est un pentagone; le point S, sommet commun des triangles ASB, BSC, CSD, DSE, ESA, est aussi le *sommet* de la pyramide. Le tétraèdre SABC de la *fig.* 161, est lui-même une pyramide triangulaire.

La *hauteur* d'une pyramide est la perpendiculaire abaissée du sommet sur la base.

THÉORÈME.

268. *Lorsqu'une pyramide* SABCDE (fig. 162) *est coupée par un plan parallèle à la base : 1° les arêtes et la hauteur sont divisées dans le même rapport; 2° la section obtenue abcde est semblable à la base.*

Fig. 162.

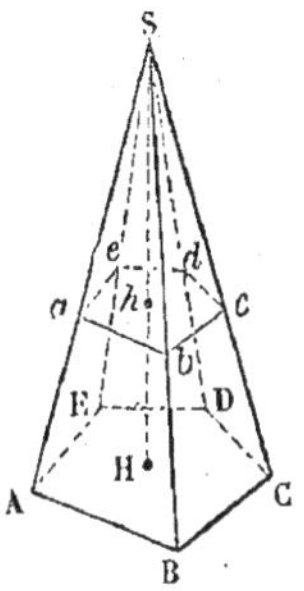

1°. Les arêtes et la hauteur étant des droites issues d'un même point et coupées par deux plans parallèles, on a, d'après le théorème du n° 238,

$$\frac{SA}{Sa}=\frac{SB}{Sb}=\frac{SC}{Sc}=\frac{SD}{Sd}=\frac{SE}{Se}=\frac{SH}{Sh},$$

ce qui est la première partie de l'énoncé.

2°. Deux côtés homologues AB et *ab* sont parallèles comme sections de deux plans parallèles par un troisième. Les angles des deux polygones ont leurs côtés respectivement parallèles et dirigés dans le même sens : donc ils sont égaux.

Ensuite *ab* étant parallèle à AB, et *bc* à BC, on a

$$\frac{AB}{ab}=\frac{SB}{Sb},\quad \frac{BC}{bc}=\frac{SB}{Sb};$$

donc, à cause du rapport commun,

$$\frac{AB}{ab}=\frac{BC}{bc}.$$

On aurait de même

$$\frac{BC}{bc}=\frac{CD}{cd},\quad \frac{CD}{cd}=\frac{DE}{de},\quad \frac{DE}{de}=\frac{EA}{ea};$$

donc

$$\frac{AB}{ab}=\frac{BC}{bc}=\frac{CD}{cd}=\frac{DE}{de}=\frac{EA}{ea}.$$

Ainsi la base et la section ont leurs angles égaux et leurs côtés homologues proportionnels. Ces deux polygones sont donc semblables.

269. Ier *Corollaire.*—Si l'on désigne par P et p les aires des polygones ABCDE, *abcde*, on aura

$$\frac{P}{p}=\frac{\overline{AB}^2}{\overline{ab}^2}=\frac{\overline{SA}^2}{\overline{Sa}^2}=\frac{\overline{SH}^2}{\overline{Sh}^2},$$

d'où

$$p=P\times\frac{\overline{Sh}^2}{\overline{SH}^2}.$$

Ainsi *l'aire de la section p est proportionnelle au carré de sa distance au sommet.*

270. IIe *Corollaire.* — On peut, par le moyen de ce qui précède, trouver

8.

la hauteur d'une pyramide quand on connaît les dimensions d'un tronc tel que A*c* (*fig.* 163) qui reste lorsqu'on a retranché la partie supérieure au moyen d'un plan *abcd* parallèle à la base. Il suffit de remarquer que l'on a

$$\frac{SH}{AB} = \frac{Sh}{ab} = \frac{SH - Sh}{AB - ab} = \frac{Hh}{AB - ab};$$

d'où l'on tire

$$SH = \frac{Hh \times AB}{AB - ab}, \quad Sh = \frac{Hh \times ab}{AB - ab}:$$

ce qui donne les hauteurs des deux pyramides dont la différence forme le tronc.

THÉORÈME.

271. *Lorsque les bases de deux pyramides de même hauteur* SABCD, S'A'B'C'D' (fig. 163) *sont posées sur le même plan, les sections faites par un plan parallèle au plan commun des bases sont dans le même rapport que ces bases.*

Fig. 163.

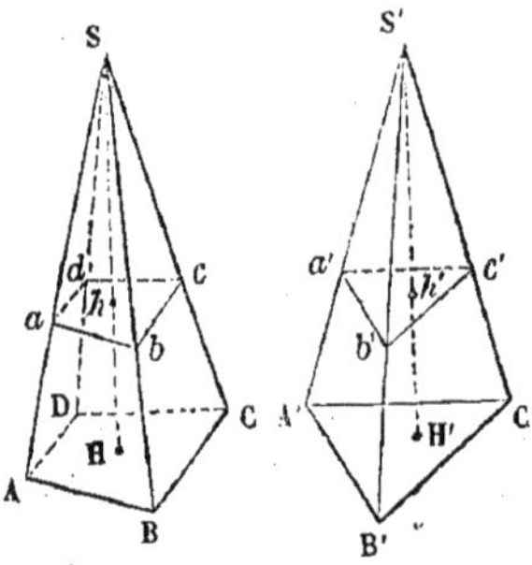

Démonstration. — D'après le théorème précédent,

$$\frac{ABCD}{abcd} = \frac{\overline{SH}^2}{\overline{Sh}^2},$$

$$\frac{A'B'C'}{a'b'c'} = \frac{\overline{S'H'}^2}{\overline{S'h'}^2}.$$

Mais, par hypothèse,

$$SH = S'H' \quad \text{et} \quad Hh = H'h';$$

donc

$$Sh = S'h'.$$

Les seconds membres des égalités précédentes sont donc égaux, et l'on a

$$\frac{ABCD}{abcd} = \frac{A'B'C}{a'b'c'},$$

ou bien

$$\frac{abcd}{a'b'c'} = \frac{ABCD}{A'B'C'}.$$

Corollaire. — Si les bases sont équivalentes, les sections seront aussi équivalentes.

THÉORÈME.

272. *Si l'on coupe une pyramide triangulaire par des plans parallèles à sa base et équidistants, on pourra former à chaque tranche un prisme extérieur et un prisme intérieur, de manière que la somme des premiers approche autant qu'on voudra de celle des seconds, et, par conséquent, aussi de la pyramide.*

Fig. 164.

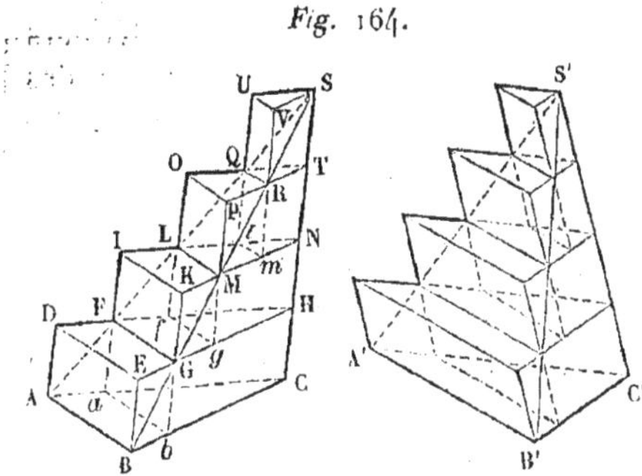

Démonstration. — Soient ABC (*fig.* 164) la base de la pyramide proposée, et FGH, LMN, QRT les plans sécants; on mènera par les points A et B, F et G, L et M, Q et R, les droites AD et BE, I*a* et K*b*, O*f* et P*g*, U*l* et V*m*, parallèles à l'arête CS, et terminées aux plans coupants supérieurs. A la première tranche ABCFGH, le prisme extérieur sera ABCDEH, et le prisme intérieur *ab*CFGH. Pour abréger, je désignerai l'un par AH et l'autre par *a*H. A la seconde tranche, le prisme extérieur sera FN et l'intérieur *f*N, et ainsi de suite jusqu'à la dernière tranche, qui n'aura point de prisme intérieur, mais un prisme extérieur QS.

Tous ces prismes ont pour hauteur commune l'épaisseur des tranches, et le prisme intérieur de chaque tranche, ayant même base que le prisme extérieur de la tranche au-dessus, est égal à ce dernier (266); en sorte que

$$a\mathrm{H} = \mathrm{FN},\quad f\mathrm{N} = \mathrm{LT},\quad l\mathrm{T} = \mathrm{QS},$$

et, par conséquent,

$$a\mathrm{H} + f\mathrm{N} + l\mathrm{T} = \mathrm{FN} + \mathrm{LT} + \mathrm{QS},$$

somme qui comprend tous les prismes extérieurs, excepté le premier, AH : celui-ci est donc l'excès de la somme des prismes extérieurs sur celle des prismes intérieurs.

Je n'ai considéré que quatre tranches, mais on en peut faire autant qu'on voudra; et plus le nombre en sera grand, plus leur épaisseur ou celle du prisme AH diminuera. Il pourra, par conséquent, être rendu moindre qu'un prisme donné, quelque petit que soit celui-ci : il en sera donc ainsi de la différence entre la somme des prismes extérieurs et celle des prismes intérieurs. Mais la pyramide SABC étant plus petite que la première somme et plus grande que la seconde, sa différence avec l'une quelconque des deux sera encore moindre que leur différence propre : on pourra donc faire en sorte que l'une et l'autre somme approchent autant que l'on voudra du volume de cette pyramide.

THÉORÈME.

273. *Deux pyramides triangulaires de même base et de même hauteur sont équivalentes.*

Démonstration. — Si l'on construit sur chaque pyramide SABC, S'A'B'C' (*fig.* 164), une suite de prismes extérieurs correspondants, ces prismes, compris entre des plans parallèles, ont nécessairement même hauteur; les sections qui leur servent de base, étant respectivement à même distance du sommet, sont égales chacune à chacune (271) : les prismes extérieurs correspondants sont donc équivalents ; par conséquent, la somme des prismes extérieurs d'une pyramide est égale à celle des prismes extérieurs de l'autre.

Mais la somme des premiers a pour limite le volume de la première pyramide, et la somme des seconds le volume de la seconde. Donc, puisque ces deux sommes sont constamment égales, il en est de même de leurs limites, et l'on aura

$$SABC = S'A'B'C'.$$

THÉORÈME.

274. *Une pyramide triangulaire est équivalente au tiers du prisme triangulaire de même base et de même hauteur.*

Démonstration. — Si, par les sommets A et C de la pyramide triangu-

Fig. 165.

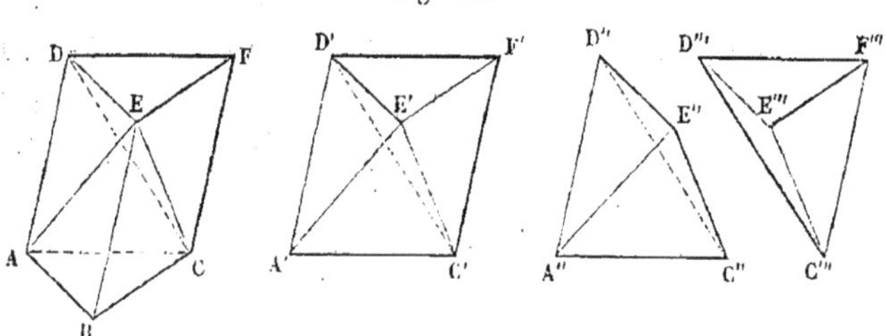

laire EABC (*fig.* 165), on mène les droites AD, CF parallèles à l'arête BE, et par le point E un plan parallèle à ABC, on formera un prisme triangulaire ABCDEF de même base et de même hauteur que la pyramide. Si maintenant on fait passer un plan par les sommets A, E, C, on séparera d'abord la pyramide proposée EABC, dont la hauteur et la base seront les mêmes que celles du prisme ; il restera ensuite une pyramide quadrangulaire EACFD, représentée à part en E'A'C'F'D', dont le sommet sera en E, et qui aura pour base la face postérieure ACFD du prisme. Si, par les points D, E, C, on fait passer un nouveau plan, il partagera cette pyramide en deux pyramides triangulaires EACD, ECFD, représentées à part en E''A''C''D'', E'''C'''F'''D''' ; leurs hauteurs seront égales, puisqu'elles ont leur sommet au même point E et leurs bases sur un même plan. Ces bases seront aussi égales comme étant les moitiés du parallélogramme ACFD. Les pyramides EACD, ECFD seront donc équivalentes (numéro précédent) ; mais la seconde pouvant être considérée comme ayant pour base le triangle DEF, égal au triangle ABC, et son sommet au point C, elle aura même base et même hauteur que le prisme, et sera équivalente à la première pyramide EABC. Donc les pyramides EABC, EACD, ECFD seront équivalentes ; donc chacune sera équivalente au tiers du prisme triangulaire.

275. Ier *Corollaire.* — *Le volume d'une pyramide triangulaire a pour mesure le tiers du produit de sa base par sa hauteur*, puisque ce volume

est le tiers de celui du prisme, qui est mesuré par le produit de sa base par sa hauteur (266).

276. IIe *Corollaire.* — Plus généralement, *le volume d'une pyramide quelconque a pour mesure le tiers du produit de sa base par sa hauteur,* car si l'on partage en triangles la base de la pyramide et que l'on mène des plans par le sommet et par chacune des diagonales de cette base, la pyramide se trouvera partagée en pyramides triangulaires de même hauteur : le volume de chacune de ces dernières étant mesuré par le tiers du produit de sa base par sa hauteur, la somme de leurs volumes ou celui de la pyramide proposée sera évidemment égal au tiers du produit de la somme de leurs bases par la hauteur commune, c'est-à-dire au tiers du produit de la base de la pyramide proposée par sa hauteur.

Il résulte de là que deux pyramides quelconques sont entre elles comme les produits de leur base par leur hauteur, et seulement comme leurs bases si les hauteurs sont les mêmes, ou comme leurs hauteurs si les bases sont équivalentes, ou enfin que ces pyramides sont équivalentes lorsqu'elles ont à la fois même hauteur et des bases équivalentes, quelles que soient d'ailleurs les figures de ces bases.

277. Un polyèdre quelconque pouvant toujours être partagé en pyramides, l'évaluation de son volume s'opérera en calculant séparément, d'après ce qui précède, celui de chacune des pyramides qu'il contient, et prenant la somme des résultats : je ne m'arrêterai donc pas sur ce sujet.

Cependant, il est une espèce de polyèdre à laquelle on peut ramener toutes les autres, et que, pour cette raison, il est bon de connaître : c'est le *prisme triangulaire tronqué,* qui ne diffère du prisme triangulaire ordinaire que parce que le plan opposé à sa base n'est point parallèle à cette base, et que, par conséquent, ses faces sont des trapèzes au lieu d'être des parallélogrammes. ABCDEF (*fig.* 166) est un prisme triangulaire tronqué.

THÉORÈME.

278. *Un prisme triangulaire tronqué est équivalent à trois pyramides de même base, et ayant leurs sommets respectifs placés à chacun des angles du triangle opposé à cette base.*

Démonstration. — En faisant passer un plan par les trois points A, C, E, on détache d'abord du prisme ABCDEF la pyramide EABC, dont la base est le triangle ABC, base du prisme, et dont le sommet est placé à l'angle E du triangle DEF opposé à cette base. Il restera ensuite la pyramide quadrangulaire EACFD, qui se divisera en deux pyramides triangulaires EACD, ECFD, en menant par la diagonale DC et par le point E le plan DEC. Ces pyramides ne sont pas celles qui sont désignées

Fig. 166.

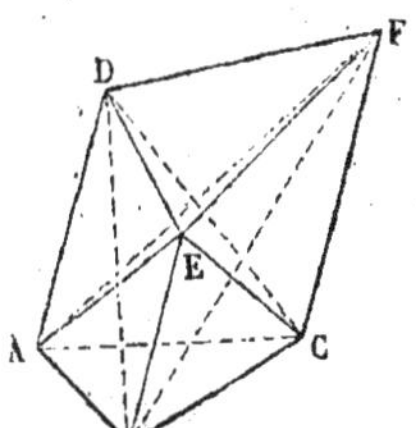

dans l'énoncé; mais on prouve facilement qu'elles sont équivalentes à ces dernières.

En effet, si l'on mène dans la face ABED la diagonale BD, et que l'on conçoive le plan BDC, on aura la pyramide BACD, construite sur la base ACD du tétraèdre EACD, et de même hauteur, puisque les sommets B et E de l'un et de l'autre sont sur une même droite BE, parallèle au plan de leur base; mais on peut aussi considérer BACD comme ayant son sommet au point D, et pour base le triangle ABC : ainsi cette pyramide est telle que l'exige l'énoncé.

Pour trouver la troisième pyramide, il faut, dans les faces ACFD et BCFE, tirer les diagonales AF et BF ; et concevant alors le plan AFB, on a la pyramide BACF, dont la base ACF est équivalente à la base CFD de la pyramide ECFD, puisque ces deux triangles ont même base CF et sont compris entre les parallèles AD et CF ; de plus, les pyramides, ayant leurs sommets sur la même droite BE, parallèle au plan de leur base, ont la même hauteur : elles sont donc équivalentes. La pyramide BACF, considérée comme ayant son sommet placé en F, et pour base le triangle ABC, sera la troisième pyramide désignée dans l'énoncé.

279. *Corollaire.* — *Le volume d'un prisme triangulaire tronqué a pour mesure le produit de sa base par le tiers de la somme des trois perpendiculaires abaissées sur cette base, de chacun des angles de la base supérieure.*

LEMME.

280. *Si dans le triangle* ABC (fig. 167) *on mène* DE *parallèle à* BC, *et que l'on tire* BE, *l'aire du triangle* ABE *sera moyenne proportionnelle entre les aires des triangles* ABC *et* ADE.

Fig. 167.

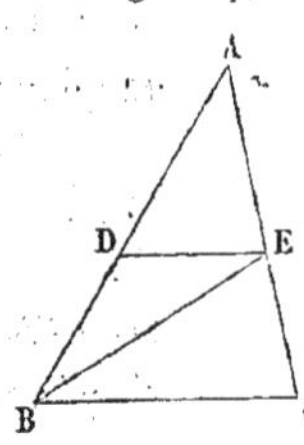

Démonstration. — Si l'on considère les deux triangles ABC, ABE comme ayant pour bases AC et AE, ils auront même hauteur. Ils seront donc entre eux comme leurs bases, et l'on aura

$$\frac{ABE}{ABC} = \frac{AE}{AC}.$$

Par une raison analogue, on aura

$$\frac{ADE}{ABE} = \frac{AD}{AB}.$$

Mais les seconds membres sont égaux en vertu de la proposition 125; donc

$$\frac{ABE}{ABC} = \frac{ADE}{ABE}.$$

C. Q. F. D.

THÉORÈME.

281. *Un tronc de pyramide triangulaire* ABCDEF (fig. 168) *est équivalent à trois pyramides triangulaires ayant même hauteur que le tronc, et ayant pour bases : la première, la base inférieure du tronc ; la seconde, la base supérieure ; la troisième, une moyenne proportionnelle entre les deux bases.*

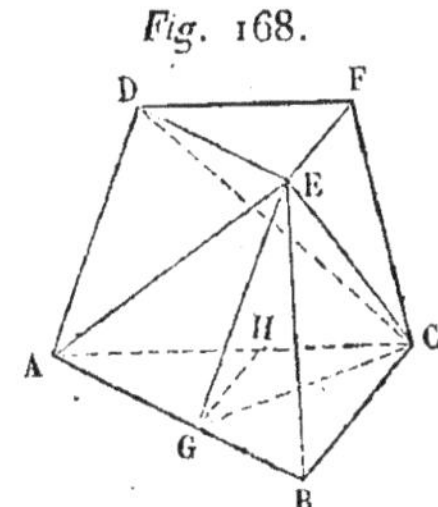

Fig. 168.

Démonstration. — Le plan AEC décompose le tronc en une pyramide triangulaire EABC, et une pyramide quadrangulaire EADFC. La première, qui a pour base ABC et dont le sommet est sur la base supérieure du tronc, est la première des pyramides annoncées.

Je coupe maintenant la pyramide quadrangulaire par le plan DEC et je la décompose en deux tétraèdres EDFC, EDAC. Mais la pyramide EDFC peut être considérée comme ayant C pour sommet et DEF pour base. Elle a donc même hauteur que le tronc et pour base la base supérieure du tronc. C'est donc la seconde pyramide de l'énoncé.

Reste enfin la pyramide EADC que je vais chercher à transformer en une autre qui ait même hauteur que le tronc. A cet effet, je mène EG parallèle à DA et je joins CG. Les deux pyramides CEAG, CEAD ont même hauteur, et leurs bases EAG, EAD sont égales, puisque DEGA est un parallélogramme. On peut donc substituer CAEG à la pyramide CADE ou EADC.

Mais la pyramide CAEG, en la considérant comme ayant son sommet en E, a même hauteur que le tronc. Il suffit donc de faire voir que sa base AGC est moyenne proportionnelle entre ABC et DEF. Or si l'on mène GH parallèle à BC, les deux triangles AGH et EDF seront égaux comme ayant AG = DE comme parallèles comprises entre parallèles, l'angle GAC égal à l'angle EDF par l'hypothèse, et les angles AGH, DEF égaux par suite du parallélisme de leurs cotés. Mais d'après le lemme précédent AGC est moyenne proportionnelle entre AGH et ABC. Donc la troisième pyramide a pour base une moyenne proportionnelle entre les deux bases du tronc, ce qui achève de démontrer le théorème.

282. *Remarque.* — Si l'on désigne par B et b les bases du tronc et par H sa hauteur, $\sqrt{Bb}$ sera la moyenne proportionnelle entre les deux bases. Les trois pyramides auront respectivement pour volumes

$$\frac{BH}{3},\quad \frac{bH}{3},\quad \sqrt{Bb}\,\frac{H}{3},$$

et, par suite, le volume du tronc sera exprimé par

$$\frac{H}{3}\left(B+b+\sqrt{Bb}\right).$$

Cette expression conviendra aussi au tronc de pyramide polygonale PH (*fig.* 169). En effet, soit TGHIK la pyramide que l'on obtient en prolongeant les faces latérales de ce tronc. Construisons une pyramide triangulaire SABC ayant même hauteur que cette pyramide et pour base un triangle ABC équivalent au quadrilatère GHIK. Enfin, coupons la dernière pyramide en DEF par un plan parallèle à ABC et mené à une hauteur égale à celle du tronc PH. D'après le théorème (271), DEF sera équivalent à LMNP, de sorte que le tronc de pyramide ABCDEF aura les mêmes bases et la même hauteur que le tronc PH.

Fig. 169.

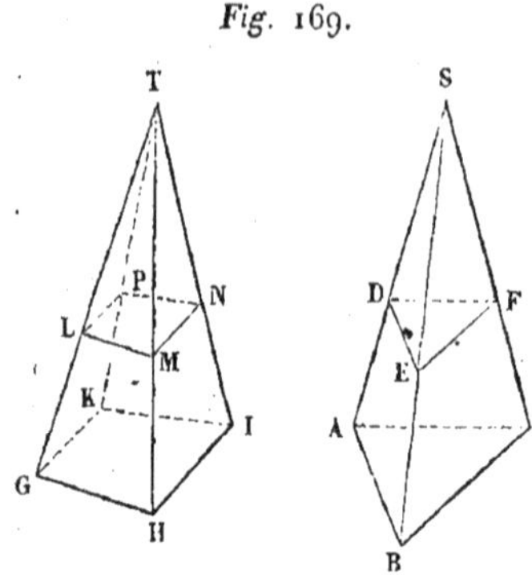

Mais les pyramides SABC et TGHIK sont équivalentes, et il en est de même des pyramides TMNPL et TDEF ; donc les deux troncs, différences de volumes égaux, seront égaux entre eux. L'expression trouvée pour le volume de l'un s'appliquera donc à l'autre.

283. *Résumé.* — Si l'on nomme B la base, H la hauteur et V le volume d'un prisme ou d'une pyramide, on aura

$$V = B \times H \quad \text{pour le prisme,}$$
$$V = \frac{B \times H}{3} \quad \text{pour la pyramide.}$$

Si l'on nomme B la base d'un prisme tronqué et H, H', H'' les perpendiculaires abaissées des sommets opposés à la base sur cette base, on aura

$$V = B \times \frac{H + H' + H''}{3}.$$

Si l'on nomme, B et b les bases d'une pyramide tronquée et H sa hauteur, on aura

$$V = \frac{H}{3} \times \left(B + b + \sqrt{Bb}\right).$$

284. *Applications numériques.*—Les expressions des volumes du prisme, de la pyramide, du prisme triangulaire tronqué, du tronc de pyramide étant toutes composées du produit d'une aire par une hauteur, dépendent nécessairement d'un produit de trois facteurs, puisque l'aire en contient deux ; et ce produit revient à l'expression d'un parallélipipède rectangle (263) équivalent au corps proposé. C'est dans ce sens qu'on dit qu'un volume quelconque est le produit de *trois dimensions*. Leur multiplication se fait à l'ordinaire, quand elles sont exprimées en mesures décimales ; et le résultat est composé d'un nombre entier et de parties décimales d'un cube ayant pour côté l'unité linéaire.

Je prends pour exemple un parallélipipède rectangle, dont les dimensions sont $49^m,54$, $15^m,27$ et $8^m,5$. Le produit 6430,0443 de ces nombres fait voir que le parallélipipède proposé contient 6430 cubes de 1 mètre de côté, et 443 dix-millièmes de ce cube.

Les décimales énoncées ci-dessus ne sont rapportées qu'à l'unité principale, qui est le cube d'un mètre de côté, et qu'on nomme aussi *mètre cube :* si l'on veut les décomposer en parties qui soient les cubes des parties décimales de l'unité linéaire, il faut remarquer que

Le mètre cube contient $10 \times 10 \times 10$, ou 1000 *décimètres cubes;*
Le décimètre cube $10 \times 10 \times 10$, ou 1000 *centimètres cubes,*

et ainsi des autres; que, par conséquent, ce sont les millièmes et les millioniėmes du mètre cube qui expriment les décimètres cubes et les centimètres cubes, et, en général, les décimales prises de trois en trois, qui répondent à des mesures cubiques.

Le résultat 6430,0443 ne renfermant pas un nombre de chiffres décimaux qui soit multiple de 3, il faut y suppléer par des zéros, et l'écrire ainsi :

6430,044300.

De cette manière, on l'énonce en disant :

6430 mètres cubes 44 décimètres cubes et 300 centimètres cubes.

Il est inutile d'entrer dans de plus grands détails sur ce sujet; car il sera beaucoup plus commode de s'en tenir à la première énonciation, pourvu qu'on ait soin de ne pas confondre le 10e, le 100e, etc., du mètre cube, avec le décimètre, le centimètre, etc., cubes. Les premiers se rapportent à des parallélipipèdes rectangles ayant tous pour base le mètre carré, et pour hauteur 1 décimètre, 1 centimètre, etc.

POLYÈDRES SEMBLABLES.

En coupant une pyramide par un plan parallèle à sa base, on détermine une pyramide partielle semblable à la première. — Deux pyramides triangulaires qui ont un angle dièdre égal, compris entre deux faces semblables et semblablement placées, sont semblables.

285. On donne le nom de *polyèdres semblables* à ceux qui sont compris sous un même nombre de faces semblables chacune à chacune et dont les angles polyèdres homologues sont égaux.

L'égalité des angles polyèdres entraîne évidemment l'égalité des angles dièdres.

THÉORÈME.

286. *En coupant la pyramide* SABCDE (fig. 170) *par un plan parallèle à la base, on détermine une seconde pyramide* SFGHIK *semblable à la première.*

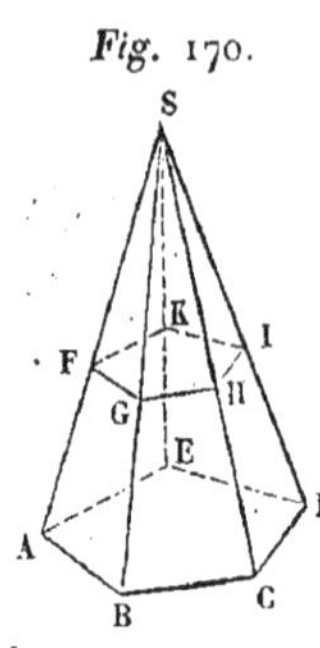

Fig. 170.

Démonstration. — On a vu (268) que les polygones FGHIK et ABCDE sont semblables. La similitude des faces triangulaires résulte immédiatement de ce que les côtés des deux polygones sont parallèles deux à deux. Ainsi les deux pyramides ont déjà leurs faces semblables. Il ne reste donc plus qu'à faire voir que leurs angles polyèdres sont égaux. Or l'angle polyèdre S est commun. Ensuite deux angles trièdres tels que A et F sont égaux comme ayant un angle dièdre commun compris entre des angles plans égaux chacun à chacun, savoir : SAB à SFG, SAE à SFK.

THÉORÈME.

287. *Deux pyramides triangulaires* SABC, S'A'B'C' (fig. 171) *qui ont les angles dièdres* SA et S'A' *égaux compris entre des faces semblables et semblablement placées sont semblables.*

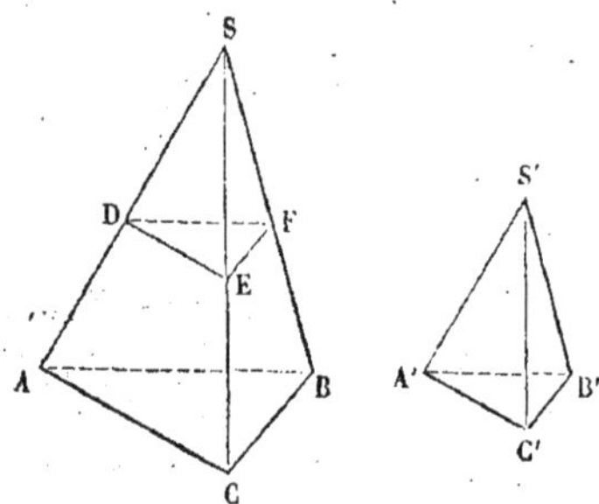

Fig. 171.

Démonstration. — Je place la seconde pyramide sur la première de manière que le point S' tombe en S, le point A' en D, et que l'angle dièdre S'A' coïncide avec l'angle dièdre SA qui lui est égal. Alors, puisque le triangle S'A'B' est semblable à SAB, le point B' viendra en F sur la droite SB, et DF sera parallèle à AB ; par la même raison C' viendra en E sur SC, et DE sera parallèle à AC. Par suite, le plan DEF contenant deux droites respectivement parallèles à AB et à AC sera parallèle au plan ABC ; donc la pyramide SDEF est semblable à SABC. Mais SDEF est égale à S'A'B'C ; donc S'A'B'C' est semblable à SABC.

THÉORÈME.

288. *Deux polyèdres semblables peuvent se décomposer en pyramides triangulaires semblables et semblablement disposées, et réciproquement.*

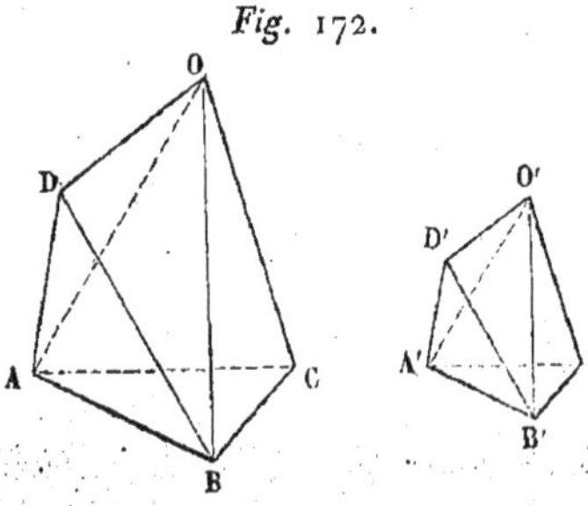

Fig. 172.

Soit O un point pris dans l'intérieur du premier polyèdre (*fig.* 172). Joignons ce point à trois sommets consécutifs A, B, C pris sur une même face. Soient A', B', C' les sommets homologues dans le second polyèdre. Le théorème précédent permettra de construire une pyramide O'A'B'C' semblable à OABC et semblablement située. Cela posé, je dis que toutes les pyramides que l'on obtient en joignant le point O' aux différents sommets du second polyèdre sont semblables à celles que l'on obtient en joignant le point O aux sommets du premier.

Démonstration. — Soit D un quatrième sommet pris dans la face qui contient ABC ou dans une face adjacente, et considérons les deux pyramides ODAB, O'D'A'B'. Les angles dièdres OABD et O'B'A'D' seront égaux comme adjacents à des angles égaux, si D et D' sont dans les faces ABC, A'B'C', et comme différence d'angles égaux dans l'autre cas. En effet, les angles dièdres OABC, O'A'B'C' sont égaux à cause de la similitude des deux premières pyramides; les angles dièdres DABC, D'A'B'C' sont égaux comme angles dièdres homologues.

En outre, les deux triangles OAB, O'A'B' sont semblables, puisque les deux pyramides OABC, O'A'B'C' sont semblables; il en est de même des triangles DAB, D'A'B' qui sont des triangles homologues appartenant à des faces semblables. Donc les deux pyramides OABD, O'A'B'D' sont semblables comme ayant un angle dièdre égal, chacun à chacun, compris entre faces semblables. On démontrera de même, de proche en proche, que les autres pyramides qui composent les deux polyèdres sont semblables.

La réciproque ne présente aucune difficulté.

THÉORÈME.

289. *Deux polyèdres semblables sont entre eux comme les cubes de leurs arêtes homologues.*

Démonstration. — 1°. Si les polyèdres proposés sont les pyramides SABCD, S*abcd* (*fig.* 163, page 116), on aura, par le n° 269,

$$\frac{\text{ABCD}}{abcd}=\frac{\overline{\text{SA}}^2}{\overline{\text{S}a}^2},\quad \frac{\text{SH}}{\text{S}h}=\frac{\text{SA}}{\text{S}a};$$

multipliant membre à membre, il viendra

$$\frac{\frac{1}{3}\,\text{ABCD}\times\text{SH}}{\frac{1}{3}\,abcd\times\text{S}h}=\frac{\overline{\text{SA}}^3}{\overline{\text{S}a}^3}\quad\text{ou}\quad\frac{\text{SABCD}}{\text{S}abcd}=\frac{\overline{\text{SA}}^3}{\overline{\text{S}a}^3},$$

c'est-à-dire que *les pyramides semblables sont entre elles comme les cubes de leurs arêtes homologues* (*).

2°. Lorsqu'il s'agit de deux polyèdres quelconques, on peut les conce-

(*) En imitant la construction et le raisonnement du n° **200**, il serait facile de prouver que les *volumes de deux tétraèdres qui ont un angle trièdre commun sont entre eux comme les produits des arêtes qui, dans chacun, comprennent cet angle.*

voir partagés en un même nombre de pyramides semblables et semblablement disposées (288). Chacune des pyramides du premier polyèdre sera à celle qui lui correspond dans le second comme le cube de l'une de ses arêtes est au cube de l'arête homologue de l'autre pyramide; mais ces arêtes, qui sont nécessairement ou les arêtes mêmes des polyèdres proposés, ou les diagonales de leurs faces, sont d'un polyèdre à l'autre, dans le même rapport (136, 2°); leurs cubes formeront, par conséquent, une suite de rapports égaux, et ces rapports étant aussi égaux à ceux des pyramides, il en faut conclure que ces derniers sont égaux entre eux. Par conséquent, la somme des pyramides du premier polyèdre est à la somme des pyramides du second comme une quelconque des pyramides de l'un est à la correspondante de l'autre, ou comme le cube de l'une quelconque des arêtes du premier polyèdre est au cube de l'arête homologue du second. Substituant dans cette proportion, à la place des sommes des pyramides, les polyèdres qu'elles composent, il en résultera que ces corps sont entre eux dans le rapport des cubes de leurs arêtes homologues.

SECTION II.

DES CORPS RONDS.

Cône droit à base circulaire. — Sections parallèles à la base. — Surface latérale du cône, du tronc de cône à bases parallèles. — Volume du cône, du tronc de cône à bases parallèles.

290. Les corps ronds sont ceux qu'on produit en faisant tourner une figure plane autour d'une ligne droite. Je ne m'occuperai spécialement ici que du *cône droit*, du *cylindre droit* et de la *sphère*.

Fig. 173

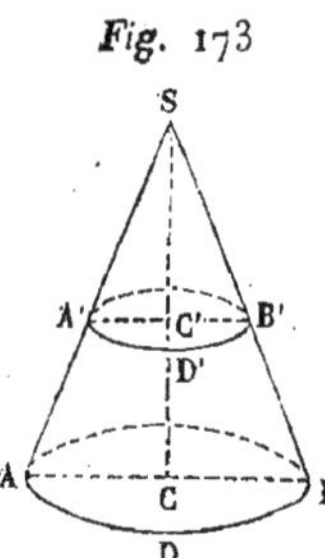

Le cône droit s'engendre en faisant tourner un triangle rectangle SAC (*fig.* 173) autour de l'un des côtés SC de l'angle droit : l'hypoténuse SA, que l'on nomme encore le *côté* ou l'*arête* du cône, décrit dans ce mouvement *la surface conique droite* qui enveloppe le corps.

Un point quelconque A' de cette droite décrit une circonférence de cercle dont le centre est sur la droite SC, autour de laquelle tourne le triangle SAC, et que, pour cette raison, on nomme l'*axe du cône;* car si l'on conçoit la droite A'C' tirée dans le triangle générateur, perpendiculairement à cet axe, en tournant avec le triangle, elle décrira un plan perpendiculaire au côté SC (221), et sera évidemment le rayon du cercle A'D'B'.

Il suit de là que la surface conique coupée par un plan perpendiculaire à son axe donne une circonférence de cercle; et il est visible qu'un plan mené par son sommet la coupe, en général, suivant deux lignes droites.

Le cercle ADB décrit par le côté AC du triangle générateur, et qui ferme le cône, est la *base*, tandis que le point S est le *sommet;* et cette base est perpendiculaire à l'axe SC.

Les triangles semblables SAC et SA′C′, donnant

$$\frac{AC}{A'C'}=\frac{SC}{SC'}=\frac{SA}{SA'},$$

font voir que les rayons des cercles ADB et A′D′B′ sont proportionnels à la distance de leur plan, au sommet du cône; mais les circonférences des cercles étant entre elles comme leurs rayons (168), et leurs aires suivant le rapport des carrés de ces rayons (209), on aura encore

$$\frac{\text{circ. ADB}}{\text{circ. A'D'B'}}=\frac{AC}{A'C'}=\frac{SC}{SC'}=\frac{SA}{SA'},$$

$$\frac{\text{aire ADB}}{\text{aire A'D'B'}}=\frac{\overline{AC}^2}{\overline{A'C'}^2}=\frac{\overline{SC}^2}{\overline{SC'}^2}=\frac{\overline{SA}^2}{\overline{SA'}^2},$$

propriétés qui reviennent à celles qui ont été démontrées pour les pyramides dans les n°s 268 et 269.

291. On donne en général le nom de *surface conique* à celle qui s'engendre en faisant tourner autour d'un point S ou *sommet* (*fig.* 174) une droite SA, assujettie à toucher continuellement la circonférence d'une courbe quelconque ADB. Un corps terminé par une surface conique et par un plan se nomme *cône*. La perpendiculaire abaissée du sommet sur ce plan est la *hauteur* du cône.

Fig. 174.

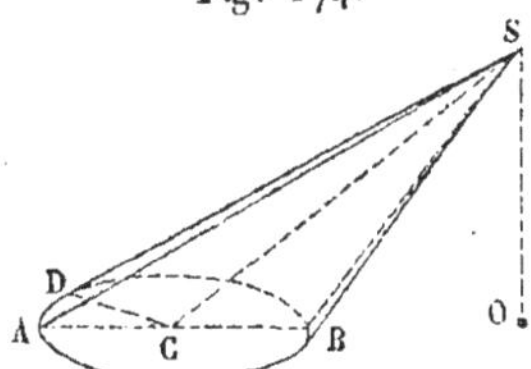

THÉORÈME.

292. *Si l'on construit un polygone régulier, inscrit à la base d'un cône droit, et que l'on joigne les angles de ce polygone avec le sommet du cône, ces lignes détermineront une pyramide dite* régulière, *parce que toutes ses faces triangulaires sont égales; l'aire de la pyramide régulière, lorsqu'on n'y comprend point sa base, a pour mesure la moitié du produit du contour de cette base par la perpendiculaire abaissée du sommet sur l'un de ces côtés.*

Fig. 175.

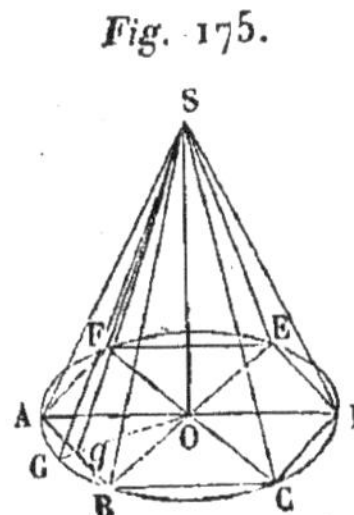

Démonstration. — Soit ABCDEF (*fig.* 175) le polygone inscrit dans la base du cône; en tirant les droites AS, BS, CS, etc., et joignant ces droites par des plans, on aura la pyramide SABCDEF. L'aire de cette pyramide, sans y comprendre sa base ABCDEF, est composée des triangles ASB, BSC, CSD, etc., égaux entre eux, puisqu'ils sont formés par les côtés du polygone ABCDEF, que l'on suppose régulier, et par les obliques SA, SB, SC, etc., qui s'écartent également de la perpendiculaire SO. L'aire de l'un de ces triangles, de ASB par exemple, a pour mesure $\frac{1}{2}$ AB $\times$ Sg, Sg étant perpendiculaire sur AB. Leur somme aura pour mesure $\frac{1}{2}$ N $\times$ AB $\times$ Sg, en désignant par N le nombre des côtés du polygone ABCDEF; et comme N $\times$ AB est évidemment le contour de ce polygone, on en conclura la vérité de l'énoncé.

THÉORÈME.

293. *L'aire d'un cône droit a pour mesure la moitié du produit de la circonférence qui lui sert de base par son côté, ou* $\frac{1}{2}$ PC, *en nommant la première* P, *le second* C.

Démonstration. — L'aire du cône est la limite vers laquelle tend l'aire d'une pyramide régulière inscrite, à mesure que les faces de cette dernière diminuent indéfiniment. Il suffit donc, pour avoir l'aire du cône, de chercher la limite de l'expression

$$\frac{Sg \times p}{2},$$

où p désigne le périmètre de la base; or à mesure que le nombre des côtés augmente, p tend vers P et Sg vers C. Donc l'aire du cône est bien $\frac{1}{2}$ PC, comme on l'avait annoncé.

Formules. — Si R est le rayon de la base d'un cône, H la hauteur du cône, C son côté et S l'aire de sa surface convexe, on aura

$$S = \pi RC,$$

ou

$$S = \pi R \sqrt{H^2 + R^2}.$$

THÉORÈME.

294. *L'aire de la portion qui reste de la surface conique après qu'on en a retranché une partie* SA′B′ *par un plan parallèle à la base, ou l'aire du cône tronqué* ABA′B′ (fig. 176) *a pour mesure la moitié du produit de la somme des circonférences de ses deux bases* AB, A′B′ *par son côté* AA′.

Démonstration. — J'élève par le point A, perpendiculairement à SA, la droite AC, égale en longueur à la circonférence AB, et je tire SC. L'aire du triangle rectangle SAC ayant pour mesure $\frac{1}{2}$ AC $\times$ SA, est équivalente à l'aire du cône SAB (nu-

Fig. 176.

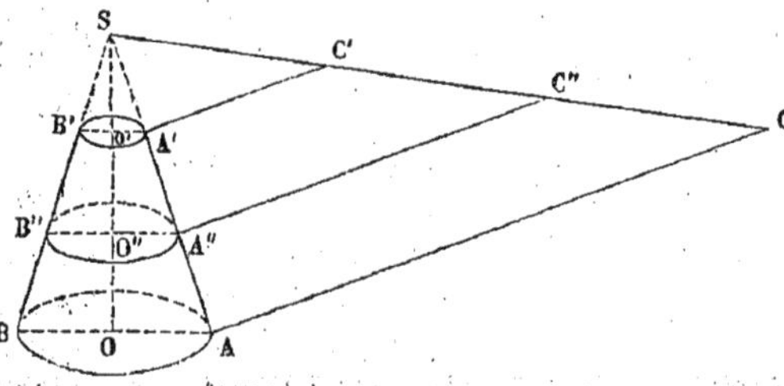

méro précédent). Si l'on mène ensuite la droite A′C′ parallèle à AC, les triangles SAC et SA′C′, semblables entre eux, donneront

$$\frac{AC}{A'C'} = \frac{SA}{SA'}.$$

Mais on a aussi (267)

$$\frac{\text{circ. AB}}{\text{circ. A'B'}} = \frac{SA}{SA'};$$

donc

$$\frac{\text{circ. AB}}{\text{circ. A'B'}} = \frac{AC}{A'C'},$$

et puisque AC = circ. AB, par construction, il en résulte

$$A'C' = \text{circ. } A'B'.$$

Il suit de là que l'aire du triangle SA′C′, égale à $\frac{1}{2}A'C' \times SA'$, sera équivalente à celle du cône retranché SA′B′ : l'aire du trapèze ACC′A′ sera donc équivalente à celle du tronc de cône ABA′B′; et comme la droite AA′ est perpendiculaire aux droites AC et A′C′, la mesure du trapèze ACC′A′ sera (175)

$$\frac{1}{2}AA'(AC + A'C'),$$

ou

$$\frac{1}{2}AA'(\text{circ. AB} + \text{circ. A'B'}).$$

Remarque. — Puisqu'on peut prendre, au lieu de $\frac{1}{2}(AC + A'C')$, la droite A″C″, menée parallèlement à AC, par le milieu de AA′ (185), on peut substituer à $\frac{1}{2}$(circ. AB + circ. A′B′) la circonférence A″B″ de la section faite dans le tronc de cône, à égale distance des deux bases, et parallèlement à leurs plans; car on démontrera, par un raisonnement semblable à celui que l'on vient de faire, que A″C″ = circ. A″B″.

On conclut de là que *l'aire convexe du tronc de cône a pour mesure* AA′ × circ. A″B″, ou le *produit de son côté par la circonférence de la section faite à égale distance des bases.*

En substituant le sommet à la base supérieure, cette mesure devient celle de l'aire du cône entier.

Formule. — Si l'on désigne par R et r les rayons des deux bases du tronc de cône, par C le côté et par S l'aire de la surface convexe, on aura

$$S = \pi C(R + r).$$

THÉORÈME.

295. *Le volume d'un cône a pour mesure l'aire de sa base* B *multipliée par le tiers de sa hauteur* H, *ou* $\frac{1}{3}$ BH.

Démonstration. — Le volume de toute pyramide inscrite dans le cône a pour mesure le tiers du produit de sa base par sa hauteur. Or la hauteur de la pyramide est la hauteur même du cône, et sa base diffère d'autant moins de la base du cône, que le nombre de ses faces est plus grand. Donc le volume du cône a aussi pour mesure le tiers du produit de sa base par sa hauteur.

Formule. — Si R est le rayon de la base du cône, on aura

$$B = \pi R^2,$$

et, par conséquent, le volume du cône sera représenté par

$$\frac{1}{3}\pi R^2 H.$$

THÉORÈME.

296. *Le volume d'un tronc de cône a pour mesure le tiers du produit de sa hauteur multipliée par la somme de ses bases, et d'une moyenne proportionnelle entre ses bases, ou bien* $\frac{\pi H}{3}(R^2+r^2+Rr)$, *en appelant* H *la hauteur, et* R *et* r *les rayons des deux bases.*

Démonstration. — Si l'on inscrit successivement dans le tronc de cône des troncs de pyramides, d'un nombre de faces de plus en plus grand, à mesure que ce nombre augmentera, les bases des troncs de pyramide tendront vers celles du tronc de cône. Nommant donc B et b les bases de ce dernier, on aura pour son volume

$$\frac{1}{3}H\left(B+b+\sqrt{Bb}\right),$$

ou, en remplaçant B par πR^2, b par πr^2,

$$\frac{1}{3}\pi H(R^2+r^2+Rr),$$

comme dans l'énoncé.

297. *Remarque.* — Lorsque l'on connaît les dimensions d'un tronc de cône à bases parallèles ABA'B' (*fig.* 176, page 128), on calcule, par un procédé analogue à celui du n° 234, la hauteur du cône entier et celle du cône retranché. En effet, les triangles semblables ASO et A'S'O',

donnent

$$\frac{SO}{AO} = \frac{SO'}{A'O'} = \frac{SO - SO'}{AO - AO'} = \frac{OO'}{AO - A'O'},$$

ce qui revient à

$$SO = \frac{RH}{R - r}, \quad SO' = \frac{rH}{R - r}.$$

Cylindre droit à base circulaire. — Mesure de la surface latérale et du volume. — Extension aux cylindres droits à base quelconque.

298. Si l'on conçoit que le rectangle ACC'A' (*fig.* 177) tourne autour de l'un de ses côtés CC', il engendrera le corps appelé *cylindre droit à base circulaire ;* la ligne AA' décrira dans ce mouvement la *surface cylindrique droite* que nous appellerons aussi la *surface latérale* du cylindre.

Fig. 177.

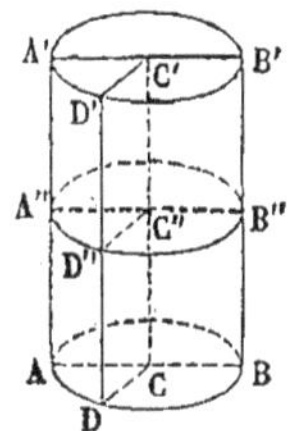

Un point quelconque A'' de cette droite décrira la circonférence du cercle A''D''B'', égal et parallèle au cercle ADB engendré par AC, et que l'on nomme la *base* du cylindre ; car la droite A''C'', perpendiculaire à CC' et égale à AC, décrira, en tournant autour de CC', un plan parallèle au plan ADB et dont l'intersection avec la surface cylindrique sera A''D''B''. Il résulte de là que *la section de la surface du cylindre droit par un plan parallèle à sa base est un cercle égal à cette base.*

Le cylindre est terminé supérieurement par une base A'D'B' égale et parallèle à sa base inférieure ADB. La droite CC' autour de laquelle tourne le parallélogramme ACC'A', et qui contient évidemment les centres des bases et ceux des sections qui leur sont parallèles, se nomme l'*axe du cylindre*, et est perpendiculaire à la base.

La *hauteur* du cylindre est la plus courte distance des deux bases. Cette ligne est donc égale à l'axe CC' ou au *côté* AA'.

299. Le *cylindre oblique à base circulaire* est celui que renferme la surface décrite par une droite quelconque AA' (*fig.* 178), assujettie à glisser parallèlement à elle-même le long de la circonférence d'un cercle ADB. Si l'on considère la droite génératrice AA' parvenue dans une position quelconque DD' ; que, par le centre de la base, on mène CC' parallèle et égale à AA', qu'on termine le corps par un plan A'D'B' parallèle à ADB, en tirant C'D', on formera le parallélogramme DCC'D', et l'on aura C'D' = CD.

Fig. 178.

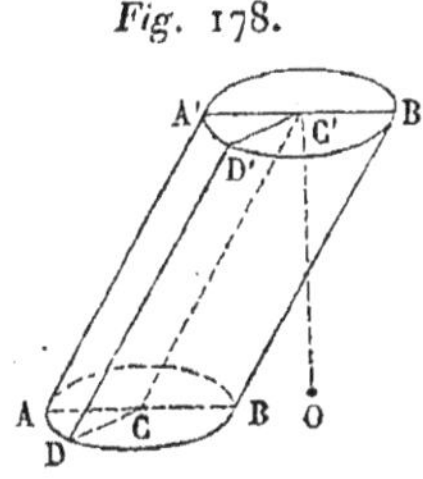

Ainsi, la base supérieure A'D'C' du cylindre oblique sera un cercle, aussi bien que sa base inférieure et toutes les sections qui lui sont parallèles.

Plus généralement, on nomme *surface cylindrique* la surface engendrée par une droite assujettie à glisser parallèlement à elle-même le long d'une courbe quelconque, et *cylindre* le volume compris entre une pareille surface et deux plans parallèles. Ces plans déterminent deux courbes égales qu'on nomme encore les *bases* du cylindre. Enfin le cylindre est *droit* ou *oblique* suivant que les génératrices sont perpendiculaires ou obliques aux plans des bases.

THÉORÈME.

300. *Si l'on inscrit dans le cercle qui sert de base à un cylindre un polygone, et que, par les sommets des angles de ce polygone, on mène des droites parallèles à l'axe* OO′ (fig. 179), *en joignant leurs extrémités supérieures par d'autres droites, on formera un prisme inscrit au cylindre proposé; l'aire de la surface latérale de ce prisme a pour mesure le périmètre* P *de sa base multiplié par sa hauteur* H.

Fig. 179.

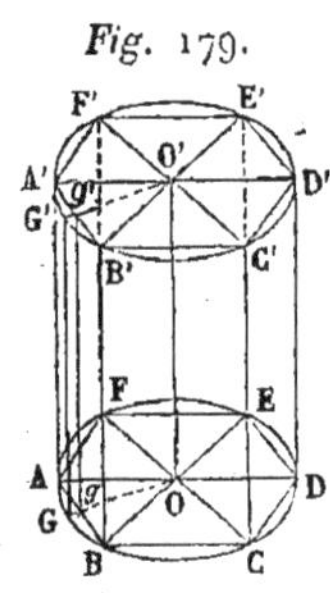

Démonstration. — Les arêtes AA′, BB′, etc., étant perpendiculaires sur AB, BC, etc., les aires des rectangles AB′, BC′, etc., seront exprimées par $AB \times AA'$, $BC \times BB'$, etc. Ces produits ont tous un facteur commun, puisque $AA' = BB' = \ldots$, donc leur somme ou l'aire du prisme inscrit, sans y comprendre les bases ABCDEF, A′B′C′D′E′F′, sera exprimée par

$$(AB + BC + CD + DE + EF + FA) \times AA',$$

ou par

$$P \times H.$$

THÉORÈME.

301. *L'aire de la surface latérale du cylindre droit a pour mesure la circonférence de sa base multipliée par sa hauteur* H, *ou le produit* $2\pi RH$, R *désignant le rayon de la base.*

Démonstration. — Si l'on conserve les mêmes notations, la mesure de la surface cylindrique sera la limite vers laquelle tend le produit PH, à mesure que le nombre des côtés du polygone inscrit dans la base augmente de plus en plus; mais H reste constant et P tend vers la circonférence de la base ou vers $2\pi R$: donc $H \times 2\pi R$ ou $2\pi RH$ est la surface latérale du cylindre.

302. *Remarques.* — Ce que l'on a dit (300) de l'aire du prisme droit inscrit dans le cylindre droit à base circulaire, peut s'appliquer à l'aire de tout prisme droit. Il en résulte que *l'aire de la surface latérale d'un cylindre droit à base quelconque a pour mesure le contour de sa base multiplié par sa hauteur.*

La surface convexe du cylindre droit à base circulaire peut encore se déduire de l'expression trouvée pour le tronc de cône (294) en supposant les bases égales. C devient alors égal à H et l'on a

$$S = \pi H \times 2R = 2\pi RH.$$

THÉORÈME.

303. *Le volume d'un cylindre droit a pour mesure le produit de l'aire de sa base par sa hauteur, ou* BH, B *étant l'aire de cette base.*

Démonstration. — Si l'on désigne par b l'aire du polygone inscrit, bH sera la mesure du volume du prisme inscrit; et si V désigne la mesure du cylindre, BH étant la limite de bH, on aura nécessairement V = BH.

Ce théorème s'applique également au cylindre oblique à base quelconque.

Formules. — Si l'on nomme, dans un cylindre droit à base circulaire, H la hauteur, R le rayon de la base, S la surface latérale, V le volume, on aura

$$S = 2\pi RH, \quad V = \pi R^2 H.$$

Sphère. — Sections planes. — Grands cercles. — Petits cercles. — Pôles d'un cercle. — Étant donnée une sphère, trouver son rayon. — Plan tangent.

304. Si le demi-cercle ACB tourne autour de son diamètre AB (*fig.* 180), il engendrera la *sphère*, et la demi-circonférence qui l'enveloppe décrira la *surface sphérique*.

Fig. 180.

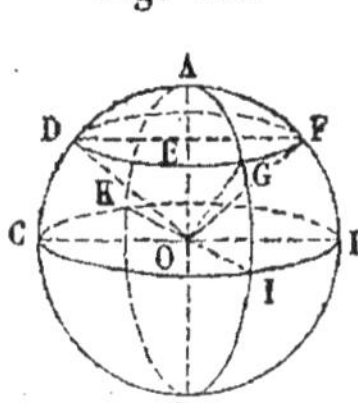

Dans ce mouvement, un point quelconque D, de l'arc ACB, décrit une circonférence de cercle ayant pour rayon la perpendiculaire DE, abaissée sur le diamètre AB que l'on nomme *axe*. Il faut excepter les extrémités A et B de l'axe, qui restent immobiles comme tous les points de cet axe, et que l'on nomme *pôles*.

La surface sphérique a tous ses points également éloignés du point O, centre du cercle générateur; car ce point ayant conservé la même situation sur le plan du demi-cercle ACB, dans toutes les positions prises par ce plan, sa distance à chacun des points de l'arc ACB, qui ont passé successivement par tous ceux de la sphère, n'a pas varié.

Il suit de là que le rayon du cercle ACB est aussi celui de la sphère.

THÉORÈME.

305. *La section de la sphère par un plan est un cercle.*

Démonstration. — La proposition est évidente par elle-même, d'après ce qui précède, lorsque le plan sécant passe par le centre de la sphère; et alors la circonférence de cette section a pour rayon celui de la sphère.

Mais si DGF désigne un plan quelconque, et que du centre O on abaisse sur ce plan la perpendiculaire OE, le pied E de cette perpendiculaire sera à égale distance de tous les points de la section DGF; car toutes les obliques OD, OG, OF, étant égales comme rayons de la sphère, s'écarteront également de OE (222) : la courbe DGF sera donc un cercle ayant son centre en E, et DE pour rayon.

306. *Remarque.* — La droite DE étant nécessairement moindre que le rayon OD, le cercle DGF sera moindre que celui qui résulterait d'une section faite par le centre de la sphère : ce dernier serait un *grand cercle*, tandis que l'autre n'est qu'un *petit cercle*.

Tous les grands cercles ayant même rayon sont égaux entre eux.

Deux grands cercles, ACBF, AIBK, se coupent toujours en deux parties égales, car puisque la droite AB, commune section de leurs plans, passe par leur centre commun, elle est en même temps le diamètre de l'un et de l'autre, et les partage, par conséquent, en deux parties égales.

307. *Corollaire.* — Le cercle DGF sera d'autant plus petit que OE sera plus grand, c'est-à-dire que son plan sera plus éloigné du centre. Si ce plan se meut parallèlement à lui-même, son intersection avec la surface de la sphère se réduira évidemment au seul point A lorsque OE sera devenu égal à OA. Le plan n'ayant alors qu'un seul point de commun avec la surface de la sphère prendra le nom de *plan tangent*.

THÉORÈME.

308. *Si, par le centre d'un cercle quelconque* DGF (fig. 181), *tracé sur la sphère, on élève une perpendiculaire* AE, *elle passera par le centre de la sphère, et la coupera en deux points* A *et* B, *dont chacun sera également éloigné de tous ceux de la circonférence* DGF.

Fig. 181.

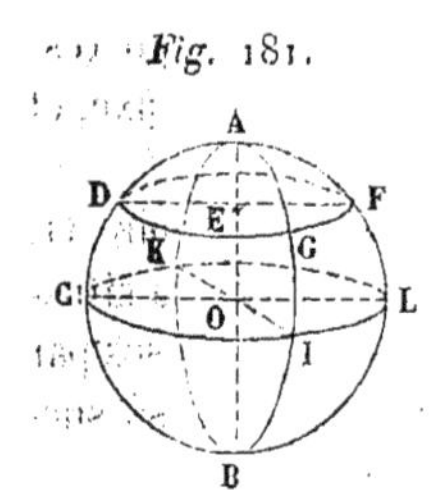

Démonstration. — La perpendiculaire AE doit passer par une suite de points tels, que chacun soit à égale distance des points de la circonférence DGF. Le point O, centre de la sphère, ayant la même propriété, doit, par conséquent, se trouver sur AE, et les points A et B, où AE rencontre la sphère, doivent être chacun à égale distance des points de la circonférence DGF.

Les arcs AD, AG, AF, ayant pour cordes les distances du point A à chacun des points de la circonférence DGF, et étant pris sur des grands cercles qui ont tous même rayon, sont égaux.

309. *Corollaire.* — Les points A et B peuvent servir à décrire le cercle DGF, sans qu'il soit besoin de connaître son centre, placé dans l'intérieur de la sphère, puisqu'il suffit de marquer tous les points dont les distances au point A ou au point B, mesurées sur la surface sphérique par les arcs de grand cercle AD et AG ou BD et BG, sont égales à celle que l'on a choisie pour décrire le cercle proposé.

Les points A et B se nomment, en conséquence, les *pôles* du cercle DGF, et la droite AE en est l'*axe*.

PROBLÈME.

310. *Étant donnée une sphère, trouver son rayon.*

Fig. 182.

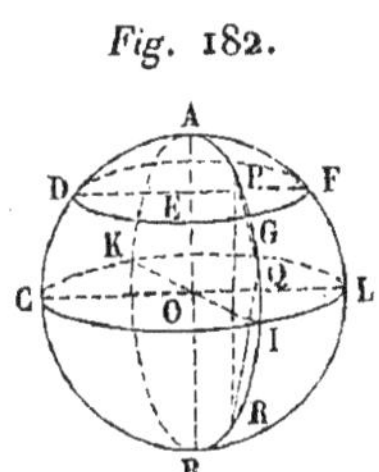

Solution. — Je prends sur la surface de la sphère deux points quelconques D et F (*fig.* 182). De ces points comme pôles, je décris, à l'aide d'un compas sphérique (*) et avec la même ouverture, deux arcs de cercle qui se coupent en un point P également éloigné des points D et F. Je détermine de la même manière deux autres points Q et R également éloignés chacun de D et de F.

Les trois points P, Q et R appartiennent au plan perpendiculaire élevé par le milieu de la droite DF, plan qui renferme tous les points également distants de D et de F (223), et qui contient, par conséquent, le centre de la sphère. Il en résulte que le cercle circonscrit au triangle PQR est un grand cercle. Or, si nous relevons les distances PQ, QR et PR, nous pourrons construire sur un plan un triangle P′Q′R′ égal au triangle PQR et faire passer par P′, Q′, R′ une circonférence dont le rayon sera celui de la sphère.

THÉORÈME.

311. *Le plan* AB (fig. 183) *mené par un point* C *de la surface de la sphère, perpendiculairement au rayon* OC *qui passe par ce point, est tangent à la sphère;* et réciproquement, *le plan tangent à un point quelconque de la surface sphérique est perpendiculaire à l'extrémité du rayon.*

Fig. 183.

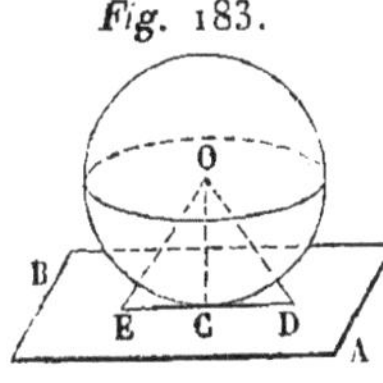

Démonstration. — Le plan AB a tous ses autres points plus éloignés du centre O de la sphère que ne l'est le point C, puisque les obliques quelconques OD, OE, etc., sont plus longues que la perpendiculaire OC (222) : donc les points D, E, etc., sont hors de la sphère, et le plan AB, n'ayant qu'un seul point C de commun avec la surface de cette sphère, lui est tangent.

Réciproquement, le plan tangent à la sphère en C ne peut être que le plan AB, perpendiculaire sur le rayon OC ; car ce plan n'ayant de commun avec la sphère que le point de *contact* C, et tous ses autres points étant plus éloignés du centre que celui-ci, il s'ensuit que le rayon OC est la plus courte ligne qu'on puisse mener du centre au plan tangent, et que, par conséquent, il est perpendiculaire à ce plan.

(*) On nomme ainsi un compas dont les branches sont un peu recourbées pour qu'on ne soit pas gêné par la convexité de la sphère.

Mesure de la surface engendrée par une ligne brisée régulière, tournant autour d'un axe mené dans son plan et par son centre. — Aire de la zone, de la sphère entière.

LEMME.

312. *Lorsqu'une droite* AB (fig. 184) *tourne autour d'une droite* CD *située dans son plan et accomplit une révolution entière, la surface qu'elle engendre a pour mesure* EF $\times$ circ. OI, EF *étant la projection de* AB *sur l'axe, et* OI *la perpendiculaire élevée par le milieu de* AB *jusqu'à la rencontre de* CD.

Fig. 184.

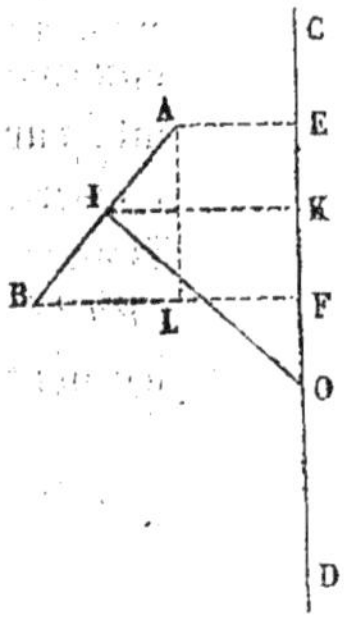

Démonstration. — Quelle que soit la position de AB par rapport à CD, la surface engendrée par la première de ces lignes a pour mesure (294 et 302) AB $\times 2\pi$. IK, IK étant la perpendiculaire abaissée du point I sur CD. Or, si l'on mène AL perpendiculaire à BF, les triangles ABL et OIK seront semblables comme ayant leurs côtés respectivement perpendiculaires. On aura donc

$$\frac{AB}{OI} = \frac{AL}{IK},$$

d'où l'on tire

$$AB \times IK = AL \times OI = EF \times OI;$$

donc

$$AB \times 2\pi . IK = EF \times 2\pi . OI,$$

c'est-à-dire

$$\text{aire } AB = EF \times \text{circ. } OI,$$

comme l'indique l'énoncé.

THÉORÈME.

313. *L'aire engendrée par une ligne brisée régulière* ABCD (fig. 185), *tournant autour de l'axe* AP *mené dans son plan et par son centre, a pour mesure la projection de cette ligne sur l'axe multipliée par la circonférence inscrite dans la ligne brisée.*

Fig. 185.

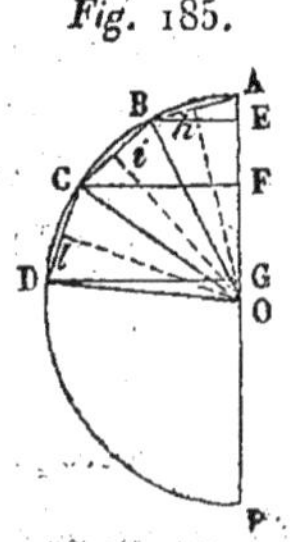

Démonstration. — Soient oh, oi, ol les perpendiculaires abaissées du centre sur les différents côtés de la ligne ABCD, perpendiculaires qui sont toutes égales entre elles (77); on aura, en vertu du lemme précédent,

$$\text{aire } AB = AE \times \text{circ. } oh,$$
$$\text{aire } BC = EF \times \text{circ. } oi,$$
$$\text{aire } CD = FG \times \text{circ. } ol;$$

donc, puisque $oh = oi = ol$,

$$\text{aire ABCD} = (\text{AE} + \text{EF} + \text{FG}) \times \text{circ.}\, oh,$$

ou

$$\text{aire ABCD} = \text{AG} \times \text{circ.}\, oh,$$

ce qui est conforme à l'énoncé.

314. Ier *Corollaire.* — On nomme *zone* la portion de la surface sphérique comprise entre deux cercles dont les plans sont parallèles. La zone peut être regardée comme engendrée par un arc BCD tournant autour du diamètre AP. La hauteur de cette zone est la projection EG de l'arc générateur sur l'axe.

Si l'on imagine une ligne brisée régulière inscrite dans l'arc BCD et dont le nombre des côtés augmente de plus en plus, la surface engendrée par cette ligne différera de moins en moins de la surface de la zone. Or la surface engendrée par la ligne régulière a pour mesure sa projection sur l'axe, multipliée par la circonférence inscrite, et celle-ci diffère de moins en moins de la circonférence à laquelle appartient l'arc BCD. Donc, si l'on passe à la limite, on pourra dire que

La surface d'une zone a pour mesure sa hauteur multipliée par la circonférence d'un grand cercle.

315. IIe *Corollaire.* — La sphère peut être considérée comme une zone dont la hauteur serait le diamètre. Donc

La surface de la sphère a pour mesure la circonférence d'un grand cercle multipliée par le diamètre.

Et comme la circonférence d'un grand cercle, multipliée par la moitié du rayon ou par le quart du diamètre, donne l'aire d'un grand cercle, on peut dire aussi que

La surface de la sphère équivaut à quatre grands cercles.

Formules. — Z désignant l'aire d'une zone, H sa hauteur, R le rayon de la sphère, S la surface de la sphère, on a

$$Z = 2\pi RH, \qquad S = 4\pi R^2.$$

Ces formules montrent que sur la même sphère *les aires de deux zones sont entre elles comme leurs hauteurs*, et que l'*aire de la surface sphérique est proportionnelle au carré du rayon.*

Mesure du volume engendré par un triangle tournant autour d'un axe mené dans son plan par un de ses sommets. — Application au secteur polygonal régulier, tournant autour d'un axe mené dans son plan et par son centre. — Volume du secteur sphérique, de la sphère entière.

THÉORÈME.

316. *Le volume engendré par un triangle tournant autour d'un axe mené dans son plan et par un de ses sommets a pour mesure l'aire engendrée par le côté opposé au sommet fixe, multipliée par le tiers de la hauteur qui correspond à ce côté.*

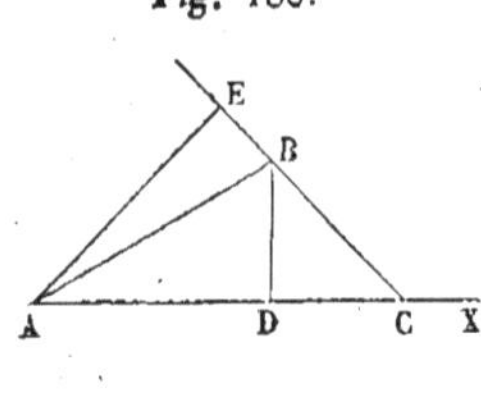

Fig. 186.

Démonstration. — 1°. Considérons d'abord le cas où le triangle ABC (*fig.* 186) tournerait autour de son côté AC. Soit BD une perpendiculaire abaissée du sommet mobile sur le côté fixe. Le volume cherché est la somme des volumes engendrés par les triangles rectangles ABD, BDC, c'est-à-dire la somme de deux cônes. Or on a (295)

$$\text{vol. ABD} = \frac{1}{3}\pi\overline{\text{BD}}^2 \times \text{AD},$$

$$\text{vol. BDC} = \frac{1}{3}\pi\overline{\text{BD}}^2 \times \text{DC};$$

donc

$$\text{vol. ABC} = \frac{1}{3}\pi.\overline{\text{BD}}^2 \times (\text{AD}+\text{DC}) = \frac{1}{3}\pi.\overline{\text{BD}}^2.\text{AC},$$

ce que l'on peut écrire ainsi :

$$\text{vol. ABC} = \frac{1}{3}\pi.\text{BD}.\text{BD}.\text{AC}.$$

Si l'on mène AE perpendiculaire sur BC, on aura

$$\text{AE} \times \text{BC} = \text{AC} \times \text{BD};$$

car chacun de ces produits exprime le double de la surface du triangle ABC. Si donc on remplace BD × AC par AE × BC, on aura

$$\text{vol. ABC} = \frac{1}{3}\pi.\text{BD} \times \text{AE} \times \text{BC}$$

$$= \pi.\text{BD} \times \text{BC} \times \frac{1}{3}\text{AE}.$$

Mais π . BD . BC est l'aire de la surface conique engendrée par BC en tournant autour de l'axe (293). On aura donc

$$\text{vol. ABC} = \text{aire BC} \times \frac{1}{3}\text{AE}.$$

Remarque. — Si la perpendiculaire BD tombait en dehors du triangle ABC, le volume engendré serait la différence des volumes de deux cônes. Mais comme la différence des hauteurs de ces cônes serait égale à AC, on arriverait encore à l'expression

$$\text{vol. ABC} = \frac{1}{3}\pi\overline{\text{BD}}^2.\text{AC},$$

et la démonstration s'achèverait comme plus haut.

2°. En second lieu, si le triangle tourne autour d'un axe extérieur AX (*fig.* 187), soit F le point où BC prolongé vient rencontrer l'axe : on aura, par ce qui précède,

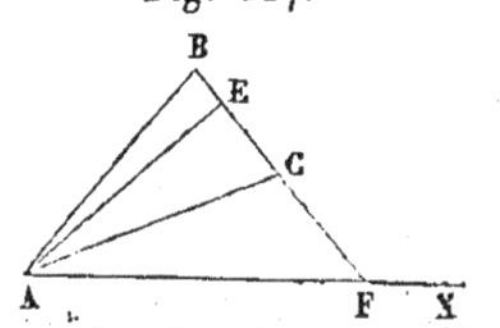

Fig. 187.

$$\text{vol. ABF} = \text{aire BF} \times \frac{1}{3}\text{AE},$$

$$\text{vol. ACF} = \text{aire CF} \times \frac{1}{3}\text{AE};$$

donc

$$\text{vol. ABF} - \text{vol. ACF} = (\text{aire BF} - \text{aire CF}) \times \frac{1}{3}\text{AE}.$$

Mais on a

$$\text{vol. ABC} = \text{vol. ABF} - \text{vol. ACF},$$
$$\text{aire BC} = \text{aire BF} - \text{aire CF};$$

donc

$$\text{vol. ABC} = \text{aire BC} \times \frac{1}{3}\text{AE},$$

comme dans le premier cas.

Remarque. — Si le côté BC ne rencontrait pas l'axe, on ne pourrait pas appliquer la démonstration précédente. Mais le théorème subsiste encore dans ce cas particulier, puisqu'il est vrai quelque près que la ligne BC soit d'être parallèle à AX. Il ne serait pas d'ailleurs difficile d'imaginer une démonstration propre à ce cas.

THÉORÈME.

317. *Le volume engendré par un secteur polygonal régulier* ODCB (fig. 188) *tournant autour d'un axe mené par son centre est égal à l'aire engendrée par la ligne polygonale multipliée par le tiers de l'apothème.*

Fig. 188.

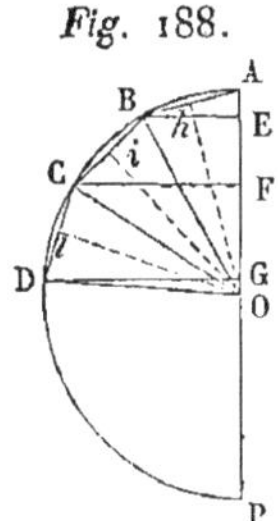

Démonstration. — Le volume du secteur se compose des volumes engendrés par les divers triangles isocèles qui le composent. Or chacun de ces volumes partiels a pour mesure l'aire engendrée par le côté correspondant multipliée par le tiers de l'apothème. Donc le volume total aura pour mesure le tiers de cet apothème, facteur commun, multiplié par la somme des aires décrites par les côtés, c'est-à-dire par l'aire décrite par la ligne polygonale.

THÉORÈME.

318. *Le volume d'un secteur sphérique engendré par le secteur circulaire* OBD (fig. 188) *est égal à l'aire* Z *de la zone sur laquelle il s'appuie, multipliée par le tiers du rayon ou à* $\frac{1}{3}$ ZR, R *désignant le rayon.*

Démonstration. — Ce volume peut être considéré comme la limite du volume engendré par un secteur polygonal régulier dont la base serait inscrite dans l'arc générateur, et dont on multiplierait le nombre des côtés de plus en plus. Or, à mesure que le nombre des côtés augmente, l'aire engendrée par la base du secteur polygonal tend vers l'aire de la zone et l'apothème vers le rayon de la sphère. Donc si l'on passe à la limite, on trouvera bien le résultat indiqué dans l'énoncé.

On connaît par ce résultat le volume du secteur sphérique, puisque son aire Z est celle de la zone décrite par l'arc BD (314).

319. Ier *Corollaire.* — Si l'on prend, au lieu de l'arc AD, la demi-circonférence ADP, le secteur sphérique deviendra égal à la sphère. Donc *le volume de la sphère est égal à sa surface multipliée par le tiers du rayon.*

Formule. — Si l'on représente par R, S et V le rayon, la surface et le volume de la sphère, on aura

$$V = S \times \frac{R}{3}.$$

Mais

$$S = 4\pi R^2;$$

donc

$$V = \frac{4}{3}\pi R^3.$$

Ainsi *le volume de la sphère est proportionnel au cube du rayon.*

320. IIe *Corollaire.* — Le volume de la portion de sphère engendrée par le demi-segment circulaire FCBA, et que l'on nomme *segment sphérique,* s'obtiendra en retranchant du volume du secteur sphérique décrit par le secteur circulaire OCBA, celui du cône décrit par le triangle OCF.

Quant au volume renfermé entre la zone engendrée par l'arc DCB et les plans que décrivent les perpendiculaires BE, DG, on l'obtiendra en retranchant le segment sphérique décrit par le demi-segment circulaire EBA, de celui que décrit ADG.

FIN DE LA DEUXIÈME PARTIE.

TROISIÈME PARTIE.

COMPLÉMENT DE GÉOMÉTRIE.

DES ANGLES POLYÈDRES.

La somme des angles plans qui forment un angle polyèdre convexe est toujours moindre que quatre angles droits. — Si deux angles trièdres sont formés des mêmes angles plans, les angles dièdres compris entre les angles plans sont égaux.

THÉORÈME.

321. *La somme des angles plans qui composent un angle polyèdre convexe est toujours moindre que quatre angles droits.*

Fig. 189.

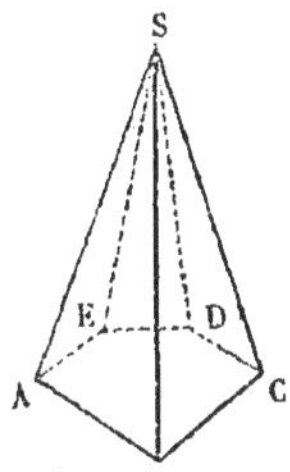

Démonstration. — Si l'on ferme l'angle polyèdre S (*fig.* 189) par un plan, l'intersection de ce plan et des faces de l'angle polyèdre déterminera un polygone convexe ABCDE. Or, en considérant l'angle trièdre B, on a (249)

$$SBA + SBC > ABC.$$

On a, de même,

$$SCB + SCD > BCD,$$

et ainsi de suite. Donc la somme des angles SAB, SBA, SBC, SCB, etc., surpassera la somme des angles du polygone ABCDE, et vaudra, par conséquent, plus de deux fois autant d'angles droits que ce polygone a de côtés moins deux, ou que l'angle polyèdre a de faces moins deux. Si l'on retranche cette somme de celle de tous les angles des triangles SAB, SBC, etc., composés d'autant de fois deux angles droits que le polyèdre a de faces, il restera nécessairement moins de deux fois deux angles droits ou de quatre angles droits pour la somme des angles plans formés au sommet de l'angle polyèdre.

THÉORÈME.

322. *Deux angles trièdres* S, S′ (fig. 190), *qui ont leurs angles plans égaux, chacun à chacun, et disposés dans le même ordre, sont égaux.*

Fig. 190.

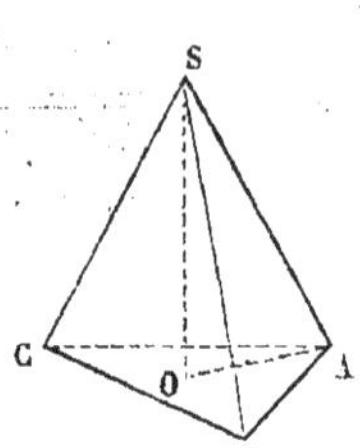

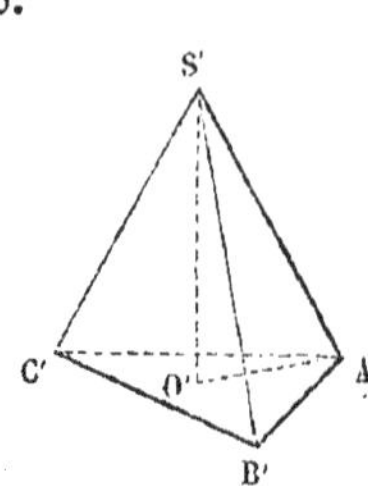

Démonstration. — Je prends sur les arêtes du premier les longueurs SA, SB et SC, toutes égales entre elles. Je mène ensuite les droites AB, AC, BC, et j'abaisse SO perpendiculaire sur le plan ABC. Puisque les obliques SA, SB, SC sont égales, le point O sera le centre du cercle circonscrit au triangle ABC. J'opère de la même manière sur le trièdre S′ en prenant S′A′ = SA.

Les deux triangles SAB, S′A′B′, ayant l'angle BAS égal à l'angle B′S′A′ par l'hypothèse, et les côtés SA, SB égaux respectivement aux côtés S′A′, S′B′, sont égaux; donc AB = A′B′. Par la même raison, BC = B′C′, et AC = A′C′. Donc les deux triangles ABC et A′B′C′ sont égaux.

Cela posé, je transporte le trièdre S′ sur le trièdre S, de manière que le triangle A′B′C′ coïncide avec son égal ABC. Comme on ne peut circonscrire qu'une seule circonférence à un triangle, le point O′ tombera au point O; par suite, O′S′, perpendiculaire au plan ABC, prendra la direction OS′, et comme O′S′ = OS, à cause de l'égalité évidente des triangles SAO et S′A′O′, le point S′ tombera en S. Donc les deux trièdres coïncideront. Donc ils sont égaux.

Remarque. — Si les angles plans des trièdres proposés ne sont pas disposés dans le même ordre, soit S″ le trièdre que l'on obtient en prolongeant, au delà du sommet, les arêtes de S. On reconnaîtra, avec un peu d'attention, que les angles plans de S′ et de S″ sont disposés dans le même ordre : donc S′ = S″ et, par conséquent (251), S′ et S, quoiqu'ils ne puissent coïncider, seront égaux dans toutes leurs parties.

323. *Lemme.* — Si du point A (*fig.* 191) pris dans l'ouverture de l'angle dièdre PQ on abaisse AB et AC respectivement perpendiculaires sur les plans P et Q, le plan BAC sera perpendiculaire aux faces de l'angle dièdre (245) et par suite à son arête. Donc si D est le point où ce plan rencontre l'arête, BDC sera l'angle rectiligne qui mesure l'angle trièdre PQ. Mais, dans le quadrilatère plan ABDC, deux des angles B et C sont droits ; donc les deux autres valent ensemble deux angles droits, et l'on a

Fig. 191.

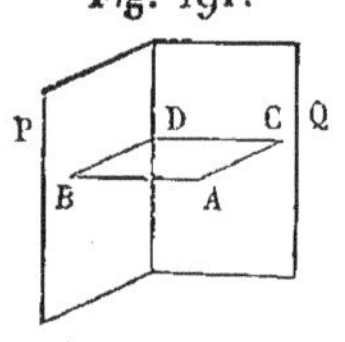

$$CAB + BDC = 180^\circ.$$

Lorsque deux angles ont une pareille relation, l'un est dit le *supplément* de l'autre. On peut donc énoncer le résultat que nous venons de trouver de la manière suivante :

Les perpendiculaires abaissées d'un point pris dans l'ouverture d'un angle dièdre sur les faces de ce dernier, font un angle qui est le supplément de l'angle dièdre.

THÉORÈME.

324. *Si d'un point pris dans l'intérieur d'un angle trièdre* S (fig. 192) *on abaisse les perpendiculaires* S'A', S'B', S'C', *sur les faces de cet angle, on forme un second angle trièdre S' dont les angles plans sont les suppléments des angles dièdres du premier.* Réciproquement, *les angles plans du premier sont les suppléments des angles dièdres du second.*

Fig. 192.

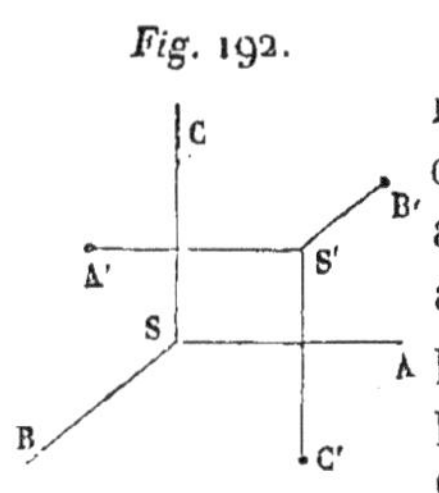

Démonstration. — La première partie de l'énoncé résulte de la remarque faite au numéro précédent. Pour démontrer la seconde, il suffit de faire voir que les arêtes du premier angle trièdre sont perpendiculaires aux faces du second. Or, S'A' étant perpendiculaire au plan SBC et S'B' au plan SAC, le plan S'A'B' sera perpendiculaire à chacun des deux plans SBC et SAC, et, par conséquent, à leur intersection SC. On prouvera de même que SB est perpendiculaire à S'A'C' et SC à S'A'B'.

325. *Remarque.* — Deux angles trièdres placés l'un à l'égard de l'autre comme ceux de la *fig.* 192 sont dits *supplémentaires.*

Lorsque deux trièdres T et T' ont leurs angles dièdres égaux chacun à chacun, leurs supplémentaires S et S' ont leurs angles plans égaux chacun à chacun. Donc ces derniers sont égaux entre eux et ont, par conséquent, les mêmes angles dièdres (322). Donc les angles plans des angles trièdres T et T' sont égaux. Donc *deux angles trièdres qui ont leurs angles dièdres égaux chacun à chacun sont égaux dans toutes leurs parties.*

La considération des angles trièdres supplémentaires permet également de ramener le second cas d'égalité de ces angles (250) au premier.

FIGURES SYMÉTRIQUES.

Plan de symétrie. — Centre de symétrie. — Dans deux polyèdres symétriques, les faces homologues sont égales chacune à chacune, et l'inclinaison de deux faces adjacentes dans un de ces solides est égale à l'inclinaison des faces homologues dans l'autre. — Deux polyèdres symétriques sont équivalents.

326. Deux points A et A' (*fig.* 193) sont *symétriques* par rapport à un *point* ou *centre de symétrie* O, lorsque ce point divise en deux parties égales la droite qui joint les deux premiers.

Fig. 193.

A' O A

Fig. 194.

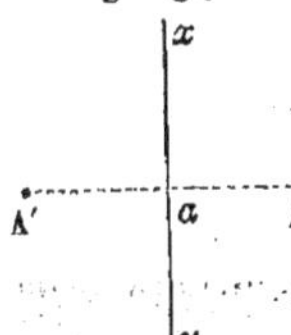

Deux points A et A' (*fig.* 194) sont *symétriques* par rapport à une *droite* ou *axe de symétrie* xy, lorsque la droite xy divise la droite AA' en deux parties égales et lui est perpendiculaire.

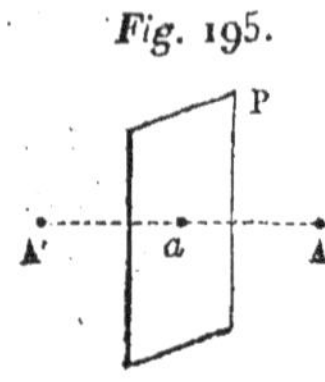

Fig. 195.

Deux points A et A' (*fig.* 195) sont *symétriques* par rapport à un *plan de symétrie* P, lorsque la droite AA' est perpendiculaire au plan P et que ce dernier la divise en deux parties égales.

Deux figures sont dites symétriques par rapport à un *centre,* à un *axe* ou à un *plan,* lorsque leurs points sont deux à deux symétriques par rapport à ce centre, à cet axe ou à ce plan.

327. *Remarques.* — On peut toujours faire coïncider deux figures symétriques par rapport à un axe. En effet, si dans la *fig.* 194 on fait tourner A'a autour du point a, de telle sorte que A'a reste toujours perpendiculaire à xy, il est clair que le point A' viendra se confondre avec le point A lorsque la droite A'a aura décrit un angle de 180 degrés. De sorte que si deux figures sont symétriques par rapport à un axe, on passera de l'une à l'autre en faisant tourner tous les points de la première simultanément de 180 degrés autour de la même droite, mouvement qui ne change pas la situation relative des parties de cette figure.

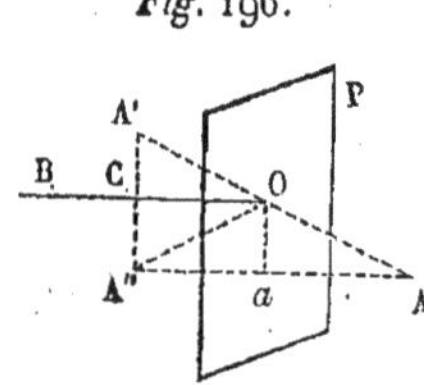

Fig. 196.

La symétrie par rapport à un centre se ramène à la symétrie par rapport à un plan. En effet, soient A et A' (*fig.* 196) deux points symétriques par rapport au centre O, P un plan mené par le centre O, OB une perpendiculaire à ce plan et A'' le point symétrique de A' par rapport à la droite OB. Je dis que les points A et A'' sont symétriques par rapport au plan P.

En effet, soit a le point où AA'' rencontre le plan P. Le point C étant le milieu de A'A'' et O le milieu de AA', AA'' sera parallèle à OB, et, par conséquent, perpendiculaire au plan P. La droite Oa, perpendiculaire à OB, sera parallèle à A'A'', et comme elle passe par le milieu de AA', le point a sera aussi le milieu de AA''. Donc les points A et A'' sont symétriques par rapport au plan P.

Donc *lorsque deux figures* S' *et* S *sont symétriques par rapport à un* point, *on peut trouver, et cela d'une infinité de manières, une figure* S'' *qui soit à la fois symétrique de* S' *par rapport à une* droite *et symétrique de* S *par rapport à un* plan : et comme les figures S' et S'' sont égales, S'' pourra être substituée à S' dans la comparaison de S' avec S (*).

Il suffira donc d'étudier les propriétés des figures symétriques par rapport à un plan.

THÉORÈME.

328. *Lorsque trois points sont en ligne droite, leurs symétriques sont en ligne droite.*

(*) Bravais, Note sur les polyèdres symétriques de la géométrie (Journal de M. Liouville, t. XIV, p. 137).

Démonstration. — Soient A, B, C (*fig.* 197) trois points en ligne droite et A′, B′, C′ leurs symétriques par rapport au plan P. Je dis que ces trois derniers points sont aussi en ligne droite.

Fig. 197.

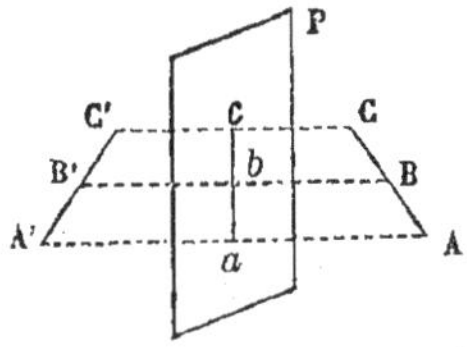

En effet, les droites AA′, BB′, CC′ sont dans le plan perpendiculaire au plan P, mené par la droite AC (246); par conséquent les points a, b, c, où elles rencontrent le plan P, sont en ligne droite (212). Si maintenant on fait tourner AC autour de ac, les points A, B, C viendront se placer respectivement en A′, B′, C′, et comme les premiers n'ont pas cessé d'être en ligne droite, les points A′, B′, C′, avec lesquels ils viennent coïncider, sont aussi en ligne droite.

329. Ier *Corollaire.* — *Pour que deux droites soient symétriques, il suffit que deux points de l'une soient symétriques de deux points de l'autre.*

330. IIe *Corollaire.* — *La distance de deux points est égale à la distance de leurs symétriques.*

THÉORÈME.

331. *Lorsque quatre points sont dans un même plan, leurs symétriques sont aussi dans un même plan.*

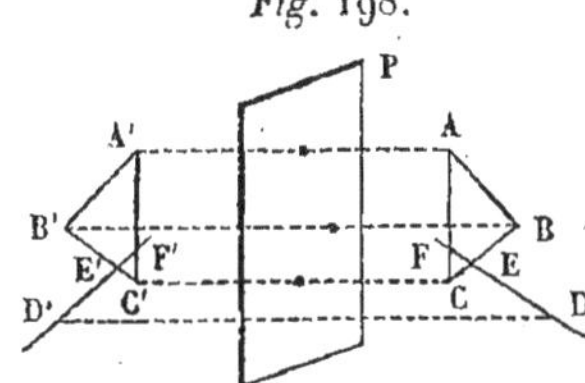

Fig. 198.

Démonstration. — Soient A, B, C, D (*fig.* 198) quatre points situés dans le même plan; je dis que leurs symétriques A′, B′, C′, D′ sont situés aussi dans un même plan.

En effet, menons la droite DEF qui rencontre BC et AC aux points E et F; les points D, E, F étant en ligne droite, leurs symétriques D′, E′, F′ seront aussi en ligne droite; mais E′ est situé sur B′C′ et F′ sur A′C′: donc la droite E′F′ est dans le plan A′B′C′; donc le point D′, qui est sur E′F′, est aussi dans le plan A′B′C′.

332. Ier *Corollaire.* — *Pour que deux plans soient symétriques, il suffit que trois points de l'un soient symétriques de trois points de l'autre.*

Pour que deux polygones ou deux polyèdres soient symétriques, il suffit que leurs sommets soient symétriques deux à deux.

333. IIe *Corollaire.* — Puisque AB = A′B′, AC = A′C′, BC = B′C′, les deux triangles ABC, A′B′C′ sont égaux. Donc *deux triangles symétriques sont égaux.*

De l'égalité de ces triangles résulte que l'angle ABC est égal à l'angle A′B′C′. Donc *l'angle de deux droites est le même que celui de leurs symétriques.*

334. *Remarque.* — Deux droites ou deux plans, symétriques par rapport à un *point*, sont *parallèles;* deux droites ou deux plans, symétriques par rapport à un *plan*, *se rencontrent* sur le plan de symétrie et font, avec ce dernier, des angles égaux.

THÉORÈME.

335. *Les faces homologues de deux polyèdres symétriques sont égales chacune à chacune, et l'inclinaison de deux faces adjacentes dans l'un de ces corps est égale à l'inclinaison des faces homologues dans l'autre.*

Démonstration. — 1°. Les faces correspondantes des deux polyèdres sont égales, car elles se composent de triangles symétriques, et par conséquent égaux (333).

2°. Si l'on considère trois arêtes dans l'un des polyèdres et dans le second les trois arêtes correspondantes, on aura deux angles trièdres formés par des droites symétriques deux à deux : les angles plans de ces angles trièdres seront donc égaux (333), et, par suite, leurs inclinaisons seront égales (322); ce qui achève de démontrer la proposition.

Corollaire.— Deux surfaces courbes symétriques sont équivalentes; car on peut les considérer comme des limites de surfaces polyédrales symétriques qui leur seraient inscrites.

THÉORÈME.

336. *Deux points symétriques* A *et* A' (*fig.* 199) *sont respectivement à la même distance de deux plans symétriques* Q *et* Q'.

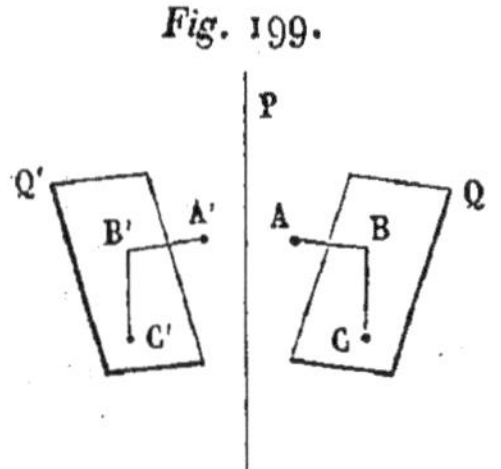

Fig. 199.

Démonstration. — Je mène AB perpendiculaire sur le plan Q et la droite A'B' symétrique de AB. Le point B' où cette seconde droite rencontre le plan Q' est le symétrique de B : on aura donc A'B' = AB, et il restera à démontrer que A'B' est perpendiculaire sur le plan Q'.

Or, si l'on mène la droite BC dans le plan Q, la droite symétrique B'C' sera située dans le plan Q' et l'angle A'B'C' sera égal à l'angle ABC (333), qui est droit par l'hypothèse. Donc A'B' est perpendiculaire à toutes les droites qui passent par le point B' et qui sont situées dans le plan Q'; donc elle est perpendiculaire au plan Q'.

Corollaire. — Deux pyramides symétriques ont des hauteurs égales.

THÉORÈME.

337. *Deux polyèdres symétriques sont équivalents.*

Démonstration. — Soient V et V' deux polyèdres symétriques; prenons un point A dans l'intérieur du premier et le symétrique A' dans le second. Joignons les points A et A' respectivement à tous les sommets des deux polyèdres. Les deux polyèdres seront alors décomposés en un même nombre de pyramides symétriques deux à deux. Or ces pyramides ont des bases égales (335) et des hauteurs égales (336) : donc elles sont équivalentes. Donc les deux polyèdres V et V' sont équivalents.

Corollaire. — Deux corps terminés par des surfaces courbes symétriques sont équivalents.

338. *Remarque.* — Deux figures S' et S'' symétriques *d'une même figure* S, *par rapport à deux centres différents* C *et* C', *sont égales* : car, si l'on

désigne par a, a' et a'' trois points qui se correspondent dans les figures S, S' et S'', il est facile de voir que la droite $a'a''$ est parallèle à la droite CC' et est double de cette dernière. Par conséquent, les deux figures S' et S'' sont égales comme ayant leurs points distribués deux à deux sur des droites égales et parallèles (257).

Cette proposition, en vertu de la correspondance qui existe entre les deux sortes de symétrie, entraîne la suivante : *Les figures symétriques d'une même figure par rapport à différents plans sont égales* (*).

DES FIGURES TRACÉES SUR LA SPHÈRE.

Dans tout triangle sphérique, un côté quelconque est plus petit que la somme des deux autres. — Le plus court chemin sur la surface de la sphère est un arc de grand cercle.

339. Trois grands cercles qui se coupent deux à deux sur la surface de la sphère forment un *triangle sphérique;* mais on ne considère ordinairement que celui qui, comme ABC (*fig.* 200), est formé par trois arcs de grand cercle plus petits que la demi-circonférence.

Fig. 200.

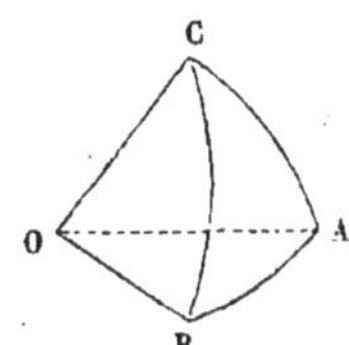

Les angles du triangle sphérique sont les angles formés par les plans des côtés de ce triangle.

Si du centre de la sphère on mène des rayons aux points A, B, C, on déterminera un angle trièdre dont les angles plans AOB, AOC, COB seront mesurés par les arcs AB, AC, CB.

Un triangle sphérique est *rectangle, isocèle, équilatéral* dans les mêmes cas qu'un triangle rectiligne. Mais, tandis que le triangle rectiligne ne peut avoir plus d'un angle droit, le triangle sphérique peut en avoir deux et même trois; dans ce dernier cas, on le nomme *triangle tri-rectangle.*

Trois plans perpendiculaires deux à deux, menés par le centre de la sphère, partagent la surface de ce corps en huit triangles tri-rectangles.

340. On nomme *polygone sphérique* la figure formée par plusieurs arcs de grand cercle qui se coupent deux à deux. Le polygone est *convexe* lorsqu'un arc de grand cercle ne peut couper son contour en plus de deux points.

A tout polygone sphérique correspond un angle polyèdre dont le sommet est au centre et dont les angles plans ont pour mesure les côtés du polygone.

341. Deux polygones sphériques sont *symétriques* lorsque leurs sommets sont diamétralement opposés; le centre de la sphère est alors le centre de symétrie. Les côtés de ces polygones sont égaux comme mesurant des angles opposés par le sommet; leurs angles sont égaux comme angles dièdres opposés par le sommet. Mais ces figures, quoique composées des mêmes éléments et équivalentes en surface (335, *Coroll.*), ne peuvent pas en général être superposées.

(*) Voir l'article de M. Bravais, déjà cité, page 144.

THÉORÈME.

342. *La somme de deux côtés d'un triangle sphérique est plus grande que le troisième.*

Démonstration. — La somme de deux des trois angles plans AOB, AOC, BOC qui forment l'angle trièdre OABC est plus grande que le troisième (249). Donc la somme de deux quelconques des arcs AB, AC, BC, qui mesure la somme des angles auxquels ils correspondent, doit surpasser le troisième arc.

343. Ier *Corollaire.* — *Dans tout polygone sphérique, un côté quelconque est moindre que la somme des autres côtés.* En effet, si dans le quadrilatère sphérique AMNB (*fig.* 201) on mène l'arc de grand cercle MB, on aura (numéro précédent)

$$AB < AM + MB,$$
$$MB < MN + NB.$$

Si l'on ajoute ces inégalités et que l'on supprime la partie commune MB, il restera

$$AB < AM + MN + NB,$$

ce qui démontre la proposition pour le quadrilatère. On l'étendra sans peine à des polygones d'un plus grand nombre de côtés.

Fig. 201.

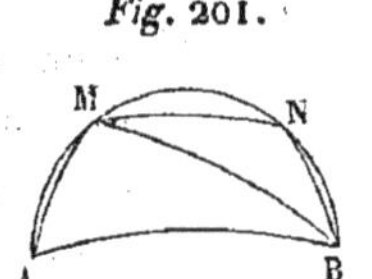

IIe *Corollaire.* — *Le plus court chemin pour aller d'un point* A *à un autre point* B *sur la surface de la sphère, est l'arc de grand cercle qui passe par ces deux points.* Car soit AMNB une autre ligne passant par ces deux points. Si l'on inscrit successivement dans cette ligne des polygones sphériques dont les côtés deviennent de plus en plus petits, leur contour étant toujours plus grand que l'arc AB, la ligne AMBN qui en est la limite devra aussi surpasser l'arc AB.

Mesure de l'angle de deux arcs de grand cercle. — Propriété du triangle polaire ou supplémentaire.

344. L'angle de deux arcs de grand cercle ABC, ADC (*fig.* 202) est l'angle formé par les plans de ces arcs. On peut le mesurer de diverses manières.

Fig. 202.

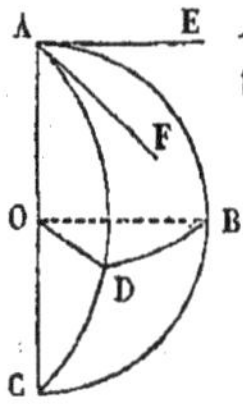

Si l'on mène les tangentes AE et AF aux deux arcs ABC, ADC, ces deux lignes seront perpendiculaires à l'intersection des plans de ces deux arcs. EAF sera donc l'angle plan de l'angle dièdre EACF et mesurera l'angle des deux arcs.

Si l'on mène OB perpendiculaire à OA dans le plan ABC et OD perpendiculaire à la même droite dans le plan ADC, l'angle BOD mesurera encore l'angle dièdre des deux plans.

Mais, puisque l'angle AOB est droit, l'arc AB est égal au quart d'un grand cercle, et il en est de même de l'arc AD. Par suite l'arc de grand cercle BD a pour pôle le point A. Donc *l'angle de deux arcs de grands cercles se mesure par l'arc de grand cercle décrit de leur intersection comme pôle, et compris entre ces deux arcs.*

THÉORÈME.

345. *Si des sommets* A, B, C (fig. 203) *d'un triangle sphérique, comme pôles, on décrit des arcs de grand cercle qui, en se coupant, forment le triangle sphérique* A'B'C', *ces deux triangles jouiront de cette propriété, que chacun de leurs angles aura pour mesure une demi-circonférence, moins l'arc opposé dans l'autre triangle.*

Fig. 203.

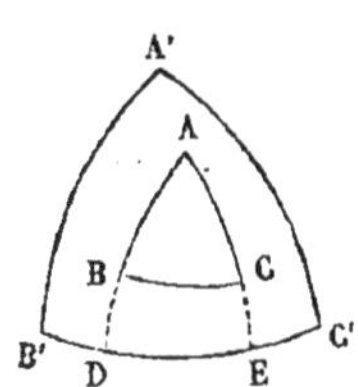

Démonstration. — Je prolonge AB et AC jusqu'à la rencontre de B'C' aux points D et E. L'arc DE est la mesure de l'angle A (numéro précédent). Mais, d'après la construction,

$$DE = DC' - EC' = 90^\circ - EC',$$
$$DE = B'E - DB' = 90^\circ - DB';$$

donc

$$2\,DE = 180^\circ - EC' - DB' = 180^\circ - (B'C' - DE),$$

et enfin

$$DE = 180^\circ - B'C'.$$

Pour démontrer que le second triangle jouit de la même propriété, il suffit de faire voir que ses sommets sont les pôles des côtés du premier. Or, puisque le point A est le pôle de B'C' et que le point B est le pôle de A'C', les distances AC' et BC' sont égales à 90°. Donc le point C' est le pôle de AB. On démontrerait de même que les côtés AC et AB ont respectivement pour pôles B' et A'.

346. *Remarque.* — Les arcs décrits des points A, B, C comme pôles, forment, par leurs intersections mutuelles, plusieurs triangles; mais il faut avoir soin, pour former le triangle A'B'C', de prendre le point A' du même côté de BC que le point A, et ainsi des autres.

Les deux triangles ABC, A'B'C' portent le nom de triangles *polaires* ou *supplémentaires.*

Deux triangles sphériques, situés sur la même sphère ou sur des sphères égales, sont égaux dans toutes leurs parties : 1° lorsqu'ils ont un angle égal compris entre deux côtés égaux chacun à chacun; 2° lorsqu'ils ont un côté égal adjacent à deux angles égaux chacun à chacun; 3° lorsqu'ils sont équilatéraux entre eux; 4° lorsqu'ils sont équiangles entre eux. — Dans ces différents cas, les triangles sont égaux ou symétriques.

347. Si les triangles considérés ont leurs éléments disposés dans le même ordre, les trois premiers cas d'égalité pourront se démontrer par la su-

perposition, à l'aide d'un raisonnement identique à celui que l'on a employé dans les cas correspondants relatifs à l'égalité des triangles rectilignes. Le quatrième cas se démontrera en observant que si deux triangles ont leurs angles égaux, leurs polaires ont leurs côtés égaux : ces derniers étant égaux dans toutes leurs parties (3e cas), il en sera de même des triangles proposés.

Si les triangles n'ont pas leurs éléments disposés dans le même ordre, on fera voir que le triangle A'B'C' est égal au symétrique de ABC. Il en résulte que ABC et A'B'C' sont égaux dans toutes leurs parties, quoiqu'on ne puisse pas les superposer.

Les mêmes propositions peuvent s'établir à l'aide des angles trièdres, car à des angles trièdres égaux ou symétriques correspondent évidemment des triangles sphériques égaux ou symétriques.

La somme des angles de tout triangle sphérique est plus grande que deux droits et moindre que six droits.

THÉORÈME.

348. *La somme des côtés d'un polygone sphérique convexe est moindre qu'une circonférence de grand cercle.*

Démonstration. — Les côtés d'un polygone convexe mesurent les angles plans d'un angle polyèdre convexe. Or la somme de ces angles est moindre que quatre droits (321); donc la somme des côtés du polygone est moindre qu'une circonférence.

THÉORÈME.

349. *La somme des angles d'un triangle sphérique est plus grande que deux droits et moindre que six droits.*

Démonstration. — Soient A, B, C les angles du triangle considéré, et a', b', c' les côtés correspondants du triangle supplémentaire.

On aura (345)

$$A = 180^\circ - a',$$
$$B = 180^\circ - b',$$
$$C = 180^\circ - c',$$

d'où

$$A + B + C = 180^\circ \times 3 - (a' + b' + c').$$

Mais (numéro précédent)

$$a' + b' + c' < 180^\circ \times 2;$$

donc

$$A + B + C > 180^\circ.$$

On tire de la même égalité,

$$A + B + C < 180^\circ \times 3,$$

ce qui démontre la seconde partie de l'énoncé.

Un fuseau est à la surface de la sphère comme l'angle de ce fuseau est à quatre angles droits. — Deux triangles sphériques symétriques sont équivalents. — L'aire d'un triangle sphérique est à celle de la sphère entière comme l'excès de la somme de ses angles sur deux angles droits est à huit angles droits. — Ce qu'on appelle excès sphérique.

350. On nomme *fuseau sphérique* la portion de la surface sphérique comprise entre deux demi-grands cercles ACB, ADB (*fig.* 204).

L'angle de ces deux arcs se nomme l'angle de fuseau.

Il est évident que sur la même sphère des fuseaux de même angle sont égaux, et réciproquement. L'angle d'un fuseau le détermine donc complétement : c'est pourquoi je désignerai le fuseau par son angle.

THÉORÈME.

351. *Un fuseau est à la surface de la sphère comme l'angle de ce fuseau est à quatre angles droits.*

Fig. 204.

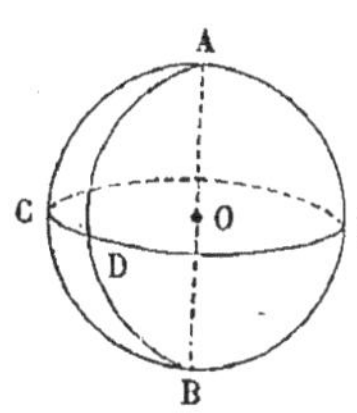

Démonstration. — Je mène par le centre O de la sphère (*fig.* 204) un plan perpendiculaire à AB, et j'obtiens un grand cercle CDE. L'arc CD, intercepté entre les deux côtés du fuseau, mesure l'angle CAD de ce fuseau (344).

Cela posé, je porte sur l'arc CD et sur la circonférence CDE une commune mesure à ces deux lignes; puis, par les points de division et par les pôles A et B, je fais passer des cercles. Je détermine ainsi un certain nombre de fuseaux, tous égaux entre eux. Mais le fuseau proposé et la surface de la sphère contiennent respectivement autant de ces petits fuseaux que la commune mesure est contenue dans l'arc CD et dans la circonférence CDE. Donc on aura

$$\frac{\text{fuseau CAD}}{\text{surf. sphère}} = \frac{\text{arc CD}}{\text{CDE}} = \frac{\text{angle CAD}}{4\,\text{dr}}.$$

THÉORÈME.

352. *Deux triangles sphériques symétriques* ABC, A'B'C' (*fig.* 205) *sont équivalents.*

Fig. 205.

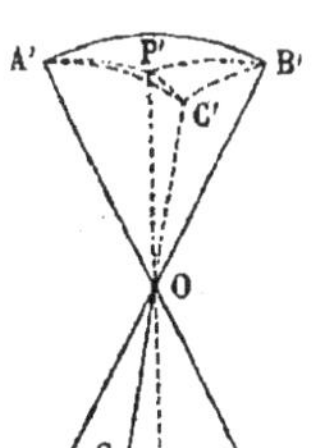

Démonstration. — Soit P le pôle du triangle ABC, en sorte que l'on ait

$$PA = PB = PC,$$

et soit P' le symétrique du point P : les arcs P'A', P'B', P'C' étant respectivement égaux aux arcs PA, PB et PC (341), on a

$$P'A' = P'B' = P'C',$$

et le point P' est le pôle du triangle A'B'C'.

Maintenant les deux triangles PAB et P'A'B' ont leurs côtés égaux, et comme ils sont isocèles, on peut regarder P'B' comme l'homologue de PA, et P'A' comme l'homologue de PB. A ce point de vue leurs éléments sont disposés dans le même ordre, et on peut les faire coïncider. On prouvera de la même manière que les triangles PAC et P'A'C', PBC et P'B'C' sont égaux. Donc les triangles ABC et A'B'C', composés de parties respectivement égales, sont égaux.

Remarque. — Si le pôle P tombait en dehors du triangle ABC, ce triangle ne serait plus la somme des triangles PAB, PAC, PBC; mais on pourrait dire encore qu'il en est composé, suivant le sens attribué à ce mot dans une autre occasion (136, 3°). La démonstration de ce cas ne diffère pas du précédent.

Deux polygones sphériques et symétriques sont équivalents puisqu'ils se composent de triangles symétriques. Ce résultat et le théorème que nous venons de démontrer sont d'ailleurs compris dans le corollaire du n° 335.

THÉORÈME.

353. *Lorsque deux grands cercles* ABCD *et* AECF (*fig.* 206) *sont coupés par un troisième* EBFD, *la somme des deux triangles* ABF *et* ADE *est égale au fuseau dont l'angle est* BAF.

Fig. 206.

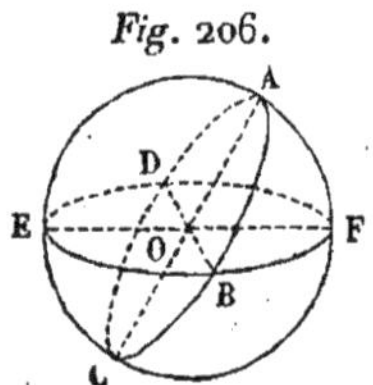

Démonstration. — Les triangles ADE et FBC ayant leurs sommets diamétralement opposés, sont symétriques et, par suite, équivalents; mais les triangles ABF et FBC composent le fuseau BAF. La proposition est donc démontrée.

THÉORÈME.

354. *L'aire d'un triangle sphérique est à celle de la sphère entière comme l'excès de la somme de ses angles sur deux angles droits est à huit angles droits.*

Fig. 207.

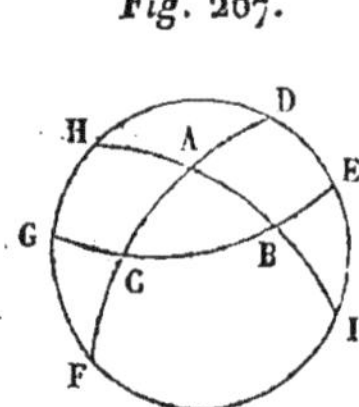

Démonstration. — Je décris un grand cercle qui entoure le triangle donné ABC (*fig.* 207), et je prolonge les côtés dans les deux sens jusqu'à leur rencontre avec la circonférence de ce cercle. D'après la proposition précédente, en désignant par A, B, C les angles du triangle, on aura

$$\begin{aligned} AHD + AFL &= \text{fuseau } A, \\ BEL + BGH &= \text{fuseau } B, \\ CFG + CDE &= \text{fuseau } C. \end{aligned}$$

Si l'on ajoute ces égalités, la somme des premiers membres se composera de la surface de l'hémisphère et de deux fois l'aire du triangle ABC. Donc, en désignant par 2S l'aire de la sphère, on aura

$$2\,ABC + S = \text{fuseau } A + \text{fuseau } B + \text{fuseau } C,$$

d'où

$$\frac{ABC}{2S} = \frac{\text{fuseau } A}{4S} + \frac{\text{fuseau } B}{4S} + \frac{\text{fuseau } C}{4S} - \frac{1}{4}.$$

Mais (349)

$$\frac{\text{fuseau A}}{2\text{S}}=\frac{\text{A}}{4\,\text{dr.}},\quad \frac{\text{fuseau B}}{2\text{S}}=\frac{\text{B}}{4\,\text{dr.}},\quad \frac{\text{fuseau C}}{2\text{S}}=\frac{\text{C}}{4\,\text{dr.}};$$

donc

$$\frac{\text{ABC}}{2\text{S}}=\frac{\text{A}+\text{B}+\text{C}-2\,\text{dr.}}{8\,\text{dr.}}\quad (*).$$

Remarque. — L'excès de la somme des angles d'un triangle sphérique sur deux angles droits se nomme l'*excès sphérique.*

Tout polygone sphérique pouvant être partagé en triangles, le théorème que nous venons de démontrer permet d'en obtenir l'aire. On verra qu'elle ne dépend que de la somme des angles.

A chaque propriété des triangles ou polygones sphériques correspond une propriété analogue des angles trièdres ou polyèdres.

355. Cette correspondance entre les propriétés des polygones sphériques et celles des angles polyèdres a sans doute frappé le lecteur; mais pour la mettre dans tout son jour, nous allons placer en regard les uns des autres les principaux théorèmes relatifs à ces deux sortes de figures.

Angles trièdres et polyèdres.	*Triangles et polygones sphériques.*
1. Dans tout angle trièdre, un angle plan quelconque est plus petit que la somme des deux autres.	1. Dans tout triangle sphérique, un côté quelconque est plus petit que la somme des deux autres.
2. Dans tout angle polyèdre convexe, la somme des angles plans est moindre que quatre angles droits.	2. Dans tout polygone sphérique convexe, la somme des côtés est moindre qu'une circonférence de grand cercle.
3. Deux angles trièdres sont égaux dans toutes leurs parties lorsqu'ils ont :	3. Deux triangles sphériques sont égaux dans toutes leurs parties lorsqu'ils ont :
1°. Un angle dièdre égal compris entre deux angles plans égaux chacun à chacun;	1°. Un angle égal compris entre deux côtés égaux chacun à chacun;
2°. Un angle plan égal adjacent à deux angles dièdres égaux chacun à chacun;	2°. Un côté égal adjacent à deux angles égaux chacun à chacun;

(*) Ce théorème, énoncé par Albert Girard dans son *Invention nouvelle en algèbre*, 1629, a été démontré par Cavalleri dans son *Directorium generale uranometricum*, 1632.

3°. Les angles plans égaux chacun à chacun ;	3°. Les côtés égaux chacun à chacun ;
4°. Les angles dièdres égaux chacun à chacun.	4°. Les angles égaux chacun à chacun.
4. Un angle trièdre est à huit angles trièdres tri-rectangles, comme l'excès de la somme de ses angles dièdres sur deux angles dièdres droits est à huit angles dièdres droits.	4. Un triangle sphérique est à huit triangles sphériques tri-rectangles (ou à la surface de la sphère), comme l'excès de la somme de ses angles sur deux angles droits est à huit angles droits.

De pareils rapprochements sont très-utiles, soit parce qu'ils soulagent la mémoire en réduisant les principes à un plus petit nombre, soit parce qu'ils étendent nos connaissances en nous faisant passer, sans démonstration, des propriétés connues de l'une des figures à des propriétés nouvelles de la figure correspondante.

D'autres théories géométriques se prêtent également à d'utiles comparaisons, telles sont *l'égalité et la similitude, la similitude dans le plan et la similitude dans l'espace, la mesure des surfaces et la mesure des volumes, etc.* Mais il suffit d'indiquer cet objet au lecteur, car c'est un travail qu'il doit faire lui-même s'il tient à posséder l'intelligence complète des principes.

FIN DE LA TROISIÈME PARTIE.

QUATRIÈME PARTIE.

NOTIONS SUR QUELQUES COURBES USUELLES.

L'ELLIPSE.

Définition de l'ellipse par la propriété des foyers. — Tracé de la courbe par points et d'un mouvement continu.

356. L'*ellipse* est une courbe plane telle, que la somme des distances de chacun de ses points à deux points fixes nommés *foyers*, est égale à une longueur constante.

Fig. 208.

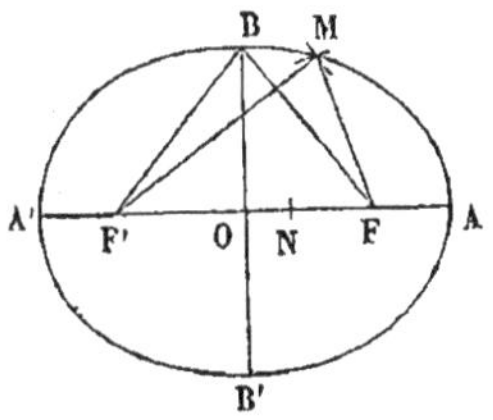

ABA'B' (*fig.* 208) est une ellipse dont les deux foyers sont F et F'. Si M est un point de cette courbe, on doit avoir, d'après la définition,

$$MF + MF' = 2a,$$

a désignant une longueur constante.

La distance FF' se nomme la *distance focale;* on la représente habituellement par $2c$. Comme dans le triangle FMF', le côté FF' est moindre que la somme des deux autres, qui est $2a$, on voit que c doit être moindre que a.

357. Pour tracer l'ellipse par points, on portera sur la droite FF', à partir de son milieu O, les longueurs OA et OA' égales à a; les points A et A' appartiendront à la courbe, car on aura

$$AF + AF' = A'F + A'F' = AA' = 2a.$$

Cela posé, ayant pris un point quelconque N entre F et F', on décrira des points F' et F comme centres, respectivement avec A'N et AN comme rayons, deux circonférences qui se couperont au point M. Ce point appartiendra à l'ellipse, puisque

$$MF' + MF = A'N + AN = 2a.$$

Ces deux cercles se couperont nécessairement, car la somme de leurs rayons est plus grande que la distance de leurs centres, et la différence de ces rayons est moindre que A′F — AF, ou que FF′.

On obtiendra, en faisant varier le point N, autant de points de la courbe que l'on voudra. Ces points étant liés par un trait continu figureront une ellipse avec d'autant plus d'exactitude qu'ils seront plus rapprochés.

Les mêmes ouvertures de compas donnent quatre points de l'ellipse, car d'abord les deux arcs décrits des points F et F′ se coupent en deux points, symétriquement placés par rapport à AA′. On en obtiendra deux autres par l'intersection de deux circonférences, l'une décrite du point F avec A′N comme rayon, l'autre du point F′ avec AN comme rayon.

358. Pour décrire l'ellipse d'un mouvement continu, on attachera en F et en F′ les extrémités d'un fil d'une longueur égale à $2a$. On tendra ce fil à l'aide d'un crayon que l'on fera mouvoir dans le même sens, jusqu'à ce qu'il revienne au point de départ.

Ce moyen est surtout commode pour décrire de grandes ellipses.

Axes. — Sommets. — Rayons vecteurs.

359. Il est évident que les points de l'ellipse sont symétriquement placés par rapport à la droite AA′. Cette droite reçoit pour cette raison le nom d'*axe*. Sa longueur est $2a$.

360. Si l'on élève par le point O milieu de AA′, BB′ perpendiculaire à AA′, cette nouvelle droite sera encore un axe de symétrie de la courbe; car pour deux points symétriques par rapport à cette droite, la somme des distances aux points F et F′ est évidemment la même.

Il est facile d'avoir la longueur de cet axe ou la portion BB′ interceptée par la courbe : car si l'on joint AF et BF′, le triangle F′BF étant isocèle, on aura BF $= a$, et le triangle rectangle BFO donnera

$$\overline{OB}^2 = \overline{BF}^2 - \overline{OF}^2 = a^2 - c^2.$$

On désigne habituellement OB par b; on a donc

$$b = \sqrt{a^2 - c^2}.$$

On voit que ce second axe est moindre que AA′ ou que l'axe focal.

Si l'on donnait les deux axes $2a$ et $2b$, il serait facile de déterminer les foyers, et, par suite, de tracer la courbe. Il suffirait de décrire, du point B comme centre avec a comme rayon, un arc de cercle. Cet arc couperait le grand axe en deux points qui seraient les foyers demandés.

361. Les extrémités des deux axes se nomment *sommets de l'ellipse*. Cette courbe a donc quatre sommets, A et A′, B et B′.

Les droites MF et MF′ menées d'un point de l'ellipse aux deux foyers se nomment *rayons vecteurs*.

362. Le rapport $\frac{c}{a}$, c'est-à-dire le rapport de la distance focale au grand axe se nomme *excentricité.*

Une ellipse est d'autant plus aplatie dans le sens de son second axe, que l'excentricité est plus grande. Elle se réduit à un cercle lorsque l'excentricité est nulle. Ainsi l'on peut considérer un cercle comme une ellipse dont les deux axes sont égaux. On voit encore qu'en faisant diminuer indéfiniment le petit axe on aurait des ellipses de plus en plus allongées et qui différeraient de moins en moins d'une ligne droite.

Définition générale de la tangente à une courbe. — Les rayons vecteurs menés des foyers à un point de l'ellipse font, avec la tangente en ce point et d'un même côté de cette ligne, des angles égaux.

363. On nomme *tangente* à une courbe *quelconque* en un point A (*fig.* 209) la limite des positions d'une sécante, telle que AB, qu'on suppose tourner autour du point A jusqu'à ce que le point B vienne se réunir au premier. Telle est la droite AC.

Fig. 209.

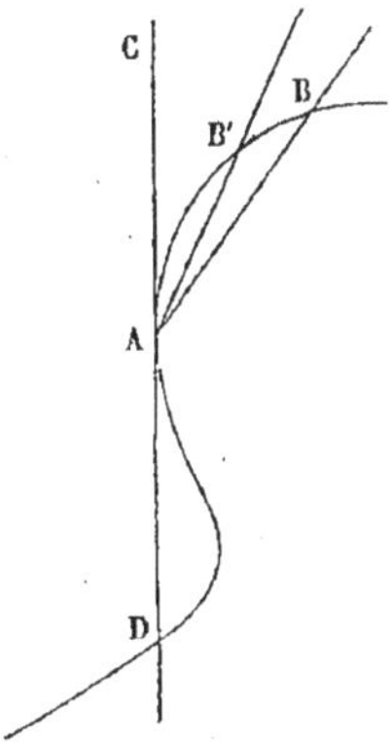

Une droite qui a un point commun avec une courbe sera évidemment tangente à cette courbe lorsque tous les points de cette dernière seront situés du même côté de la droite; c'est ce qui arrive dans le cercle et dans les courbes qu'une droite ne peut rencontrer en plus de deux points et qu'on nomme *convexes.* Mais cette condition, qui est suffisante, n'est pas nécessaire. Une droite AC (*fig.* 209) tangente au point C à la courbe BCD peut traverser la courbe en un second point D.

Fig. 210.

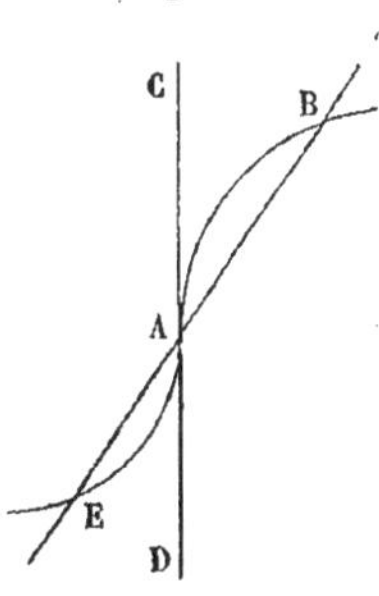

Il peut même arriver qu'une droite soit à la fois tangente et sécante à une courbe au même point. C'est ce qui a lieu dans la *fig.* 210, où une sécante menée par le point A rencontre la courbe en deux points B et E situés de part et d'autre du point A et qui se réunissent ensemble à ce dernier. On dit dans ce cas, que la courbe a une *inflexion* au point A.

La *normale* à une courbe est la perpendiculaire menée à la tangente par le point de contact.

THÉORÈME.

364. *La somme des distances d'un point pris dans le plan d'une ellipse aux deux foyers est plus grande ou plus petite que le grand axe, suivant que le point considéré est extérieur ou intérieur à l'ellipse.*

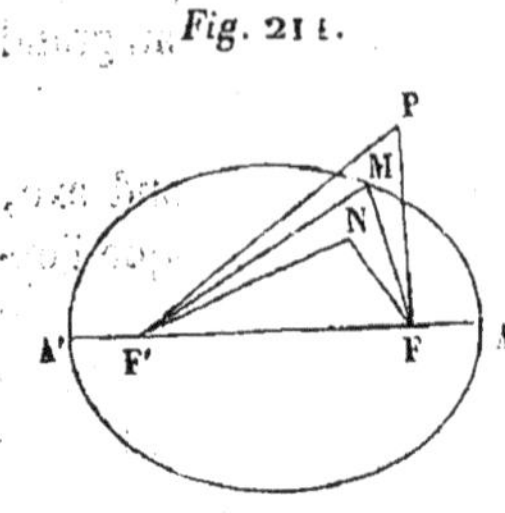

Fig. 211.

Démonstration. — Soit, en premier lieu, le point P (*fig.* 211) pris hors de l'ellipse: menons PF et PF', et sur l'arc d'ellipse intercepté entre deux droites prenons un point M, on aura (18)

$$PF + PF' > MF + MF'.$$

Mais, puisque le point M est sur l'ellipse,

$$MF + MF' = 2a;$$

donc

$$PF + PF' > 2a.$$

En second lieu, soit le point N pris dans l'intérieur de l'ellipse; on pourra toujours prendre sur la courbe un point M tel, que la ligne brisée F'MF enveloppe la ligne brisée F'NF, et alors on aura (18)

$$F'N + NF < F'M + MF,$$

ou bien

$$F'N + NF < 2a.$$

THÉORÈME.

365. *Une droite* MH (fig. 212) *qui passe par un point* M *de l'ellipse et fait avec les rayons vecteurs* MF *et* MF' *les angles égaux* HMF' *et* FMP, *est tangente à l'ellipse.*

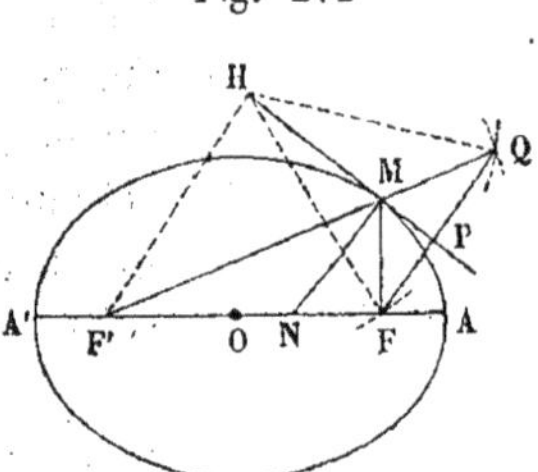

Fig. 212

Démonstration. — J'abaisse FP perpendiculaire sur HP, et je prolonge FM jusqu'à sa rencontre avec FP au point Q. Les deux triangles MFP et MPQ ont le côté MP commun, l'angle FMP égal à l'angle PMQ, puisque ces deux angles sont égaux tous les deux à l'angle F'MH, et enfin les angles en P égaux comme droits. Donc ces deux triangles sont égaux, et l'on a

$$MF = MQ, \quad PF = PQ.$$

Cela posé, je prends un point H sur la droite MH, et je mène HF et HQ. Dans le triangle F'HQ, on a

$$F'H + HQ > F'Q.$$

Mais

$$F'Q = F'M + MQ = F'M + MF = 2a;$$

donc

$$F'H + HQ > 2a.$$

Mais puisque le point P est le milieu de FQ, on a

$$HQ = HF;$$

donc l'inégalité précédente revient à

$$HF' + HF > 2a.$$

Donc (364) le point H est hors de l'ellipse. Donc la droite HM, dont tous les points, à l'exception du point M, sont hors de l'ellipse, est tangente à cette courbe.

Mener la tangente à l'ellipse : 1° par un point pris sur la courbe; 2° par un point extérieur.

PROBLÈME.

366. *Mener une tangente à l'ellipse* (fig. 212) *par un point* M *pris sur la courbe.*

Solution. — Je mène les rayons vecteurs MF' et MF; je prolonge F'M, et je mène la bissectrice HP de l'angle FMQ. L'angle PMQ étant égal, par construction, à l'angle FMP, et égal, comme opposé par le sommet, à l'angle F'MF, on aura

$$F'MF = FMQ.$$

Donc (numéro précédent) HM est tangente à l'ellipse.

PROBLÈME.

367. *Mener une tangente à l'ellipse* ABA'B' (fig. 212) *par un point extérieur* H.

Solution. — Si l'on se reporte à la démonstration du n° 366, on verra que la question serait résolue si l'on connaissait le point Q, puisqu'il suffirait d'abaisser HP perpendiculaire sur FG pour avoir la tangente. Mais

$$HF = HQ, \quad F'Q = 2a.$$

Donc le point Q se trouvera à l'intersection de deux circonférences décrites: la première, de F' comme centre avec le rayon $2a$; la seconde, de H comme centre avec le rayon HF.

368. *Remarque.* — Les deux circonférences dont il vient d'être question se rencontrent toujours lorsque le point H est extérieur. Car d'abord, comme on a

$$HF' < HF + FF',$$

on a, à plus forte raison,

$$HF' < HF + 2a;$$

on trouve de même

$$HF < HF' + 2a;$$

enfin, le point H étant extérieur à l'ellipse, on a

$$2a < HF + HF'.$$

Ainsi l'un quelconque des trois côtés, HF, HF', $2a$ qui doivent former le triangle HF'Q est moindre que la somme des deux autres. Donc ce triangle est possible et la construction précédente doit toujours réussir.

Les deux circonférences se coupent en deux points, en sorte que la même construction donne deux tangentes. Il est, en effet, évident à priori que par un point extérieur on peut mener au moins deux tangentes à une courbe fermée.

369. La normale MN partage en deux parties égales l'angle des rayons vecteurs.

Si le point F et le point F′ se rapprochaient et venaient se réunir au centre, les deux rayons vecteurs se confondraient entre eux et avec la normale, ce qui s'accorde avec cette propriété du cercle que toutes les normales passent par le centre.

LA PARABOLE.

Définition de la parabole par la propriété du foyer et de la directrice. — Tracé de la courbe par points et d'un mouvement continu. — Axe. — Sommet. — Rayon vecteur.

370. La *parabole* est une courbe plane, dont tous les points sont également éloignés d'un point fixe nommé *foyer* et d'une droite fixe nommée *directrice*.

Fig. 213.

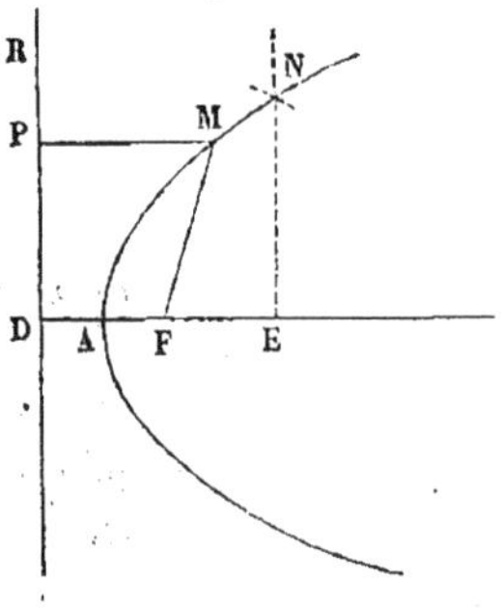

NMA (*fig.* 213) est une parabole. Le point F en est le foyer, et la directrice est la droite DR. MP étant la perpendiculaire abaissée d'un point de la courbe sur DR, on a, d'après la définition, MP = MF.

L'ellipse, la parabole et une autre courbe dont je n'ai pas à m'occuper ici, reçoivent encore le nom de *sections coniques*, parce qu'on les obtient en coupant un cône par des plans.

371. Pour tracer la courbe par points on abaissera du point F une perpendiculaire FD sur la directrice. En un point quelconque E de cette ligne on élèvera une perpendiculaire EN et l'on décrira du point F comme centre, avec un rayon égal à ED, un arc de cercle qui coupera cette perpendiculaire en un point N. Le point N appartiendra à la courbe puisque NF = DE et que DE est égale à la distance du point N à la directrice.

On pourra obtenir par cette construction autant de points qu'on le voudra, et en les joignant par un trait continu on aura la courbe demandée.

372. Pour tracer la courbe d'un mouvement continu, on appliquera une règle sur la directrice (*fig.* 214) et une équerre ECB sur cette règle. Supposons d'abord que le côté BC passe par un point M de la courbe. Imaginons un fil dont les extrémités soient fixées en F et en B, et choisi de telle longueur, que, tendu à l'aide d'un crayon dont la pointe soit en M, il s'applique exactement de M vers B sur le bord de l'équerre. Cela posé, si l'on fait glisser l'équerre sur la directrice, la pointe du crayon décrira la parabole, car dans ce mouvement les distances FM et CM augmentent ou diminuent de la même quantité et sont, par conséquent, toujours égales.

Fig. 214.

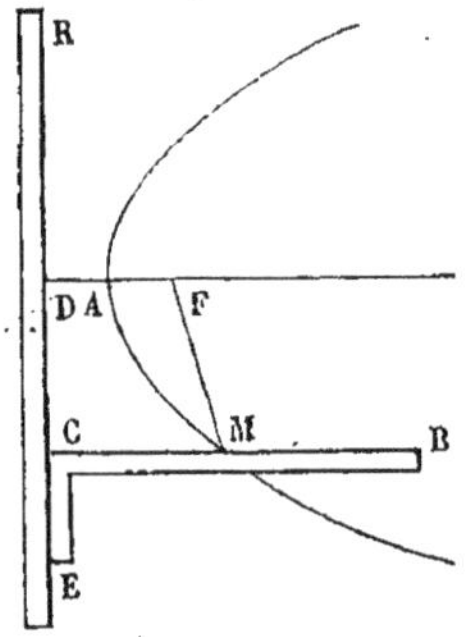

373. La droite DE divise la courbe en deux parties symétriques. On lui donne le nom d'*axe*.

Le point A pris au milieu de FD est un point de la parabole. Ce point se nomme le *sommet*.

Tout point situé à gauche d'une perpendiculaire élevée à FD par le point A, est évidemment plus près de la directrice que du foyer. Donc la courbe est tout entière à droite de cette perpendiculaire.

Les deux constructions que nous venons de donner montrent d'ailleurs que la courbe s'étend indéfiniment à droite du point A; car quelque loin que soit le point E, DE étant plus grande que FE, la circonférence décrite du point F comme centre, avec DE comme rayon, rencontre toujours EN.

Toute droite menée du foyer à un point de la courbe se nomme *rayon vecteur*.

La tangente à la parabole fait des angles égaux avec la parallèle à l'axe et avec le rayon vecteur.

THÉORÈME.

374. *Tout point situé hors de la parabole est plus près de la directrice que du foyer, et tout point situé dans l'intérieur de la parabole est plus près du foyer que de la directrice.*

Fig. 215.

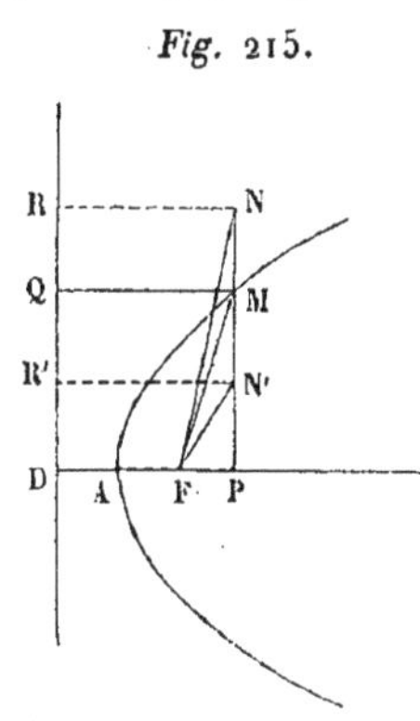

Démonstration — La première partie de l'énoncé est évidente pour les points qui se projettent sur l'axe, à gauche du sommet. Soient N (*fig.* 215) un point situé hors de la parabole, NP une perpendiculaire menée de ce point sur l'axe et rencontrant la parabole au point M; enfin MQ et NR, les perpendiculaires abaissées des points M et N sur la directrice : on aura

$$FN > FM.$$

Mais

$$MF = MQ = NR;$$

donc

$$FN > NR.$$

Si l'on fait la même construction pour un point N′ situé dans l'intérieur de la parabole, on aura

$$FN' < FM.$$

Mais

$$FM = MQ = N'R';$$

donc

$$FN' < N'R'.$$

THÉORÈME.

375. *La droite* ET (fig. 216) *qui partage en deux parties égales l'angle* CME, *formé par le rayon vecteur* FM *et une parallèle à l'axe, est tangente à la parabole.*

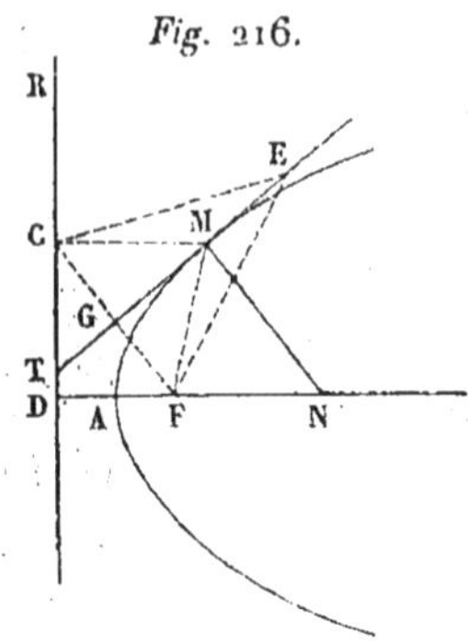

Fig. 216.

Démonstration. — MF étant égal à MC, FC sera perpendiculaire sur ET (27). Soient G le point de rencontre et E un point quelconque pris sur ET; on aura EF = EC. Mais EC étant oblique à DR, la distance du point E à DR est moindre que EC, et par conséquent moindre que EF; donc le point E est plus éloigné du foyer que de la directrice; donc il est extérieur à la parabole.

Ainsi tous les points de la droite TE, excepté le point M, sont hors de la parabole: donc TE est tangente.

376. Ier *Corollaire.* — *La tangente au sommet est perpendiculaire à l'axe.*

377. IIe *Corollaire.* — AF étant égal à AD et FG à GC, la droite AG est parallèle à la directrice (126), et par conséquent perpendiculaire à l'axe. Donc *la tangente au sommet de la parabole est le lieu des projections du foyer sur les tangentes à cette courbe.*

Mener la tangente à la parabole : 1° par un point pris sur la courbe; 2° par un point extérieur. — Normale. — Sous-normale.

PROBLÈME.

378. *Mener une tangente à la parabole par un point* M *pris sur la courbe* (fig. 216).

Solution. — On mènera MC parallèle à l'axe, et l'on abaissera MG perpendiculaire sur FC : MG sera la tangente demandée (numéro précédent).

PROBLÈME.

379. *Mener une tangente à la parabole par un point extérieur* E (fig. 216).

Solution. — Le problème sera résolu lorsque l'on connaîtra le point C. Or ce point est sur la directrice et sur la circonférence décrite du point E comme centre, avec la distance connue EF comme rayon. Ce point est donc complétement déterminé.

380. *Remarque.* — Le point E étant extérieur, la circonférence décrite avec le rayon EF rencontre la directrice, puisque EF surpasse la distance du point E à cette droite. D'ailleurs, comme il y a deux intersections, on pourra mener deux tangentes; ce qui pouvait se voir à priori.

381. La *normale* MN fait aussi des angles égaux avec l'axe et le rayon vecteur. Le triangle FMN est donc isocèle et FM égal à FN. Cette propriété offre un nouveau moyen de mener une tangente au point M.

Le carré d'une corde perpendiculaire à l'axe est proportionnel à la distance de cette corde au sommet.

THÉORÈME.

382. *Le carré d'une corde perpendiculaire à l'axe est proportionnel à la distance de cette corde au sommet.*

Démonstration. — Il suffira de faire voir que cette propriété appartient à la moitié MP (*fig.* 217) d'une corde perpendiculaire à l'axe.

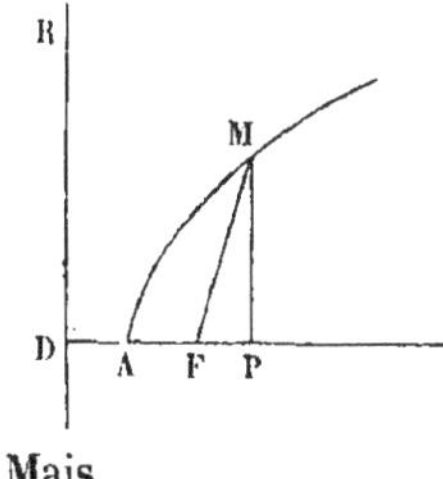

Fig. 217.

Or le triangle rectangle MFP donne

$$\overline{MP}^2 = \overline{MF}^2 - \overline{FP}^2,$$

ou bien

$$\overline{MP}^2 = (MF - FP)(MF + FP).$$

Mais

$$MF - FP = DP - FP = DF,$$

et

$$MF + FP = DF + 2FP = 2AF + 2FP = 2AP;$$

par conséquent,

$$\overline{MP}^2 = 2AP . DF,$$

d'où

$$\frac{\overline{MP}^2}{AP} = 2DF:$$

le rapport du carré de la corde à sa distance au sommet est donc une quantité constante, ce qu'il fallait démontrer.

THÉORÈME.

383. *La distance* AH (fig. 218) *comprise entre le sommet et le point où une tangente rencontre l'axe est égale à la distance* AP *du sommet au pied de la perpendiculaire abaissée du point de contact sur l'axe.*

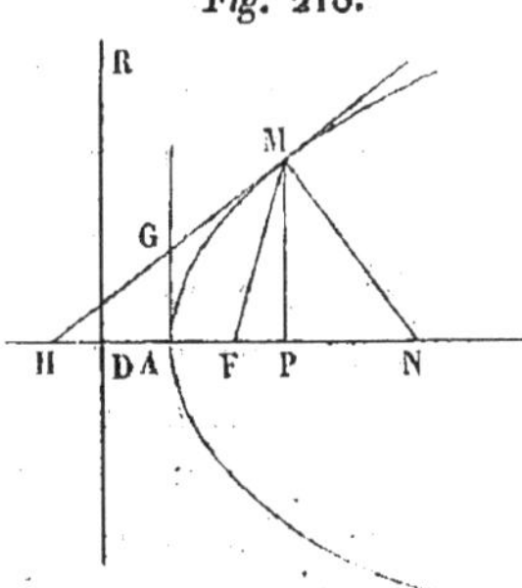

Fig. 218.

Démonstration. — La tangente faisant des angles égaux avec le rayon vecteur et avec l'axe, le triangle MHF est isocèle; on aura donc

$$HF = FM$$

et, puisque FM = DP,

$$HF = DP.$$

Mais

$$AF = AD;$$

donc

$$HF - AF = DP - AD,$$

ou

$$AH = AP.$$

THÉORÈME.

384. *Dans toute parabole la distance entre le point* N *où la normale rencontre l'axe et le pied de la perpendiculaire menée du point de tangence sur l'axe, est constante et égale à la distance du foyer à la directrice.*

Démonstration. — Le triangle NMH étant rectangle en M, on a

$$\overline{MP}^2 = HP \times PN.$$

Mais on a

$$\overline{MP}^2 = 2AP \times DF,$$
$$HP = 2AP;$$

donc

$$2AP \times DF = 2AP \times PN,$$

ou bien

$$PN = DF.$$

Remarque. — La longueur PN se nomme la *sous-normale*, et 2 DF le *paramètre*. Le théorème peut donc s'énoncer en disant que *la sous-normale est constante et égale au demi-paramètre.*

L'HÉLICE.

Définition de l'hélice considérée comme résultant de l'enroulement du plan d'un triangle rectangle sur un cylindre droit à base circulaire. — La tangente à l'hélice fait avec l'arête du cylindre un angle constant. — Construire la projection de l'hélice et de la tangente sur un plan perpendiculaire à la base du cylindre.

385. L'hélice est la courbe que produit l'hypoténuse A'L (*fig.* 219) d'un triangle rectangle A'LK que l'on enroule sur un cylindre droit à base circulaire ADCB de telle sorte que sa base A'K vienne s'appliquer sur la circonférence AEB de la base du cylindre. A'D' parallèle à la hauteur KL du triangle étant d'abord appliquée sur une génératrice AD, les diverses parallèles à KL, telles que EM, viennent successivement coïncider avec les arêtes suivantes du cylindre.

Fig. 219.

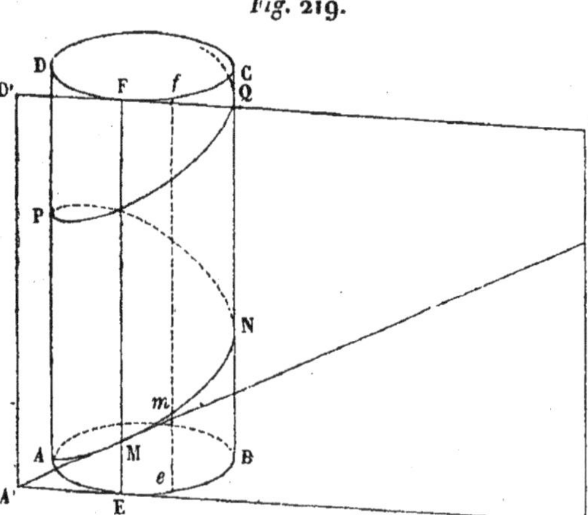

Si la base A′K du triangle est égale à la circonférence rectifiée de la base du cylindre, KL viendra se placer sur la génératrice initiale AD en un point P tel que AP = KL. L'hélice AMNP fera ainsi une seule fois le tour du cylindre. Mais si l'on conçoit que le plan du triangle soit indéfiniment prolongé à droite, rien n'empêche de continuer l'enroulement, et alors le prolongement de A′L détermine une suite indéfinie de portions de courbe égales à AMNP; car on peut considérer l'arc DP comme engendré par un triangle égal au premier, mais dont la base s'enroulerait sur une circonférence parallèle à la base du cylindre, menée par le point P.

La longueur AP se nomme le *pas* de l'hélice. La portion AMNP de l'hélice se nomme *spire*. Deux points placés sur une même génératrice et appartenant à deux spires consécutives sont à une distance égale au pas de l'hélice (*).

THÉORÈME.

386. *La tangente à l'hélice fait avec l'arête du cylindre un angle constant.*

Démonstration.— Soient M un point de l'hélice et *m* un point voisin. Si l'on suppose qu'après avoir enroulé le plan du triangle on vienne à le dérouler et que la dernière arête comprise dans ce plan soit *ef*, en continuant le déroulement, le point *m* se rapprochera du point M et la droite M*m* tendra à devenir tangente à l'hélice en M. Mais on voit que cette droite M*m* tend à se confondre avec ML; donc ML est la tangente à l'hélice au point M. D'ailleurs ME étant parallèle à KL, l'angle FML est égal à l'angle MLK. Donc l'angle que la tangente fait avec l'arête est constant.

387. *Remarque.* — Si l'on déroule la portion du plan qui était appliquée sur la portion ADFE de la surface du cylindre, le plan du triangle coïncidera avec le plan tangent au cylindre suivant la génératrice EF. La base A′E du triangle EA′M sera égale à l'arc rectifié AE et l'on aura sa hauteur ME par la proportion

$$\frac{\mathrm{ME}}{\mathrm{A'E}} = \frac{\mathrm{LK}}{\mathrm{KA'}};$$

par conséquent, si AE est une certaine fraction de la circonférence AEB, ME sera la même fraction du pas de l'hélice.

La droite A′E se nomme la *sous-tangente*.

(*) Les hélices se distinguent suivant le *sens* qu'elles affectent, en hélices *dextrorsum* et hélices *sinistrorsum*. Le premier cas a lieu lorsqu'un spectateur placé dans l'axe du cylindre supposé vertical voit un point mobile *s'élever* sur la courbe en allant de *gauche à droite;* l'hélice est *sinistrorsum* lorsque le point *s'élève* en allant de *droite à gauche*.

PROBLÈME.

388. *Construire la projection de l'hélice et de la tangente sur un plan perpendiculaire à la base du cylindre* (*).

Solution.—Je prends pour plan horizontal le plan de la base du cylindre *acbd* (*fig.* 220). Le rectangle $a'a''b''b'$ représente le contour apparent du cylindre sur le plan vertical. Je suppose que $a'a''$ soit le pas de l'hélice, et a le point où elle commence.

Fig. 220.

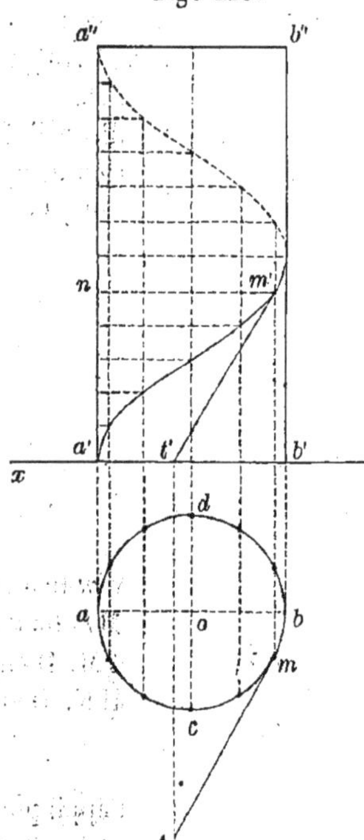

Cela posé, je partage la circonférence de la base en un certain nombre de parties égales, en 12 par exemple, et l'arête $a'a''$ en un même nombre de parties égales. Pour avoir la projection verticale du point situé sur l'arête antérieure qui se projette horizontalement en m, je remarque que l'arc am étant les $\frac{5}{12}$ de la circonférence *acbd*, la hauteur du point M au-dessus du plan vertical devra être les $\frac{5}{12}$ du pas de l'hélice (387). Par conséquent, si par le point n, cinquième division de $a'a''$, je mène nm' parallèle à la ligne de terre jusqu'à la rencontre d'une perpendiculaire à cette ligne menée par m, j'ai ainsi le point m', projection verticale du point M.

389. Pour avoir la projection de la tangente, je mène mt tangente au cercle de base et égale aux $\frac{5}{12}$ de la circonférence. Le point t sera la trace horizontale de la tangente. Donc si l'on abaisse tt' perpendiculaire sur la ligne de terre, $t'm'$ sera la projection verticale de la tangente.

(*) Pour ce qui regarde la théorie des projections, je renverrai à l'ouvrage déjà cité : *Leçons nouvelles sur les applications de la géométrie et de la trigonométrie,* par MM. Bourgeois et Cabart ou au *Complément de géométrie* de M. Lacroix.

FIN DE LA QUATRIÈME ET DERNIÈRE PARTIE.

COURS [illegible] DE DESSIN [illegible]

[illegible] ET PROGRESSIF

[illegible] comprenant

[illegible] pratique, élémentaire [illegible]

[illegible], le Levé des plans et [illegible]

[illegible] cartes géographiques, des Notions [illegible]

[illegible] industriel, la Perspective linéaire [illegible]

[illegible] Tracé des Ombres, et l'Étude du [illegible]

PAR M. [illegible] DELAISTRE

[illegible]

[illegible] composées de [illegible] planches [illegible] de [illegible] pages de texte [illegible]

[illegible] à deux colonnes [illegible]

[illegible] l'ouvrage complet [illegible]

[illegible]

[illegible] de chaque planche [illegible]

TRAITÉ DE GÉOMÉTRIE DESCRIPTIVE

PAR M. LEROY

Quatrième édition, revue et annotée

PAR M. MARTELET

[illegible]

[illegible]

ÉLÉMENTS

DE TRIGONOMÉTRIE RECTILIGNE ET SPHÉRIQUE

PAR MM. [illegible] ET LERONG[illegible]

[illegible]

[illegible]

www.ingramcontent.com/pod-product-compliance
Ingram Content Group UK Ltd.
Pitfield, Milton Keynes, MK11 3LW, UK
UKHW020951230726
13923UKWH00007B/263